生物化学实验

（第二版）

主　编　刘志国

副主编　于建生　陈　雄　李敏康　廖贵芹
　　　　金朝霞　田光辉　夏新奎

参　编　（按姓氏笔画排序）
　　　　王　欣　王金华　王学增　车振明
　　　　刘　军　刘　杰　闫达中　宇文亚焕
　　　　李红芳　李明元　吴正奇　宋宏新
　　　　张军林　徐　宁　高　洁　曾万勇

华中科技大学出版社

中国·武汉

内 容 提 要

全书分九章,共 63 个实验项目,包括糖类物质的检测与分析、脂类物质的检测与分析、氨基酸的检测与分析、蛋白质的分离制备与分析、酶的分离制备与分析、维生素的检测分析、核酸的分离与分析、综合性与设计性实验等常用生物化学实验内容。另外还介绍了生物化学实验的基本知识与基本操作,并在最后附上生物化学实验中常用参数,供实验中参考。

本书适合作为普通高等院校各类理工科专业的生物化学实验课教材或参考书。

图书在版编目(CIP)数据

生物化学实验/刘志国主编.—2 版.—武汉:华中科技大学出版社,2014.5(2024.8重印)
ISBN 978-7-5680-0041-3

Ⅰ.①生… Ⅱ.①刘… Ⅲ.①生物化学-实验-高等学校-教材 Ⅳ.①Q5-33

中国版本图书馆 CIP 数据核字(2014)第 100217 号

生物化学实验(第二版)   刘志国　主编

策划编辑:王新华
责任编辑:王新华
封面设计:秦　茹
责任校对:封力煊
责任监印:周治超
出版发行:华中科技大学出版社(中国·武汉)　　　电话:(027)81321913
　　　　　武汉市东湖新技术开发区华工科技园　　邮编:430223
录　　排:华中科技大学惠友文印中心
印　　刷:武汉邮科印务有限公司
开　　本:710mm×1000mm　1/16
印　　张:15.5
字　　数:329 千字
版　　次:2007 年 4 月第 1 版　2024 年 8 月第 2 版第 6 次印刷
定　　价:32.00 元

前　言

生命科学在20世纪有了惊人的发展，并已经成为当今世界三大发展最快的现代科学之一。生物化学是生命科学领域中的重要组成部分，也是较为活跃的学科之一。作为一门以实验为基础的学科，生物化学实验方法和研究技术成为推动生物化学发展的重要动力。加强与提高生物化学实验技术的研究与教学，对生物化学课程的学习具有重要作用。与传统生物化学实验内容相比，当今生物化学研究更多地涉及生命现象的本质与化学基础，并广泛探讨生物分子结构与功能的关系、信息传递过程及基因表达调控的规律等，这使得现代生物化学实验研究与教学在内容上更加深入，更加广泛。

为了适应学科的发展及"十二五"期间我国高等教育改革的需要，充分体现学科发展状况，体现素质教育、创新教育及个性教育的思想，围绕"培养高素质、宽口径人才"的目标，提高教学水平和教学质量，并结合近年来生物化学实验技术和方法的发展及实验室条件，在华中科技大学出版社的协调与组织下，相关院校共同编写了适合普通院校使用的生物化学实验教材，以适应当今生物化学学科发展的需要。

全书分九章，共63个实验项目，包括糖类物质的检测与分析、脂类物质的检测与分析、氨基酸的检测与分析、蛋白质的分离制备与分析、酶的分离制备与分析、维生素的检测分析、核酸的分离与分析、综合性与设计性实验等常用生物化学实验内容。另外还介绍了生物化学实验的基本知识与基本操作，并在最后附上生物化学实验中常用参数，供实验中参考。

本书适合作为普通高等院校各类理工科专业的生物化学实验课教材或参考书。

本书由刘志国主编。参加本书编写的有：武汉轻工大学刘志国、刘军、闫达中、曾万勇，青岛科技大学于建生、刘杰、李红芳，湖北工业大学陈雄、王金华、吴正奇、徐宁，武汉生物工程学院廖贵芹、张军林，陕西科技大学李敏康、宋宏新，大连工业大学金朝霞，陕西理工学院田光辉，西华大学车振明、李明元，信阳农林学院夏新奎、王欣、王学增，陕西国际商贸学院高洁、宇文亚焕。华中科技大学出版社对本书的编写给予了大力支持与帮助，在此表示衷心的感谢。

由于我们的水平和经验有限，本书难免存在不足之处，敬请使用本书的师生和读者批评指正。

编　者

目　　录

第一章 实验基本知识与基本操作

第一节 生物化学实验室规则

（1）生物化学实验不同于化学实验和生物学实验，而有其独特的实验技能和基本操作。实验前必须认真预习，明确实验目的、原理、操作的关键步骤及注意事项，写出预习报告。

（2）实验时应本着认真、积极的态度，在老师的指导下完成每次实验。注意观察实验过程中出现的现象和结果，并对实验结果展开讨论。结果不良时，必须重做。

（3）实验中，应听从老师指导，严格遵守操作规程，试剂用完后应立即将试剂瓶盖严，放回原处。并应及时将实验结果和原始数据如实记录在实验报告上，当堂写出实验报告。

（4）实验后，必须把仪器洗净放入仪器柜内，清扫实验台面、地面，试剂瓶要摆放整齐。要长期保持实验室内清洁，不乱丢纸屑等固体废弃物。

（5）自觉遵守课堂纪律，不迟到早退，保持室内安静，不高声谈笑。同学间应互助友爱。

（6）爱护实验器材，非本次实验使用的仪器设备未经老师允许不得乱动。本次实验必须使用的仪器设备，在了解仪器性能和操作规程之前，不得贸然使用，更不可擅自拆卸或将部件带出室外。实验过程中，如发现设备损坏或运转异常，应立即报告老师。

（7）实验室内严禁吸烟。对腐蚀性或易燃性试剂，操作时要格外小心。如酒精、乙醚等低沸点有机溶剂，使用时应禁明火，远离火源，若需加热要用水浴加热，不可直接在火上加热。若发生酸碱灼伤事故，应立即用大量自来水冲洗。对酸灼伤者应再用饱和 $NaHCO_3$ 溶液中和，而碱灼伤者应用饱和 H_3BO_3 溶液中和，被氧化剂伤害者应用 $Na_2S_2O_3$ 溶液处理，严重者应马上送医院。

（8）离开实验室前必须关好门窗，切断电源、水源，关好天然气阀门，以确保安全。

（9）每次实验课由学生轮流值日。值日生要负责打扫实验室的卫生，检查水、电、燃气的安全状况，关好门窗，并为下一组同学打好蒸馏水，经老师检查后，方可离开实验室。

第二节　实验室安全和防护知识

在生物化学实验中难免有许多危险存在,因此每一位在生物化学实验室工作的人员都必须有充分的安全意识、严格的防范措施和丰富实用的防护救治知识,以确保发生意外时能正确地进行处置,防止事故进一步扩大。

一、着火

在生物化学实验室里经常使用大量的有机溶剂,如甲醇、乙醇、丙酮、氯仿等,而且经常使用电炉等火源,因此极易导致火灾的发生。常见有机溶剂的易燃性如表 1-1 所示。

表 1-1　常见有机溶剂的易燃性

名　称	沸点/℃	闪点[①]/℃	自燃点[②]/℃
乙醚	34.5	-45	180
丙酮	56	-17	465
二硫化碳	46.5	-30	100
苯	80	-11	—
乙醇(95%)	78	12	400

注:① 闪点是液体表面的蒸气和空气的混合物在遇明火或火花时着火的最低温度。
　　② 自燃点是液体蒸气在空气中自燃时的温度。

由表 1-1 可以看出:乙醚、丙酮、二硫化碳、苯的闪点都很低,因此不得储存在可能产生电火花的普通冰箱内。低闪点液体的蒸气只要接触红热物体的表面便会着火,其中乙醚、二硫化碳尤其危险。

为预防火灾,必须严格遵守以下操作规程:

(1)严禁在开口容器和密闭体系中用明火加热有机溶剂,只能使用加热套或水浴加热。

(2)废弃有机溶剂不得倒入废物桶,只能倒入回收瓶内,再集中处理;量少时,用水稀释后排入下水道。

(3)不得在烘箱内存放、干燥、烘焙有机物。

(4)在有明火的实验台面上不允许放置盛有有机溶剂的开口容器或倾倒有机溶剂。

一旦实验室中发生火灾,切不可惊慌失措,要保持镇静,根据具体情况正确地进行灭火或立即报火警(火警电话为 119)。具体的灭火方法分述如下:

本书中的百分数若未作特别说明,均指溶液中溶质的质量分数。

（1）容器中的易燃物着火时,应用灭火毯盖灭。因已确证石棉有致癌性,故改用玻璃纤维布做灭火毯。

（2）乙醇、丙酮等可溶于水的有机溶剂着火时可以用水灭火。汽油、乙醚、甲苯等有机溶剂着火时不能用水,只能用灭火毯或沙土盖灭。

（3）导线、电器和仪器着火时不能用水和二氧化碳灭火器灭火,应先切断电源,然后用1211灭火器(内装二氟-氯-溴甲烷)灭火。

（4）个人衣物着火时,切勿慌张奔跑,以免风助火势,应迅速脱衣,用水龙头浇水灭火;火势过大时可就地卧倒打滚压灭火焰。

二、爆炸

在生物化学实验室内,防止爆炸事故的发生是极为重要的,因为一旦发生爆炸其毁坏力极大,后果将十分严重。生物化学实验室内常用的易燃物蒸气在空气中的爆炸极限(体积百分数)见表1-2。

表 1-2 易燃物蒸气在空气中的爆炸极限

名　称	爆炸极限(体积百分数)/(%)	名　称	爆炸极限(体积百分数)/(%)
乙醚	1.9～36.5	丙酮	2.6～13
氢气	4.1～74.2	乙炔	3～82
甲醇	6.7～36.5	乙醇	3.3～19

加热时会发生爆炸的混合物包括有机化合物与氧化铜、浓硫酸与高锰酸钾、三氯甲烷与丙酮等。

常见的引起爆炸事故的原因如下所述:

（1）随意混合化学药品,并使其受热、受摩擦或撞击;

（2）在密闭的体系中进行蒸馏、回流等加热操作;

（3）在加压或减压实验中使用了不耐压的玻璃仪器,或因反应过于激烈而失去控制;

（4）易燃易爆气体大量逸至室内空气中;

（5）高压气瓶减压阀摔坏或失灵。

三、中毒

生物化学实验室中常见的化学致癌物有石棉、砷化物、铬酸盐、溴化乙锭等,剧毒物有氰化物、砷化物、乙腈、甲醇、氯化氢、汞及其化合物等。中毒的原因主要是不慎吸入、误食或由皮肤渗入。

中毒的预防措施如下所述:

（1）保护好眼睛最重要,使用有毒或有刺激性气味的气体时,必须戴防护眼镜,并应在通风橱内进行;

（2）取用有毒物品时必须戴橡皮手套；

（3）严禁用嘴吸吸量管，严禁在实验室内饮水、进食、吸烟，禁止赤膊和穿拖鞋；

（4）不要用乙醇等有机溶剂擦洗溅洒在皮肤上的药品。

中毒急救的方法主要有如下几种：

（1）误食了酸或碱，不要催吐，可先立即大量饮水。误食碱者应再喝些牛奶；误食酸者，饮水后再服 $Mg(OH)_2$ 乳剂，最后饮些牛奶。

（2）吸入了毒气者，应立即转移到室外，并解开衣领；对休克者应施以人工呼吸，但不要用口对口法。

（3）砷和汞中毒者应立即送医院急救。

四、外伤

1.化学灼伤

（1）眼睛灼伤。眼内若溅入化学药品，应立即用大量水冲洗 15 min，不可用稀酸或稀碱冲洗。

（2）皮肤灼伤。皮肤灼伤主要包括如下三种：

① 酸灼伤：先用大量水冲洗，再用稀 $NaHCO_3$ 溶液或稀氨水浸洗，最后再用水冲洗。

② 碱灼伤：先用大量水冲洗，再用 1％硼酸或 2％乙酸溶液浸洗，最后再用水冲洗。

③ 溴灼伤：比较危险，伤口不易愈合，一旦被溴水灼伤，应立即用 20％硫代硫酸钠溶液冲洗，再用大量水冲洗，然后包上消毒纱布后就医。

2.烫伤

使用火焰、蒸气、红热的玻璃和金属时易发生烫伤。发生烫伤后应立即用大量水冲洗和浸泡，若皮肤上起了水疱，不可挑破，包上纱布后立即就医。轻度烫伤可涂抹鱼肝油和烫伤膏等进行处理。

3.割伤

这是生物化学实验室内常见的伤害，要特别注意预防，尤其是在向橡皮塞中插入温度计、玻璃管时应特别注意，一定要用水或甘油对其进行润滑，用布包住轻轻旋入，切不可用力过猛。当发生严重割伤时应立即包扎止血，就医时务必检查受伤部位神经是否被切断。若有玻璃碎片进入眼内，必须十分小心谨慎，不可自取，不可转动眼球，可任其流泪，若碎片不出，则用纱布轻轻包住眼睛急送医院处理。若有木屑、尘粒等异物进入眼内，可由他人翻开眼睑，用消毒棉签轻轻取出或任其流泪，待异物排出后再滴几滴鱼肝油。

在实验室里应准备一个完备的小药箱，专供急救时使用。药箱内应备有医用酒精、红药水、紫药水、止血粉、创可贴、烫伤油膏（或万花油）、鱼肝油、1％硼酸溶液或 2％乙酸溶液、1％碳酸氢钠溶液、20％硫代硫酸钠溶液、医用镊子和剪刀、纱布、药棉、棉签、绷带等。

五、触电

在生物化学实验中要使用大量的电器,因此每位实验人员都必须掌握安全用电的常识,避免发生一切用电事故。一般情况下,当 50 Hz、25 mA 的电流通过人体时,人的呼吸会发生困难,而 50 Hz、100 mA 以上的电流通过时则会致人死亡。为防止触电事故的发生,需注意以下几点:

(1) 不能用湿手接触电器;

(2) 电源裸露部分均应绝缘;

(3) 坏的接头、插头、插座和不良导线应及时更换;

(4) 先接好线路再插接电源,先关电源再拆线路;

(5) 仪器使用前要先检查外壳是否带电;

(6) 如遇有人触电,要先切断电源再救人。

六、预防生物危害

(1) 生物材料如微生物或动物的组织、细胞培养液、血液、分泌物都可能存在细菌和病毒感染的潜在性危险,这虽不如上述伤害明显,但也绝不能忽视。如通过血液感染的血清性肝炎(澳大利亚抗原)就是最大的生物危害之一,感染途径除通过血液外,也能通过其他体液传播病毒,因此在处理各种生物材料时必须谨慎、小心,做完实验后必须用肥皂、洗涤剂或消毒液充分洗净双手。

(2) 使用微生物作为实验材料,特别是使用和接触含病原的生物材料时,尤其要注意安全和清洁卫生。被污染的物品必须进行高压消毒或烧成灰烬,被污染的玻璃用具应立即浸泡在适当的消毒液中,再清洗和高压灭菌。

(3) 在进行遗传重组的实验室中更应根据有关规定加强生物伤害的防范措施。

七、警惕放射性伤害

放射性同位素在生物化学实验中应用得愈来愈普遍,放射性伤害也应引起实验者的高度警惕。放射性同位素的使用必须在指定的具有放射性标志的专用实验室中进行,切忌在普通实验室中操作和存放带有放射性同位素的材料。

八、溴化乙锭溶液的净化处理

溴化乙锭是强诱变剂,具有中度毒性,取用含有这一染料的溶液时务必戴手套。该溶液经使用后应按下面介绍的方法进行净化处理。

1. 溴化乙锭浓溶液(即浓度大于 0.5 mg/mL 的溴化乙锭溶液)的净化处理

(1) 加入足量的水使溴化乙锭的浓度降低至 0.5 mg/mL 以下。

(2) 加入 1 倍体积的 0.5 mol/L 高锰酸钾溶液,小心混匀后再加 1 倍体积的

2.5 mol/L盐酸。小心混匀后,于室温放置数小时。

(3)加入1倍体积的2.5 mol/L氢氧化钠溶液,小心混匀后可丢弃该溶液。

2. 溴化乙锭稀溶液(如含有0.5 μg/mL溴化乙锭的电泳缓冲液)的净化处理

(1)每100 mL溴化乙锭溶液中加入100 mg粉状活性炭。

(2)于室温放置1 h,不时摇动,或加入2.9 g Amberlit XAD-16吸附剂,于室温放置12 h,不时摇动。

(3)用Whatman 1号滤纸过滤溶液,丢弃滤液。

(4)用塑料袋封装滤纸和活性炭,作为有害废物予以丢弃。

第三节　基础实验操作技能

一、玻璃器皿的清洗

清洗玻璃器皿的方法有很多,一般根据实验的要求、污物的性质和污染的程度来选用清洗方法。通常黏附在器皿上的污物,有可溶性物质,也有不溶性物质,如尘土、油污等。针对各种情况,可以分别采用下列洗涤方法。

(一)能用毛刷刷洗的玻璃器皿的清洗方法

能用毛刷刷洗的玻璃器皿有试管、烧杯、试剂瓶、锥形瓶、量筒等广口玻璃器皿,其清洗方法如下:

(1)用水刷洗。根据要洗涤的玻璃器皿的形状选择合适的毛刷,如试管刷、烧杯刷、瓶刷、滴定管刷等。用毛刷蘸水刷洗,可使可溶性物质溶去,也可使附着在玻璃器皿上的尘土等不溶物脱落下来,但往往洗不掉油污和其他有机物质。

(2)用洗涤剂刷洗。蘸取洗涤剂,仔细刷洗玻璃器皿的内外壁(特别是内壁)。为了提高洗涤效率,可将洗涤剂配成2‰~5‰的水溶液,加温浸泡要洗的玻璃器皿片刻后,再用毛刷反复刷洗。对污物黏附较紧的玻璃器皿,可在上述洗涤液中加入适量去污粉,刷洗后用自来水冲洗干净。若仍有油污,可用铬酸洗液浸泡,使用时应先将要洗涤的玻璃器皿内的水液倒尽,再将铬酸洗液倒入欲洗涤的玻璃器皿中浸泡数分钟至数十分钟,如将洗液预先加至温热,则效果更好。刷洗后的玻璃器皿和经铬酸洗液浸泡后的玻璃器皿用自来水反复冲洗,将洗涤剂彻底冲洗干净(如果洗涤剂没有洗净,装水后弯月面变平)后,再用蒸馏水或去离子水清洗2~3次。将清洗后的玻璃器皿置于器具架上自然沥干,或置于100~130℃的烤箱中烘干。

(二)不能用毛刷刷洗的玻璃器皿的清洗方法

(1)吸量管、容量瓶等小口玻璃量器,使用后应立即浸泡于凉水中,勿使残留物质干涸。工作完毕后应用流水冲洗玻璃量器,初步除去附着的试剂、蛋白质等物质。

量器晾干后浸泡于铬酸溶液中 4～6 h 或过夜,然后用自来水充分冲洗干净,再用蒸馏水或去离子水清洗 2～3 次,置于量器架上自然干燥。急用时可置于烤箱中烘干,温度应低于 80 ℃,或在量器中加入少量无水乙醇或甲醇、乙醚之类的溶剂,慢慢转动使其布满整个容器内壁,然后倒出,再吹干或加负压抽干,即可达到快速干燥的目的。

（2）分光光度计用的比色皿,用完后应立即用自来水反复冲洗干净。当洗不净时可采取以下任何一种方法处理:

① 可用 3.5 mol/L HNO₃ 溶液或稀盐酸冲洗,再用自来水、蒸馏水冲洗干净;

② 浸泡于溶液Ⅰ（0.2 mol/L Na₂CO₃ 溶液＋少量阴离子表面活性剂）,然后水洗,再浸泡于溶液Ⅱ（体积比为 1∶5 的 HNO₃ 溶液＋少许 H₂O₂）,并用自来水、蒸馏水冲洗干净;

③ 当容器被带有颜色的有机物质沾污时,浸泡于盐酸-乙醇溶液（浓盐酸与 95％乙醇的体积比为 1∶2）后,用自来水或蒸馏水冲洗干净。

切忌用毛刷刷洗,或用粗糙的布或纸擦拭,以免损坏比色皿的透光面,亦应避免用较强的碱液或强氧化剂清洗。洗净后倒置晾干备用。

（3）可调定量的加液器使用完毕后,如长期不使用,必须把加液器放在蒸馏水内连续抽打数次,把管内活塞洗净,以免活塞卡死,特别是使用容易结晶的碱性液体后,除了要在自来水、蒸馏水内清洗外,还要将活塞抽出进行清洗,然后自然晾干或置于烤箱内在 80 ℃ 以下烘干,装好保存。

（三）新玻璃器皿的清洗

新玻璃器皿的表面常附着有游离的碱性物质,可先用热的洗液或肥皂水刷洗,然后流水冲洗,再 0.3～0.6 mol/L 盐酸浸泡 4 h 以上,以除去游离碱,再用流水冲洗干净。对容量较大的容器,洗净后,注入少量浓盐酸,慢慢转动,使浓盐酸布满整个容器内壁,数分钟后倾倒出浓盐酸,用流水冲洗干净,然后用蒸馏水清洗 2～3 次,自然晾干或置于烤箱内烘干备用。

（四）油污玻璃器皿的清洗

被石蜡、凡士林或其他油脂类沾污的玻璃器皿,要单独洗涤,以防止油脂污染其他玻璃器皿,增加洗涤难度。洗涤时,首先要除去油脂,将油污玻璃器皿倒立于铺有吸水力强的厚纸的铁丝筐内,置于 100 ℃ 的烤箱中烘烤半小时（小心失火）,使油脂熔化并被厚纸吸收,再将其置于碱性洗液中煮沸,趁热洗刷,可除去油脂。然后按上述（一）或（二）的方法清洗。

生物化学实验中玻璃器皿清洁的要求是以化学清洁的标准来衡量的,即玻璃器皿表面不应黏附任何杂质。经自来水洗净的玻璃仪器,其表面往往还留有 Ca^{2+}、Mg^{2+}、Cl^- 等离子,所以应用蒸馏水或去离子水清洗 2～3 次,将它们洗去。使用蒸馏水或去离子水的目的,只是洗去附着在仪器表面上的自来水,所以应采用"少量多次"

的原则。清洁的玻璃器皿用蒸馏水清洗后,其内壁应能被水均匀湿润且无条纹及水珠,十分明亮光洁。

二、常用洗液及其配制

(1)铬酸洗液。铬酸洗液是浓硫酸和饱和重铬酸钾溶液的混合液,具有很强的氧化性、腐蚀性、酸性和去污能力,是实验室中最常用的洗涤液。在配制铬酸洗液时,务必记住应把浓硫酸加到重铬酸钾溶液中!把水溶液加到浓硫酸中是极其危险的,因为会发生迸溅。切勿让洗涤液接触皮肤或衣服,一旦溅出,应马上用大量自来水冲洗。洗液用后收回,可反复使用。若已变为暗绿色,表示已失效,无氧化性,不能继续再用,可倒入下水道,注意边倒边用大量自来水冲洗。常用洗液有下列三种:

① 称取 10 g 重铬酸钾,置于 500 mL 烧杯中,加 100 mL 自来水,搅拌下促溶,缓缓加入 200 mL 浓硫酸,边加边搅拌;

② 称取 80 g 重铬酸钾,溶于 1 000 mL 自来水中,慢慢加入 100 mL 浓硫酸(边加边用玻棒搅拌);

③ 称取 200 g 重铬酸钾,溶于 500 mL 自来水中,慢慢加入 500 mL 浓硫酸(边加边用玻棒搅拌)。

(2)浓盐酸(工业用)。可洗去水垢或某些无机盐沉淀。

(3)5%草酸溶液。用数滴硫酸酸化,可洗去高锰酸钾的痕迹。

(4)5%~10%磷酸三钠($Na_3PO_4 \cdot 12H_2O$)溶液。可洗涤油污物。

(5)5%~10%硝酸溶液。洗涤铝制品和搪瓷器皿中的污垢。30%硝酸溶液可用于洗涤 CO_2 测定仪器及微量滴管。

(6)5%~10%乙二胺四乙酸二钠溶液。加热煮沸可洗脱玻璃仪器内壁的白色沉淀物。

(7)尿素洗涤液。此溶液为蛋白质的良好溶剂,适用于洗涤盛蛋白质制剂及血样的容器。

(8)酒精与浓硝酸混合液。此溶液最适合于洗净滴定管,在滴定管中加入 3 mL酒精,然后沿管壁慢慢加入 4 mL 浓硝酸(相对密度为 1.4),盖住滴定管管口,利用所产生的氧化氮洗净滴定管。

(9)有机溶剂。如丙酮、乙醇、乙醚等可用于洗脱油脂、脂溶性染料等污痕。二甲苯可洗脱油漆的污垢。

上述洗涤液可多次使用,但是使用前必须将待洗涤的玻璃仪器先用水冲洗多次,除去肥皂、去污粉或各种废液。若仪器上有凡士林或羊毛脂,应先用软纸擦去,然后用乙醇或乙醚擦净后才能使用上述洗涤液,否则会使洗涤液迅速失效。例如,肥皂水、有机溶剂(乙醇、甲醛等)及少量油污皆会使重铬酸钾-硫酸洗液变绿,降低洗涤能力。

三、塑料器皿的使用

应用塑料器皿是为了避免玻璃对微量大分子的吸附,使用塑料器皿时,应了解塑料器皿对化学试剂和灭菌方法的耐受性。

四、玻璃和塑料器皿的硅烷化处理

核酸生化实验中,样品通常是很少量的,为防止器皿表面吸附使样品明显损失,对所用器皿应进行硅烷化处理。其方法如下:

(1) 把待处理器皿置于玻璃干燥器内,瓷板下层放小烧杯,内加二氯二甲基硅烷 $1\sim2$ mL;

(2) 通过安全瓶连接干燥器与真空泵,抽气至干燥器内的硅烷化剂沸腾(约 5 min),然后关闭真空泵,让空气立即进入干燥器,使气态二氯二甲基硅烷均匀扩散,直至容器内的硅烷化剂全部挥发;

(3) 打开干燥器盖,让剩余的硅烷化剂气体完全挥发;

(4) 使用前玻璃器皿于 180℃下至少烘干 2 h,塑料器皿应用水反复冲洗;

(5) 二氯二甲基硅烷有剧毒,易挥发,故硅烷化处理必须在高效的通风橱内进行。

五、溶液的混匀

欲使一化学反应充分进行,必须使参与反应的各物质迅速地相互接触,常常需要用机械的方法使参与反应的各物质充分混匀,以增加它们接触的机会。将溶液混匀不仅是提高化学反应速率的一个重要环节,也是物质溶解和溶液稀释过程中的必经操作步骤。混匀操作必须根据容器的大小和形状以及所盛溶液的多少和性质的不同而采用不同的方法。

(1) 用玻棒搅拌混匀,适用于烧杯中内容物的混匀,如固体试剂的溶解和混匀。搅拌使用的玻棒,必须两头都很圆滑,其粗细、长短必须与容器的大小和所配制溶液量的多少成适当比例关系,不能用长而粗的玻棒去搅拌小离心管中的少量溶液。

(2) 旋转混匀,适用于未盛满溶液的锥形瓶、试管和小口容器等中内容物的混匀。操作方法是手持容器上端,以手腕、肘或肩为轴旋转容器底部,不应上下振动。

(3) 弹打混匀,适用于锥形离心管、小试管和小塑料离心管等中内容物的混匀。操作方法是手持容器上端,用右手指弹动或拨动容器下部,使溶液在容器内做旋涡状运动。

(4) 倒转混匀,适用于具塞的容器,如容量瓶、具塞量筒和具塞离心管等中内容物的混匀。操作方法是将容器反复倒转。如是容量瓶,由于瓶颈细小,液量太多,不容易混匀,每倒转一次,还要将容量瓶底部旋转摇动数次;如不是具塞试管,并且液量较多,可用聚乙烯等薄膜封口,再用大拇指按住管口反复倒转混匀。

（5）吸量管混匀,适用于不同浓度样品的混匀。操作方法是先用吸量管吸取溶液,将吸量管嘴提离液面少许,再把吸量管中的液体用劲吹回溶液。反复吸、吹数次,可使溶液充分混匀。

（6）转动混匀,适用于黏稠性大的溶液的混匀,但液量不可太满,以占容器容积的 1/3～2/3 为宜。操作方法是手持容器上部,使容器底部在桌面上做快速圆周运动。

（7）倾倒混匀,适用于液量多、内径小的容器中溶液的混匀。操作方法是用两个洁净的容器,将溶液来回倾倒数次,以达到混匀的目的。

（8）甩动混匀,右手持试管上部,轻轻甩动振摇,即可混匀。

（9）振荡器混匀,利用振荡器使容器中的内容物振荡,达到混匀的目的。

（10）电磁搅拌混匀,适用于酸碱自动滴定、pH 梯度滴定等。操作方法是把装有待混匀溶液的烧杯放在电磁搅拌器上,在烧杯内放入封闭于玻璃或塑料管中的小铁棒,利用电磁力使小铁棒旋转,以达到混匀烧杯中溶液的目的。

六、过滤

过滤的目的是使沉淀与液体分离。在试管内生成的沉淀,通常利用离心法将其分离出来,但有大量的沉淀生成时,小型离心机就不能达到分离沉淀的目的。因此,有大量的沉淀产生时多采用过滤分离法。

1.常压过滤

常压过滤就是不外加任何压力,滤液在自然条件下通过介质进行过滤的一种方法,适用于滤液黏度小、沉淀颗粒粗、过滤速度快的样品,过滤介质可选用孔隙较大的滤纸、脱脂棉和纱布等。

（1）滤纸的选择。滤纸有定量滤纸和定性滤纸两种。定量滤纸已经盐酸去灰处理,以尽量除去滤纸中的矿物质。当过滤酸性溶液时,很少有灰质从滤纸中流出。由于这种滤纸在制造过程中,曾用氨中和去灰处理的酸,因而滤纸上留有一定的铵盐,所以不适合用于过滤含氮的溶液。定性滤纸灼烧后会留下相当多的灰分,因此不适合用于质量分析。因此,定性滤纸一般用于普通过滤,定量滤纸多用在质量分析中。滤纸大小的选择可根据沉淀的多少来决定,至于漏斗的大小,应以滤纸放入漏斗后,滤纸的边缘低于漏斗边缘 5～10 mm 为宜。

（2）滤纸的折叠。折叠滤纸一般用两次对叠法。先通过滤纸圆心对叠一次,再与第一次成垂直方向对叠一次,展开上部即成 60°圆锥形,恰与漏斗壁密合。如果漏斗不成 60°,则第二次对叠时应适当地改变角度,使滤纸较大或较小的一半展开后刚好与漏斗壁密合。

（3）混悬液的加入。向漏斗中加入待过滤的混悬液时用玻棒引流,玻棒应倾斜约 20°,其下端靠近三层滤纸一侧,但不要触及滤纸,且混悬液沿玻棒流入漏斗时的速度不要太快,不得使混悬液超过滤纸上缘。

2.减压过滤

减压过滤就是在介质下面抽气减压,提高过滤速度的方法,常用于以下几种情况:

(1) 滤液黏度较大;

(2) 滤液为胶体溶液;

(3) 沉淀颗粒很小,不易在常压下过滤;

(4) 为了取得沉淀需尽量排尽滤液;

(5) 为了加快过滤速度,分离滤液与沉淀(如精制某些试剂需反复结晶与过滤,以便达到迅速精制结晶的目的)。

减压过滤时常用布氏漏斗或玻璃砂芯漏斗,使用时,应将滤纸剪成与漏斗孔径一样大小,平贴在滤板上,用滤液湿润,通过抽气的方式使之紧贴在滤板上,或者将滤纸撕成碎片,在蒸馏水中搅成纸浆,在减压情况下将其倒在滤板上,抽去水分后即成均匀的纤维板。

玻璃砂芯漏斗中间有砂芯滤板,不需另加滤纸,但欲收集沉淀时,则应另加滤纸,以方便将沉淀取出。

滤板的孔径和适用范围如表 1-3 所示。

表 1-3　滤板的孔径和适用范围

国际编号	滤板编号	滤板孔径/μm	一 般 用 途
P_{70}	G1	20～30	滤除大沉淀物及胶状沉淀物
P_{50}	G2	10～15	滤除大沉淀物及洗涤气体
P_{30}	G3	4.5～9	滤除细沉淀物及水银过滤
P_7	G4	3～4	滤除液体中细或极细的沉淀物
P_4	G5	1.5～2.5	滤除极细沉淀物、较大杆菌及酵母菌
P_2	G6	1.5 以下	滤除 0.6～1.4 μm 的细菌

使用玻璃砂芯漏斗时必须注意下列事项:

(1) 新漏斗使用前要用酸溶液(如稀盐酸)浸泡处理,再用蒸馏水冲洗干净,烘干后使用;

(2) 使用 G1～G4 号滤板时,滤板上附着的沉淀物可用蒸馏水冲洗干净,必要时可用适当的溶剂或重铬酸钾清洁液浸泡 4～5 h,再用自来水、蒸馏水冲洗干净,烘干备用;

(3) 使用 G4～G6 号滤板时,如滤板上附着有细菌,可用硫酸、硝酸钠、蒸馏水混合液抽滤一次,并用此混合液浸泡滤板两天,再洗净烘干,保存备用;

(4) 玻璃砂芯漏斗不能用来过滤碱性溶液。

七、吸量管的种类和使用

吸量管是生物化学实验中常用的仪器,测定的准确度与吸量管的正确使用密切相关。

(一) 吸量管的分类

生物化学实验中常用的吸量管有三类,如图 1-1 所示。

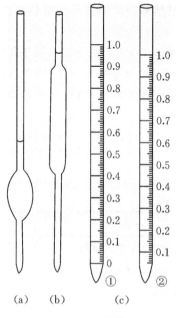

图 1-1　吸量管

(a) 奥氏吸量管;(b) 移液管;(c) 刻度吸量管
① 不完全流出式　② 完全流出式

(1) 奥氏吸量管。它具有一卵形空球及短小出口,每根吸量管上只有一根刻度线,放液时必须将遗留在管尖内的少量液体吹入容器内。在所有吸量管中以奥氏吸量管准确度最高,常用于定量实验,供准确量取 0.5 mL、1.0 mL、2.0 mL 液体时使用。

(2) 移液管(单刻度吸量管、普通单标吸量管)。其造型略似奥氏吸量管,中间膨大部分呈长圆柱状,每根吸量管上亦只有一根刻度线,当所量液体流完后,将管尖在容器内壁上停留 3~5 s,注意所剩少量液体不要吹出,因其固定倾出容量已经检定。供准确量取 5 mL、10 mL、25 mL 等较多体积液体时使用。

(3) 刻度吸量管(多刻度吸量管)。供量取 10 mL 以下任意体积的液体时使用。每支吸量管上都有许多等分刻度。刻度吸量管有完全流出式、吹出式和不完全流出式等多种形式。

① 完全流出式。其刻度标记有两种方式:上有零刻度,下无总量刻度的;上有总量刻度,下无零刻度的。使用时吸量管尖端遗留液体不要吹出,将管尖停靠容器内壁一段时间(一级品 15 s,二级品 3~5 s)即移走吸量管。

② 不完全流出式。吸量管上有零刻度,也有总量刻度。总量刻度均在尖端以上。使用时放液至相应的容量刻度线处,不要放液到最低的刻度线以下。

③ 吹出式。吸量管上标有"吹"字的为吹出式,使用时应将管尖残留液体吹入接受器内。

为准确、快速地选取所需吸量管,国际标准化组织统一规定:在刻度吸量管的上方应印上各种颜色环,其容积标志如表 1-4 所示。

表 1-4　不同容量吸量管的颜色环

标准容量/mL	0.1	0.2	0.25	0.5	1	2	5	10	25	50
色标	红	黑	白	红	黄	黑	红	橘红	白	黑
环数	单	单	双	双	单	单	单	单	单	单

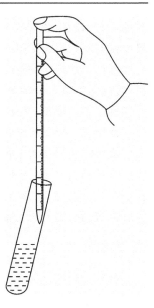

（二）吸量管的使用

（1）选择。量取整数量液体，并且取量要求准确时，应选用奥氏吸量管；量取较大体积液体时，要用移液管；量取任意体积的液体时，应选用大小合适的刻度吸量管，吸量管总容量最好等于或稍大于最大取液量，临用时要看清容量和刻度。

（2）执管。用右手拇指和中指夹住吸量管（离吸量管上口 6～7 cm 处），刻度数字要对向自己；食指堵住吸量管上口以控制液流。无名指和小指从手心内侧自然地靠上吸量管，使吸量管处于垂直稳定状态，如图 1-2 所示。

（3）取液。左手捏压洗耳球，将吸量管插入液面下约 0.5 cm 深处，洗耳球紧贴吸量管上口，将液体吸至最高刻度上方 1～2 cm 处，然后迅速用右手食指按紧上口，使液体不至于从管下口流出。

图 1-2　使用吸量管的手势

（4）调准刻度。将吸量管提出液面，吸黏性大的液体时，先用滤纸擦干管尖外壁，容器倾斜 15°～20°，管尖靠上容器内壁，吸量管保持垂直；然后略微放松食指，用食指控制液面，使之平稳下降至所需刻度（此时溶液呈弯月面，视线和刻度应在同一水平上），立即用食指按紧吸量管口。

（5）放液。将吸量管移至接受器，管尖接触接受器内壁但不要插入接受器内原有的液体中，接受器倾斜 15°～20°，吸量管保持垂直，放松食指，让液体自然流入接受器内。

（6）洗涤。吸血液、血清等黏稠液体及标本（如尿液）的吸量管，使用后应立即用自来水冲洗以防止吸量管干涸堵塞；吸取一般试剂的吸量管不必立即冲洗，实验完毕后根据老师要求决定冲洗与否。

八、普通离心机的使用方法

欲使沉淀与母液分开，采用过滤和离心的方式都可达到目的，但当沉淀黏稠，或颗粒大小能通过滤纸，或总容量太少又需定量测定时，使用离心沉淀法比过滤法要好，因为离心分离能减少损失。

使用离心机前，应先检查：① 调速旋钮是否处在零位；② 套管与离心管是否相配,套管底部是否铺有橡皮或棉花等软垫,套管底部是否有碎玻璃片或漏孔;③ 转动状态是否平稳。

离心机的使用方法:① 机器检查合格后,将样品装至离心管中(不超过 2/3 容积),并将离心管放入套管中,然后用空离心管加水连套管一起放置在药物天平上平衡(不平衡不允许离心),禁止向较轻的一侧离心管与套管之间加水平衡;② 将已平衡的放有离心管的套管分置在离心机中对称放置(切不可置于相邻位置);③ 将离心机中没有经过平衡的其他不用的套管全部取出,盖上离心机盖;④ 将定时旋钮旋至比实际离心所需时间多 1～2 min 的位置,接通电源,开启开关,逐步地旋动调速旋钮,缓慢增加离心机转速,直至达到所需转速,转速稳定后开始计时;⑤ 离心完毕,将调速旋钮旋回零位,关闭电源,待离心机自动停止转动后方可打开机盖,取出离心管。

使用离心机应注意的事项:① 离心过程中,若听到特殊响声或有振动,可能有离心管破碎或相对位置上的两管质量不平衡,应立即关机停用,若离心管已破碎应将玻璃碴全部倒出(玻璃碴不可倒入下水道),然后换管重新平衡离心,若管未破裂也要重新平衡后再离心;② 离心完毕,禁止用手或其他物品迫使离心机停转;③ 如离心酚等有机溶剂时则要用特制的塑料离心管。

九、台秤

台秤又叫托盘天平或药物天平,是用于粗略称量的仪器。我国生产的台秤,根据其最大称量值分为 100 g(感量 0.1 g)、200 g(感量 0.2 g)、500 g(感量 0.5 g)和 1 000 g(感量 1 g)四种。

台秤使用方法如下:① 根据所称物品质量选择合适的台秤;② 称量前将游码移至标尺“0”处,调节横梁上的螺丝,使指针停止在刻度的中央或使其左右摆动的格数相等;③ 称量时,应将被称重物品放在左盘上,砝码放在右盘上;④ 台秤的盘上不能直接放置称量的物品,一般使用称量用纸(清洁干燥的纸即可)或表面皿进行称重,称取液态的、潮湿的、有腐蚀性的物品时,应放在干燥的烧杯里或称量瓶内称重;⑤ 必须用镊子夹取砝码,加砝码的顺序是由大到小,最后移动游码,当指针停在刻度中央或左右摆动的格数相等时,砝码的质量加上游码的质量再减去烧杯或称量用纸的质量,就是称重物品的质量;⑥ 称量完毕,将游码移到标尺“0”处,清洁秤盘,放回砝码。

十、电子天平

电子天平型号不同,其称量范围、灵敏度等也不同,可以参看各自型号的说明书。下面以 DT200 为例介绍操作方法。

(1) 接通 220 V 电源(应有良好接地),打开电源开关,此时,天平内部电源开始工作。

(2) 在空秤盘时,按一下“ON/OFF”键,显示窗内绿色显示器全亮“88888”后,接着依次显示“E-1”至“E-9”,表示微机正在检查天平的各个部分,然后显示“0.0 g”。

下面可进行称量工作(为保证称量稳定,天平应开机预热 15 min 后称量)。

(3) 当在秤盘上称皮重时,待天平显示稳定后按一下去皮键"T",显示值为"0.0 g"后再称量,此时显示的数值为净重。拿掉载荷后,显示载荷的负值,再按一下去皮键,显示回零值。

(4) 称量完毕,关掉电源,清洁天平。

十一、标准曲线的制作

1. 方法

首先应配制一系列不同浓度的标准溶液,在溶液吸收最大的波长下,逐一测定它们的吸光度 A;然后用方格坐标纸以溶液质量浓度为横坐标,吸光度为纵坐标作图。若被测物质对光的吸收符合光的吸收定律,则必然得到一条通过原点的直线,即标准曲线,亦称工作曲线,如图 1-3 所示。

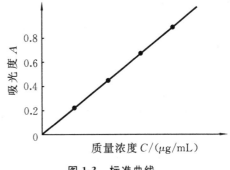

图 1-3　标准曲线

2. 操作与计算

(1) 硫酸铜储备标准液的配制(含铜量为 20 000 $\mu g/mL$)。精确称取 $CuSO_4 \cdot 5H_2O$ 39.261 g,置于 100 mL 烧杯中,用 0.05 mol/L硫酸溶解后,移入 500 mL 容量瓶中,用少量 0.05 mol/L 硫酸冲洗烧杯 3 次,洗液一并转入容量瓶中。用 0.05 mol/L 硫酸稀释至相应刻度。该液应放置在阴凉处,如发现沉淀混浊,应重新配制。

(2) 应用标准液的配制。用 5 mL 刻度吸量管,按表 1-5 要求,将硫酸铜储备标准液分别加入 4 个 50 mL 容量瓶中,用 0.05 mol/L 硫酸分别将其稀释至刻度处,摇匀,置阴凉处备用。

表 1-5　应用标准液的制备

编号	应用标准液质量浓度/($\mu g/mL$)	加入储备标准液体积/mL
1	1 000	2.5
2	2 000	5
3	3 000	7.5
4	4 000	10

(3) 绘制硫酸铜标准曲线。分别从编号容量瓶中,吸取硫酸铜应用标准液,加到光径 1 cm 的比色皿中。用 722 型分光光度计,以蒸馏水为空白调零点,在 690 nm 波长处,测定 1~4 号容量瓶中溶液的吸光度;每一溶液重复测量 3 次,取其平均值。以各瓶溶液质量浓度为横坐标,以各溶液的吸光度值为纵坐标,用坐标纸绘制出硫酸铜标准曲线。

（4）未知硫酸铜溶液质量浓度的计算。取未知硫酸铜溶液 1 mL(若过浓可稀释 5～10 倍),用 722 型分光光度计,在 690 nm 波长处测定吸光度。由此吸光度值可在硫酸铜标准曲线上查得未知硫酸铜溶液的质量浓度。

十二、灭菌及消毒方法

（一）物理方法灭菌

1.火焰灭菌

将微生物接种工具等在酒精灯火焰上灼烧以达到灭菌的目的。像接种工具中的接种环、接种针及其他金属用具就可以直接在酒精灯火焰上灼烧灭菌。此外,在接种时,也常把试管口、锥形瓶口、培养皿等放在酒精灯火焰外侧灼烧以达到无菌操作的目的。

2.干热灭菌

干热灭菌是用干燥热空气杀灭微生物的方法。把待灭菌的物品包好后放入干燥箱中,在 160～170 ℃下加热 1～2 h。干热灭菌常用于空玻璃器皿和金属器具,其操作步骤如下:

（1）包扎。玻璃仪器在灭菌前要正确地包扎和加塞,以保证灭菌后不被外界杂菌所污染。

（2）装箱。将包扎好的器具放入干燥箱内,注意不要摆放得太密,要保持空气流通。

（3）灭菌。接通电源,打开排气阀,待温度升高到 80～100 ℃后关闭排气阀,等温度升到 160～170 ℃时开始计时并保持 1～2 h。

（4）灭菌结束。断开电源,让温度自然降至 50～60 ℃,再打开干燥箱门,取出物品备用。

干热灭菌时的注意事项:

（1）灭菌的玻璃器皿内不能有水,如果有水,在干热灭菌时容易炸裂;

（2）灭菌物品不能放得太多、太挤,以免受热不均匀,使得灭菌不彻底;

（3）灭菌物品不能直接放在底板上;

（4）灭菌温度以 160～170 ℃为宜,温度太高时,棉花和报纸会烧焦;

（5）灭菌结束后让干燥箱的温度自然降到 60 ℃以下。

3.湿热灭菌

湿热灭菌是利用热蒸汽灭菌,水分子可以破坏维持蛋白质三维结构的氢键和其他相互作用的弱碱,热蒸汽的穿透力比热空气强。另外,当气体转变成液体时会放出大量热,因此其灭菌效果更好。

1) 常压蒸汽灭菌

常压蒸汽灭菌有以下几种:

（1）巴氏消毒。把液体放在较低的温度下消毒,既可以杀死液体中致病菌的繁殖体,又不会破坏液体中的成分,一般在 60～85 ℃下处理 15～30 min,常用于牛奶、啤酒及果酱等食品的灭菌。

（2）煮沸消毒法。许多器械,如手术刀、剪刀和镊子等可直接在铝锅中的水中煮沸消毒,将水煮沸 15～30 min 即可杀死细菌的营养体,而要杀死芽孢则须煮 1～2 h。

（3）蒸汽持续灭菌法。在较大的蒸锅中进行,从蒸汽大量产生时加大火力保证有充足的蒸汽,待温度达到 100 ℃后计时持续加热 3～6 h,能够杀死绝大部分的芽孢和全部营养体。

（4）间歇灭菌法。常用于不耐热的培养基的灭菌,培养基在 100 ℃下蒸煮 30～60 min 以杀死微生物的营养体,再在室温下过夜,诱导残留的芽孢萌发,第二天再用同样的方法灭菌,如此连续重复三天,就可在较低温度下达到灭菌的目的。

常压蒸汽灭菌的注意事项:

（1）使用间歇灭菌法和蒸汽持续灭菌法时必须保证灭菌物内、外部的温度都达到 100 ℃后才能计时;

（2）灭菌时锅内或蒸笼上的待灭菌物体不能堆放得太挤;

（3）灭菌时应在锅内把水加足,防止干锅;

（4）间歇灭菌时应在每次加热后,迅速降温,因为如果降温过慢会使未杀死的杂菌大量生长,反而导致物品变质。

2）高压蒸汽灭菌

高压蒸汽的灭菌原理是:将待灭菌物品放在盛有水且封闭的高压蒸汽灭菌锅中,将锅内的水煮沸,可把锅中原有的冷空气彻底除尽,再继续加热就会使锅内的蒸汽压力上升,从而温度也会跟着上升,当蒸汽压力达到 103.4 kPa 时,其温度上升到 121 ℃,经过 15～20 min 的加热就可以杀死全部微生物及其芽孢。高压蒸汽灭菌锅有立式、卧式及手提式等不同类型。

在使用高压蒸汽灭菌锅进行灭菌时,排尽灭菌锅内的冷空气非常重要,因为水蒸气中还含有空气时,所显示的压力是水蒸气压力和部分空气压力的总和,当锅内实际温度达不到需要的温度时,就达不到灭菌的效果。

高压灭菌锅的结构及使用注意事项见微生物实验室常用仪器介绍以及操作规则和要求。

（二）化学方法灭菌

化学药物可以抑制微生物的代谢活动及其菌体结构,从而起到抑菌和杀菌的作用。按对微生物的作用性质可以把化学试剂分为杀菌剂和抑菌剂。杀菌剂是指能破坏微生物代谢机能并具有致死作用的化学试剂,如重金属离子和某些强氧化剂;抑菌剂并不能破坏微生物的原生质,只能抑制新细胞物质的合成,可使得微生物不能繁殖,如磺胺类及抗生素。

化学杀菌剂主要用于抑制和杀灭物体表面、器械、排泄物和周围环境中的微生物;抑菌剂主要用于皮肤、伤口等处以防止感染,还用作食品、药品的防腐剂。微生物实验室中常用的化学杀菌剂有升汞、甲醛、高锰酸钾、乙醇、碘酒、龙胆紫、石炭酸、煤粉皂溶液、漂白粉、氧化乙烯、丙酸内酯、过氧乙酸、新洁尔灭等。

(三) 过滤除菌

将液体通过某种微孔的材料(膜滤器),可使得微生物和液体分开。膜滤器采用微孔滤膜做材料,通常由硝酸纤维素制成。当液体通过膜滤器时,大于滤膜孔径的微生物不能穿过滤膜而被阻挡在膜上。这种方法主要用于对热敏感的液体,如含有酶或维生素的溶液。

(四) 紫外杀菌

波长为 260 nm 左右的紫外线能被核酸和蛋白质吸收,从而使这些分子变性失活。由于紫外线穿透力很差,不能穿透衣服、纸张、玻璃等物质但是可以穿透空气,因而可用于物体表面和室内的杀菌处理。紫外灯是人工制造的低压水银灯,能辐射出波长为253.7 nm的紫外线,常在一般实验室、接种箱、接种室用来杀菌。

十三、滴定操作

(一) 原理

滴定分析法是将一种已知准确浓度的试剂溶液,滴加到被测物质的溶液中,直到所加的试剂与被测物质按化学式计量定量反应完成为止,根据试剂溶液的浓度和消耗的体积,计算出被测物质的含量。

这种已知准确浓度的试剂溶液称为滴定液。将滴定液从滴定管中加到被测物质溶液中的过程称为滴定。当加入滴定液中物质的量与被测物质的量按化学式计量定量反应完成时,反应就达到了计量点。在滴定过程中,指示剂发生颜色变化的转变点称为滴定终点。滴定终点与计量点不一定恰恰符合,由此所造成的分析误差称为滴定误差。

适合滴定分析的化学反应应该具备以下条件:

(1) 反应必须按方程式定量地完成,通常要求在 99.9% 以上,这是定量计算的基础;

(2) 反应能够迅速地完成(有时可加热或用催化剂以加速反应);

(3) 共存物质不干扰主要反应,或用适当的方法消除其干扰;

(4) 有比较简便的方法确定计量点(指示滴定终点)。

（二）滴定分析法

（1）直接滴定法。用滴定液直接滴定待测物质，以达终点。

（2）间接滴定法。直接滴定有困难时常采用以下两种间接滴定法来测定。

① 置换法。利用适当的试剂与被测物反应产生被测物的置换物，然后用滴定液滴定这个置换物。

如铜盐测定：

$$Cu^{2+} + 2I^- \longrightarrow Cu + I_2$$

用 $Na_2S_2O_3$ 滴定液滴定，以淀粉指示液指示终点。

② 回滴定法（剩余滴定法）。用已知体积的过量的滴定液和被测物反应完全后，再用另一种滴定液来滴定剩余的前一种滴定液。

（三）滴定液

滴定液是指已知准确浓度的溶液，它是用来滴定被测物质的。滴定液的浓度用"XXX 滴定液（YYY mol/L）"表示。

（1）配制。有直接法和间接法两种方法。

① 直接法。根据所需滴定液的浓度，计算出基准物质的质量。准确称取并溶解后，置于容量瓶中稀释至一定的体积。

如配制滴定液的物质很纯（基准物质），且有恒定的分子式，称取时及配制后的性质稳定，那么就可直接配制，并根据基准物质的质量和溶液体积，计算出溶液的浓度。但在多数情况下这是不可能的。

② 间接法。根据所需滴定液的浓度，计算并称取一定质量的试剂，溶解或稀释成一定体积，并进行标定，从而计算出滴定液的浓度。

有些物质因吸湿性强或不稳定，常不能准确称量，只能先将物质配制成近似浓度的溶液，再以基准物质标定，以求得准确浓度。

（2）标定。标定是指用间接法配制好的滴定液，必须由配制人进行滴定度测定。

（3）标定份数。标定份数是指同一操作者在同一实验室中，用同一测定方法对同一滴定液在正常和正确的分析操作下进行测定的份数，一般不得少于 3 份。

（4）复标。复标是指滴定液经第一人标定后，必须由第二人进行再标定。其标定份数也不得少于 3 份。

（5）误差限度。

① 标定和复标。标定和复标的相对偏差均不得超过 0.1%。

② 计算结果。以标定计算所得的平均值和复标计算所得的平均值为各自测得值，两者的相对偏差不得超过 0.15%，否则应重新标定。

如果标定与复标结果满足误差限度的要求，则应将两者的算术平均值作为结果。

十四、分光光度法及比色分析法

(一) 基本原理

光是由光子组成的,光线也就是高速向前运动的光子流。光和其他电磁波一样,传播过程也呈波动性质,并且有波长和频率的特征。光子的能量有大有小,光子的能量越大,振动的频率也越高,波长则越短。换言之,光子的能量与频率成正比,而与波长成反比。肉眼可见的光线称为可见光,它的波长范围是 400~760 nm。不同波长的可见光的颜色不同,随着波长的增加,光线可呈紫、蓝、绿、黄、橙、红等不同的颜色,波长小于 400 nm 的光线称为紫外线,大于 760 nm 的则称为红外线。

物质对于不同波长的光波具有选择吸收的特性,分光光度法就是基于物质的这种特性而建立起来的分析方法。通常分光光度法是指紫外(200~400 nm)、可见(400~760 nm)和红外(760~10 000 nm)波长范围内光的吸收分析法。分光光度法和比色分析法都是光吸收分析法,两者的主要不同是使用的仪器构造和分析的灵敏度、准确度以及应用范围有所不同。物质颜色与其所吸收的光的颜色的关系如表1-6所示。

表 1-6　物质颜色与其吸收的光的颜色关系表

物质颜色	吸收的光的颜色	波长范围/nm
黄绿	紫	400~450
黄	蓝	450~480
橙	绿蓝	480~490
红	蓝绿	490~500
紫红	绿	500~560
紫	黄绿	560~580
蓝	黄	580~600
绿蓝	橙	600~650
蓝绿	红	650~750

许多化学物质的溶液具有颜色(无色化合物也可以加显色剂经反应生成有色物质),而且颜色的深浅与物质的质量浓度成正比,因此,可以用比较溶液颜色深浅的方法来测定有色溶液的质量浓度,这种方法称为比色分析法。光电比色法是用光电比色计进行测定的,由滤光片来获得近似的单色光,滤光片的波长范围宽达 20 nm 以上。分光光度计是利用棱镜或光栅来取得单色光的,其获得单色光的波长范围可达几个纳米甚至更窄。因此,分光光度法可以在物质的吸收曲线上选择最合适的波长来进行测定,同时由于棱镜或光栅分出的光更接近于单色光,从而使溶液的吸光度增

加,这样可以大大减少其他具有光吸收的物质的干扰,因此分光光度法比一般比色法的灵敏度、准确度和选择性都要高。

(二)国产分光光度计的使用

1. 722 型光栅分光光度计

722 型光栅分光光度计采用单光束自准式光路,色散元件为衍射光栅,其波长范围为 330～800 nm。该仪器由光源室、单色光器、试样室、光电管、微电流放大器、对数放大器、数字显示器和稳压电源等部件组成,如图 1-4 所示。

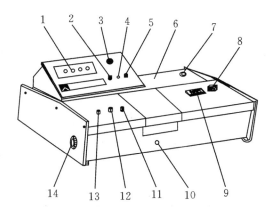

图 1-4　722 型光栅分光光度计仪器外形图

1—数字显示器;2—吸光度调零旋钮;3—选择开关;4—光度调斜率电位器;5—浓度旋钮;
6—光源室;7—电源开关;8—波长手轮;9—波长刻度窗;10—试样架拉手;
11—"100％T"旋钮;12—"0％T"旋钮;13—灵敏度调节旋钮;14—干燥器

此种型号的分光光度计的操作方法如下所述:

(1) 将灵敏度旋钮调至"1"挡(放大倍数最小)。

(2) 吸光度 A 的测量。接通电源,指示灯亮,预热 20 min,选择开关置于"A"挡。打开样品室盖(光门自动关闭),将装有溶液的比色皿放入比色架中。转动波长手轮,把所需波长调节至刻度线处。盖上样品室盖,将空白溶液比色皿置于光路,调节吸光度旋钮,使数字显示为"0.000",然后将待测溶液置于光路中,在数字表上直接读出被测溶液的吸光度值。

(3) 透光率 T 的测量。将选择开关置于"T"挡,打开样品室盖,把空白溶液比色皿放入光路中,选择所需波长,调节"0％T"旋钮,使数字表读数为"0.0"。盖上样品室盖,调节"100％T"旋钮使数字显示为"100.0％"(如果显示不到"100.0％",可适当增加灵敏度的挡数)。然后将待测样品液移入光路中,从数字表上读出透光率 T 值。

(4) 浓度 C 的测量。将选择开关置于"C"挡,将已标定浓度的溶液移入光路中,调节浓度旋钮,使数字显示为标定值。然后将待测样品液比色皿移入光路中,读取相应的浓度值。

（5）测定完后切断电源,取出比色皿并用蒸馏水冲洗干净。

2. 7220 型可见分光光度计

7220 型可见分光光度计采用低杂散光、高分辨率的单光束光路结构单色器,仪器具有良好的稳定性、重现性和精确的测量读数,测量波长范围为 330～1 000 nm。

此种型号的分光光度计的基本操作如下所述:

（1）连接仪器电源线,确保仪器供电电源有良好的接地性能。

（2）接通电源,使仪器预热 20 min(不包括仪器自检时间)。

（3）用"MODE"键设置测试方式,包括透光率(T)、吸光度(A)、已知标准样品浓度值(C)和已知标准样品斜率(F)。

（4）用波长选择旋钮设置所需的分析波长。

（5）将参比样品溶液和被测样品溶液分别倒入比色皿中,打开试样室盖,将盛有溶液的比色皿分别插入比色皿槽中,盖上试样室盖。一般情况下,参比试样放在第一个槽位中。仪器所附的比色皿,其透光率是经过配对测试的,未经配对处理的比色皿将影响试样的测试精度。比色皿透光部分表面不能有指印、溶液痕迹,被测溶液中不能有气泡、悬浮物,否则也将影响试样测试的精度。

（6）将"0％T"校具(黑体)置入光路中,在"T"方式下按"0％T"键,此时显示器显示"000.0"。

（7）将参比试样推(拉)入光路中,按"100％T"键调节,使显示器由显示"BLA"直至显示"100％T"或"0.000A"为止。

（8）当仪器显示器显示出"100％T"或"0.000A"后,将被测试样推(拉)入光路中,这时,便可从显示器上得到被测试样的透光率或吸光度值。

3. 752 型紫外光栅分光光度计

752 型紫外光栅分光光度计能在紫外和可见光谱区域内(波长范围为 220～800 nm)对不同物质进行定性或定量分析。该仪器采用单光束自准式光路,色散元件为衍射光栅,由光源室、单色光器、试样室、光电管、微电流放大器、对数放大器、数字显示器及稳压电源等部件组成。

此种型号的分光光度计的操作方法如下所述:

（1）将灵敏度旋钮调至"1"挡(放大倍数最小)。

（2）按电源开关,电源开关内左侧指示灯亮(该开关内左侧指示灯为电源指示灯,该开关内右侧指示灯为钨灯指示灯),仪器背面有一只"钨灯"开关,当使用钨灯时,钨灯开关内两只指示灯同时发亮。按"氢灯"开关,氢灯开关内左侧指示灯亮,氢灯电源接通;再按"氢灯触发"按钮,氢灯开关内右侧指示灯亮,氢灯点亮(该开关内左侧指示灯为氢灯电源指示灯,该开关内右侧指示灯为氢灯指示灯)。

（3）选择开关置于"T"挡。

（4）打开试样室盖(光门自动关闭),调节"0％T"旋钮,使数字显示为"0.0"。

（5）将波长置于测试所需的波长刻度线处。

（6）将装有溶液的比色皿置于试样室中的比色皿架中（注意：波长在 360 nm 以下时，要用石英比色皿）。

（7）盖上试样室盖，将空白溶液比色皿置于光路中，调节"100％T"旋钮，使数字显示为"100.0％"（如果显示不到"100.0％"，可适当增加灵敏度挡数，同时重复（4），调节仪器的"0％T"旋钮）。

（8）将盛有待测溶液的比色皿置于光路中，从数字显示器上直接读出待测溶液的透光率 T 值。

（9）吸光度 A 的测量。参照（4）和（7）。将选择开关置于"A"挡，旋动吸光度调整旋钮，使数字显示为"0.0"，然后将盛有待测溶液的比色皿移入光路中，显示值即为该试样的吸光度值。

（10）浓度 C 的测量。选择开关由"A"挡旋至"C"挡，将已标定浓度的溶液移入光路中，调节"浓度"旋钮，使得数字显示为标定值。将盛有待测溶液的比色皿移入光路中，即可读出相应的浓度值。

十五、微量移液器的使用

微量移液器俗称为移液枪、移液器，是一种在一定容量范围内可随意调节的精密取液装置。它是现代生物化学及分子生物学实验中最常用的计量仪器。实验室移取 $0.1\sim5000$ μL 范围的液体都使用移液器完成。正确使用移液器有助于实验的顺利进行和重复。

市场上有多种外观各异的移液器，但其基本结构类似，可调式移液器的结构主要由枪体、推杆、调节轮及卸尖器组成（见图 1-5），其结构设计符合人体工程学原理，手握舒适，正确的持枪姿势如图 1-6 所示。

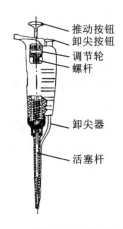

图 1-5　可调式移液器的结构　　　　　图 1-6　正确持移液器的姿势

移液器的取液量依靠调整调节轮，改变活塞移动距离实现，应正确辨读刻度窗口的显示值，避免取液错误。现对不同量程移液器取液读值举例如下：

量程	20 μL	150 μL	200 μL	1000 μL	5000 μL
窗口显示值	1	0	1	0	5
	2	8	5	4	0
	5	0	0	5	0
取液读值	12.5 μL	80 μL	150 μL	450 μL	5000 μL

活塞移动的距离是由调节轮控制螺杆机构来实现的。推动按钮带动推杆使活塞向下移动、排出了活塞腔内气体、松手后,活塞在复位弹簧的作用下恢复其原位,从而完成一次吸液过程。其内部柱塞分 2 段行程,第 1 挡为吸液,第 2 挡为排液,手感十分清楚。

可调式移液器的操作过程如下:

(1) 准备。将移液器吸头(又叫枪头)套在移液器杆上,稍加扭转压紧枪头使之与枪杆间无空气间隙。转动调节轮至所需容积,按图 1-7 所示手握移液器。

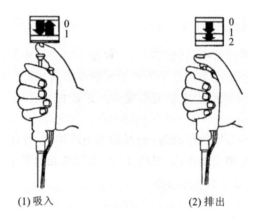

(1) 吸入　　　　　　　　　(2) 排出

图 1-7　按钮的不同位置

(2) 吸液。轻轻按下推动按钮,使按钮由位置"0"推到位置"1",将枪头垂直浸入液面下 2~4 mm 处,缓慢松开按钮,即使按钮由位置"1"复位到位置"0",完成吸液程序,停 1~2 s 后将移液器下端枪头移出液面。

(3) 排液。将枪头尖部以 10°~45°倾斜于容器内壁,缓慢按下推动按钮至位置"1",继续按至位置"2"处,排放所有液体。停 1~2 s 后移走移液器,松开推动按钮,推动卸尖按钮卸下枪头,即完成一次吸、排液过程。

使用注意事项如下:

(1) 应该注意移液器的最大量程,每次取液不应超出最大量程,否则易导致调节轮失灵甚至报废,造成不必要的经济损失。另外,也不应该用大量程的移液器取小体积的样品。

(2) 移液器是实验室常备量液精密仪器,不要用移液器敲打桌面等,并严防摔落。

（3）排液时要按下按钮至图1-7所示位置"2"，以便排净液体。

（4）移液过程中每步操作一致可获得最佳重复性，请注意速度及平稳性，进入试样的深度，垂直握持移液器。

（5）为了避免液体进入移液器套筒内，压放按钮时要缓慢、平稳，放液时保持垂直，吸头中有液体时绝不平放倒放。

（6）为获得较高的精度，在取液时应先用吸液的方法浸渍吸头尖，以消除误差，因为当所吸液体是血清蛋白质及有机溶剂时，吸头内壁会明显残留一层"液膜"，如果吸头只用一次，这样误差可能超出规定的误差范围。这个值对同一个吸头是一个常数，如果用这个吸头再吸一次，则精度是可以保证的。

（7）移取黏度大或有挥发性的液体时，消除误差的补偿量由实验确定，其取液量可通过增加或减少容量计上的读数加以补偿。

（8）不得使用丙酮或强腐蚀性的液体清洗移液器，移液器应由专业人员定期校准。

十六、单菌落的分离

获得遗传背景单一的单克隆菌株是微生物遗传操作的重要步骤。将混合细菌群分散成单菌落也可以最大限度避免异种细菌的污染，淘汰变异菌株。因此，单菌落分离是微生物学和分子遗传学中的基本操作技术。

常用，也是最简易的单菌落分离技术为划线培养。通过分步划线可使混合菌落或菌液中单个细胞分离开，每一个细胞在平板上繁殖出大量遗传组成等同的个体，形成菌落，也称为一个克隆（clone）。为加强单菌落筛选的目的性，可以结合细菌所携带的质粒或内部基因的特点，加入筛选物质。下面以在LB平板上分离带pUC18的大肠杆菌单菌落为例，讲述操作步骤。

（1）实验前将欲分离的菌株样品接种于以合适培养基配制的平板上（大肠杆菌通常为LB培养基，为避免杂菌感染，可根据细菌所携带的质粒上抗生素抗性标记在培养基中加入适当的抗生素），以适宜的温度过夜培养（大肠杆菌37℃，枯草芽孢杆菌30℃），观察到平板上有菌落后用封口膜封好置于4℃冰箱，防止细菌继续生长及培养基干燥。也可直接从穿刺或斜面培养基上划线。

（2）在每个平板的底部做好标记，每个平板的类别应提前标好（或者是LB，或者是LB/pUC18）。

（3）取两个LB平板，其中一个LB平板标记为−pUC18，用于培养不含质粒的大肠杆菌，另一个标记为＋pUC18，用于培养含有质粒的大肠杆菌。取两个LB/amp平板，其中一个记为−pUC18，用于培养不含质粒的大肠杆菌，另一个标记为＋pUC18，用于培养含有质粒的大肠杆菌。

（4）以握笔式手法握住接种环，在酒精灯上将接种环烧至发红（这一步也称为过火)。将接种环杆部的其他部分在火上过一遍,如图 1-8 所示。

(5) 让接种环冷却至常温。为了避免污染,冷却过程中勿将其放置于实验台上。

(6) 使用下列技术之一划线接种大肠杆菌。

① 从平板上的菌株开始培养:用左手部分揭开生长有大肠杆菌的平板的盖子,为避免污染,不要将其完全打开或放在实验台上。将接种环多次接触平板上的空白部分,使之冷却后,用接种环轻刮取一个克隆(注意不要刮伤培养基),如图 1-9 所示。盖好平板的盖子,进行步骤(7)的操作。

图 1-8　灼烧接种环灭菌

图 1-9　用接种环挑取单菌落

② 从穿刺培养的菌种开始培养:左手三个手指握住装有菌株的试管,右手打开试管的盖子。切记不要接触盖子的边缘。开盖后将试管口在火上烧几次。接种环过火后多次接触培养基,使之冷却。用接种环挑取菌体,注意接种环不要接触到管口,移走接种环,重新将试管口过火,盖好盖子,然后进行步骤(7)的操作。

(7) 分别取 LB−pUC18 和 LB+pUC18 平板,按图 1-10 所示划线分离。

(a) 从穿刺培养管中刮取少量菌体

(b) 划线示意图

图 1-10　划线分离单菌落的步骤

在平板的一边做一次 Z 形划线。旋转培养皿 60°~90°,将接种环在火上烧过并冷却后,通过第一次划线部分做第二次 Z 形划线。同法进行第三次、第四次划线。应注意不要将培养基划破。

(8) 重烧接种环,冷却后放回实验台,养成每次划线后烧接种环的习惯。

(9) 将平板于 37℃ 倒置培养,倒置培养是为了防止盖上的冷凝水落入培养基导致污染或克隆间的混杂。

(10) 实验后整理工作:①分开处理细菌培养物;②用肥皂水、10% 漂白粉或消毒剂(如甲酚皂)擦拭工作台;③离开实验室前洗手。

(11) 培养 15~20 h 后观察划线培养结果,一般来说,会出现首次划线生长菌较多,菌的生长量随划线次数增多逐渐减少,最后呈现单个菌落生长的情况,如图 1-11 所示。形态良好的单菌落直径范围为 0.5~3 mm。

注意事项如下:

(1) 大肠杆菌是人类肠道寄生的一种普通微生物,大多数是不致病的,主要附生在人或动物的肠道里,为正常菌群,少数的大肠杆菌具有毒性,可引起疾病。实验室

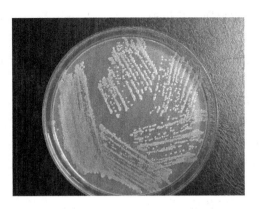

图 1-11　经划线培养的平板

使用的大肠杆菌菌株(如 K-12、DH5α 等)为经过改造的工程菌株,不带有毒性,在人类肠道中很难生存。使用和丢弃大肠杆菌的操作都很简单。

(2) 为了避免污染,在每次使用过后一定要将接种环或细胞分离器在火上灼烧,尽量不要直接放到实验台上。

(3) 大肠杆菌的培养时间不宜过长,一般培养时间为 15～20 h,此时只有大肠杆菌在平板上生长。随着时间的延长,少量的杂菌和生长缓慢的真菌都会出现在平板上。如果不能在培养后立即观察平板,应将其置于冰箱以抑制杂菌生长。

(4) 划线实验完成后,应收集试管、移液管、移液器的枪头等接触过细菌的物品,尽快消毒处理。如果不尽快消毒,在室温中存放几天后,这些物品上就可能生长出带有臭味的可能致病的杂菌。污染的物品可用常规方法消毒处理,如 121℃ 15 min高压灭菌,10% 漂白粉溶液浸泡 15 min。

(5) 实验完毕后用 10% 漂白粉溶液或消毒剂(如甲酚皂)擦拭工作台,并在离开实验室前清洁双手。

十七、过夜悬浮培养与对数期培养

(一) 过夜悬浮培养

划线培养是为了获得单一遗传背景的细菌个体,在以提取质粒或者细菌表达产物为目的的培养中,仅仅划线培养是远远不够的,需要在摇床上进行液体悬浮培养。

大肠杆菌可以在简单的培养基上生长。培养基成分一般包括碳源、氮源、能源、生长因子、无机盐和水,其中生长因子可以由微生物自身合成。在大肠杆菌培养过程中,可加入牛肉膏、蛋白胨、酵母提取物等天然成分,提供全部的维生素和氨基酸。

细菌在液体培养基中的生长规律符合典型生长曲线。刚开始接种少量单细胞微生物后,因代谢系统适应新环境的需要,细胞数目没有增加或只有少量的增加,此阶段称为延滞期、调整期(或适应期)。延滞期后,细胞以几何级数增长,即进入指数期

(或称对数期),细菌在对数期生长迅速,每 20～25 min 数目增加一倍。随着培养基中营养的消耗,菌体细胞的繁殖数与衰亡数接近相等,体系处于正生长与负生长的相对平衡中,细菌生长进入稳定期。营养物质消耗殆尽后,细菌个体的死亡速度超过新生速度,整个群体呈现负生长状态,这一时期称为衰亡期。

培养过程中,可以通过持续摇荡、通气、补充营养元素和除去代谢废物等手段使菌液生长达到最佳水平。在完全培养基上振荡过夜培养,可确保细菌生长达到稳定期。进入稳定期的菌液外观厚重、混浊,甚至会出现大量菌体沉淀。可通过将沉在管底的细胞摇起衡量每次的培养情况。具体操作可以参考以下步骤:

(1)在 50 mL 的锥形瓶上做好标记。培养容器的选择应该保证有足够大的空间,使培养时有良好的通气环境。

(2)使用灭菌的 10 mL 移液管或 5 mL 移液器在每瓶中加入 5～10 mL LB 培养基(分装前务必视菌株情况加入合适浓度的抗生素)。

(3)选择新鲜平板上培养的生长均匀、直径为 1～4 mm 的形态良好的菌落。

(4)用接种环挑取菌落。在酒精灯上将接种环烧至发红,然后将接种环其余部分也在酒精灯火焰上过火,将接种环轻触培养基的边缘使之快速冷却后轻刮选中的菌落,然后将接种环在待接种的培养基中搅动几次,完成接种。本步骤也可以用灭菌牙签或枪头代替接种环,省去反复烧接种环的步骤,也可避免污染。注意操作中如果用牙签应避免用手直接拿牙签,而应使用灭菌镊子夹取牙签操作,牙签挑取菌落后可以直接置于培养液中培养。灭菌枪头也应该用无菌移液器取用,挑取完后枪头也可以直接置于培养液中培养。

(5)包扎好培养瓶,为了使培养液有良好的通气性,瓶口一定不要太紧,可以使用有透气功能的封口膜或者牛皮纸封瓶口。

(6)将接种后的培养瓶置于 37℃摇床上以 200 r/min 培养 12～24 h。良好的培养效果应该是出现混浊甚至少量菌体沉淀。

(7)操作结束后清理操作台面。

(二)对数期培养

对数期的细菌代谢活力强,生长迅速,每 20～25 min 细菌的数目增加一倍。处于对数期的大肠杆菌比稳定期的大肠杆菌更易于吸收质粒 DNA,因而在实验中常用处于对数期的细菌来制备具有良好转化能力的感受态细胞。这类大肠杆菌可用于经典转化实验。下面讲述从过夜悬浮培养大肠杆菌开始,振荡培养使其进入稳定期,以确保产生大量生长旺盛的细胞供下一步培养需要。其过程是将少量过夜培养的细菌再次培养在大量的新鲜培养基中,这样可以使细菌重新回到零生长状态,经过一个短暂的延滞期很快进入对数期。一般情况下,每 1 倍体积的过夜培养物(接种)加入 100 倍体积的新鲜 LB。为了使细菌的生长具有良好的通气的环境,用于摇菌的锥形瓶体积应 4 倍于培养液的体积。可以参考以下步骤进行操作:

（1）实验前一天，将DH5α或其他准备转入质粒的菌株悬浮培养，过夜，获得稳定期细胞。

（2）在无菌状态下，按照1：100的比例将稳定期细胞液转接入新鲜培养液中，培养液中可视情况加入适合浓度的抗生素。也可以直接将合适体积的过夜培养物全部倒入盛有新鲜LB培养基的锥形瓶中。

注意：如果使用1 mL过夜培养菌液，按此操作：①移去过夜培养细菌的试管的盖子，灼烧管口，不要将盖子放在实验台上；②直接将过夜培养的菌液倒入锥形瓶，将锥形瓶口过火后包扎好。

如果只转移大量过夜培养菌液中的一部分，按此操作：①在火上烧移液管；②移去过夜培养细菌的试管盖子，烧管口，注意不要将盖子放在实验台上；③吸取1 mL过夜培养菌液，烧管口，重新盖好管盖；④解开盛有培养基的锥形瓶的包扎物，将瓶口过火，包扎牛皮纸或封口膜的边缘不要直接和实验台接触；⑤将吸取的过夜培养菌液转入锥形瓶，瓶口过火，重新包扎瓶口。

（3）37℃振荡培养。

如果有分光光度计，按此操作：摇菌1 h后，无菌操作，吸取1 mL菌液，测定550 nm波长处吸光度值。每间隔20 min测定一次。DH5α菌株培养至A_{550}为0.3～0.5。

如果没有分光光度计，按此操作：经过2 h 15 min持续振荡培养以后，DH5α A_{550}预计可以达到0.3～0.5。理想情况下，DH5α达到A_{550} 0.3～0.5需1.5 h。不适宜的培养条件会导致细菌生长缓慢。

（4）实验后清洁工作：①将废弃的细的培养物，接触过细菌的试管、移液管、移液器的枪头与其他物品分开放置；②用10%漂白粉或消毒剂对过夜培养菌液、对数期培养物、试管和移液管进行灭菌消毒处理；③用75%酒精、肥皂水、10%漂白粉或其他消毒剂（如甲酚皂）擦拭实验台；④离开实验室前清洁双手。

十八、实验样品的准备

选择到合适的材料后，应及时使用，否则所需的有效成分会部分甚至全部被破坏，从而影响收得率。当选择的材料难以立即使用时，一般采用冰冻或干燥等方法处理，同时还应将易于去掉的非需物质（如脂类）除去。由于常用的动物、植物和微生物材料的特点各异，所以处理的要求也就不同。

（一）动物材料

1. 动物脏器

（1）冰冻：从刚宰杀的牲畜体内得到的脏器要迅速剥去脂肪和筋皮等结缔组织，冲洗干净，如不马上抽提、纯化，应在很短时间内（温度不高于25℃时）置于－10℃冰库（可短暂保存）或－70℃低温冰箱（数月不变质）储存。

脏器中常含有较多的脂肪,该物不仅容易氧化酸败,导致原料变质,而且还会影响纯化和制品得率。脱脂操作可在提纯前进行,也可在提纯过程中进行,具体实施须视材料而定。一般脱脂的方法有:人工剥去脏器外的脂肪组织;浸泡在脂溶性的有机溶剂(如丙酮、乙醚)中脱脂;采用快速加热(50℃左右)、快速冷却的方法,使熔化的油滴冷却后凝聚成块而被除去;利用油脂分离器使油脂与水溶液得以分离。

(2)干燥:对于像脑下垂体一类小组织,可置于丙酮溶液中脱水,干燥后磨粉储存备用;对于含耐高温有效成分(如肝素)的肠黏膜,可在沸水中蒸煮处理,烘干后能长期保存。

2. 血液样品

(1)抗凝血。

取清洁、干燥的试管或其他容器,收集人或动物的新鲜血液,立即与适量的抗凝剂充分混合,所得到的抗凝血为全血。每毫升血液中加入抗凝剂的种类可以根据实验的需要进行选择,但是用量不宜过大,否则将影响实验的结果。常用的抗凝剂及用量如表1-7所示。

表 1-7　常用的抗凝剂及用量

抗　凝　剂	用量(1 mL 血液)
柠檬酸钠	5 mg
草酸酸钾(钠)	1～2 mg
肝素钠	1 μg
ACD 抗凝液	1/6 mL

ACD抗凝液的配方:柠檬酸 0.4 g,柠檬酸钠 1.32 g,右旋葡萄糖 1.47 g,水 100 mL。

抗凝剂宜先配成水溶液,按取血量的需要加于试管或适当容器内,横放,再蒸干水分(肝素的蒸干温度不宜超过 30℃),使抗凝剂在容器内形成薄层,利于血液与抗凝剂均匀接触。

取得的全血如不立即使用,应储存于 4℃冰箱之中。

(2)血浆。

抗凝之全血在离心机中离心,使血细胞下降,如此得到的上清液即为血浆。质量上乘的血浆应为淡黄色。为避免产生溶血,必须采用干燥、清洁的采血器具和容器,并尽可能地少振摇。

(3)血清。

收集不加抗凝剂的血液,室温下自然凝固,所析出的草黄色液体,即为血清。制备血清时血凝块收缩析出血清,大约需要 3 h。为了使血清尽快析出,必要时可以采用离心的方法缩短分离时间,并且可得到较多的血清。

制备血清同样要防止溶血,所以应用的器具应当干燥、清洁。而且血清析出后宜用干净的玻棒轻轻分离容器壁与粘连的血凝块,及时吸出析出的血清。

(二)植物组织

由室内栽培或野外采集的植物材料,若是叶片(如菠菜、芹菜的叶子),用水洗净即可使用。若是植物种子,则须泡胀或粉碎后才可使用。当材料含油脂较多时,还要进行脱脂处理。

(三)微生物

由于微生物具有种类多、繁殖快、培养简便、诱变容易和不受季节影响等特点,因此,它已成为制备生命大分子物质的主要材料之一。当选用的微生物菌种接入适当的培养液培养一段时间后,用离心法收集得到的上清液,即可用于制备胞外酶和某些辅基等有效成分。而收集到的菌体,经破细胞处理后则可从中提取其他有效成分。前者可在低温下短时间储存,后者可制成冻干粉,在 4℃下保存(数月不会变质)。例如收集的黄杆菌 P3-2 细胞,用 0.05 mol/L Tris-HCl 缓冲液(pH 值为 7.5)洗两次,进行冻干处理可得到红棕色的干粉。将其在 4℃下保存 3 个月,检测降解对硫磷水解酶的活性时,发现无明显变化。

十九、实验常用缓冲液的配制

(一)常用缓冲液

1.甘氨酸-盐酸缓冲液(0.05 mol/L)

X mL 0.2 mol/L 甘氨酸溶液＋Y mL 0.2 mol/L 盐酸,再加水稀释至 200 mL。

pH 值	X	Y	pH 值	X	Y
2.2	50	44.0	3.0	50	11.4
2.4	50	32.4	3.2	50	8.2
2.6	50	24.2	3.4	50	6.4
2.8	50	16.8	3.6	50	5.0

甘氨酸相对分子质量＝75.07,0.2 mol/L 甘氨酸溶液为 15.01 g/L。

2.磷酸氢二钠-柠檬酸缓冲液

pH 值	A 液/mL	B 液/mL	pH 值	A 液/mL	B 液/mL
2.2	0.40	19.60	3.0	4.11	15.89
2.4	1.25	18.75	3.2	4.94	15.06
2.6	2.18	17.82	3.4	5.70	14.30
2.8	3.17	16.83	3.6	6.44	13.56

续表

pH 值	A 液/mL	B 液/mL	pH 值	A 液/mL	B 液/mL
3.8	7.10	12.90	6.0	12.63	7.37
4.0	7.71	12.29	6.2	13.22	6.78
4.2	8.28	11.72	6.4	13.85	6.15
4.4	8.82	11.18	6.6	14.55	5.45
4.6	9.35	10.65	6.8	15.45	4.55
4.8	9.86	10.14	7.0	16.47	3.53
5.0	10.30	9.70	7.2	17.39	2.61
5.2	10.72	9.28	7.4	18.17	1.83
5.4	11.15	8.85	7.6	18.73	1.27
5.6	11.60	8.40	7.8	19.15	0.85
5.8	12.09	7.91	8.0	20.45	0.55

A 液(0.2 mol/L 磷酸氢二钠溶液):Na_2HPO_4 的相对分子质量 = 141.98,0.2 mol/L 溶液为 28.40 g/L;$Na_2HPO_4 \cdot 2H_2O$ 的相对分子质量 = 178.05,0.2 mol/L 溶液为 35.61 g/L;$Na_2HPO_4 \cdot 12H_2O$ 的相对分子质量 = 358.22,0.2 mol/L 溶液为 71.64 g/L。

B 液(0.1 mol/L 柠檬酸溶液):$C_6H_8O_7 \cdot H_2O$ 的相对分子质量 = 210.14,0.1 mol/L 溶液为 21.01 g/L。

3. 柠檬酸-柠檬酸钠缓冲液(0.1 mol/L)

pH 值	A 液/mL	B 液/mL	pH 值	A 液/mL	B 液/mL
3.0	18.6	1.4	5.0	8.2	11.8
3.2	17.2	2.8	5.2	7.3	12.7
3.4	16.0	4.0	5.4	6.4	13.6
3.6	14.9	5.1	5.6	5.5	14.5
3.8	14.0	6.0	5.8	4.7	15.3
4.0	13.1	6.9	6.0	3.8	16.2
4.2	12.3	7.7	6.2	2.8	17.2
4.4	11.4	8.6	6.4	2.0	18.0
4.6	10.3	9.7	6.6	1.4	18.6
4.8	9.2	10.8	—	—	—

A 液(0.1 mol/L 柠檬酸溶液):$C_6H_8O_7 \cdot H_2O$ 的相对分子质量 = 210.14,0.1 mol/L 溶液为 21.01 g/L。

B 液(0.1 mol/L 柠檬酸钠溶液):$Na_3C_6H_5O_7 \cdot 2H_2O$ 的相对分子质量 =

294.14,0.1 mol/L 溶液为 29.41 g/L。

4. 乙酸-乙酸钠缓冲液(0.2 mol/L,18℃)

pH 值	A 液/mL	B 液/mL	pH 值	A 液/mL	B 液/mL
3.6	0.75	9.25	4.8	5.90	4.10
3.8	1.20	8.80	5.0	7.00	3.00
4.0	1.80	8.20	5.2	7.90	2.10
4.2	2.65	7.35	5.4	8.60	1.40
4.4	3.70	6.30	5.6	9.10	0.90
4.6	4.90	5.10	5.8	9.40	0.60

A 液(0.2 mol/L NaAc 溶液):NaAc · $3H_2O$ 的相对分子质量 = 136.09,0.2 mol/L溶液为27.22 g/L。

B 液(0.2 mol/L HAc 溶液):冰乙酸 11.8 mL 稀释至 1 L(需标定)。

5. 磷酸盐缓冲液

(1) 磷酸氢二钠-磷酸二氢钠缓冲液(0.2 mol/L)。

pH 值	A 液/mL	B 液/mL	pH 值	A 液/mL	B 液/mL
5.8	8.0	92.0	7.0	61.0	39.0
5.9	10.0	90.0	7.1	67.0	33.0
6.0	12.3	87.7	7.2	72.0	28.0
6.1	15.0	85.0	7.3	77.0	23.0
6.2	18.5	81.5	7.4	81.0	19.0
6.3	22.5	77.5	7.5	84.0	16.0
6.4	26.5	73.5	7.6	87.0	13.0
6.5	31.5	68.5	7.7	89.5	10.5
6.6	37.5	62.5	7.8	91.5	8.5
6.7	43.5	56.5	7.9	93.0	7.0
6.8	49.0	51.0	8.0	94.7	5.3
6.9	55.0	45.0	—	—	—

A 液(0.2 mol/L 磷酸氢二钠溶液):Na_2HPO_4 的相对分子质量 = 141.98,0.2 mol/L 溶液为 28.40 g/L;Na_2HPO_4 · $2H_2O$ 的相对分子质量 = 178.05,0.2 mol/L溶液为35.61 g/L;Na_2HPO_4 · $12H_2O$ 的相对分子质量 = 358.22,0.2 mol/L 溶液为 71.64 g/L。

B 液(0.2 mol/L 磷酸二氢钠):NaH_2PO_4 的相对分子质量 = 138.01,0.2 mol/L 溶液为 27.6 g/L;NaH_2PO_4 · $2H_2O$ 的相对分子质量 = 156.03,0.2 mol/L 溶液为

31.21 g/L。

（2）磷酸二氢钠-磷酸氢二钾缓冲液（1/15 mol/L）。

pH 值	A 液/mL	B 液/mL	pH 值	A 液/mL	B 液/mL
4.92	0.10	9.90	7.17	7.00	3.00
5.29	0.50	9.50	7.38	8.00	2.00
5.91	1.00	9.00	7.73	9.00	1.00
6.24	2.00	8.00	8.04	9.50	0.50
6.47	3.00	7.00	8.18	9.75	0.25
6.64	4.00	6.00	8.34	9.90	0.10
6.81	5.00	5.00	9.67	10.00	0
6.98	6.00	4.00	—	—	—

A 液（1/15 mol/L 磷酸氢二钠溶液）：$Na_2HPO_4 \cdot 2H_2O$ 的相对分子质量＝178.05，1/15 mol/L 溶液为 11.875 g/L。

B 液（1/15 mol/L 磷酸二氢钾溶液）：KH_2PO_4 的相对分子质量＝136.09，1/15 mol/L 溶液为 9.078 g/L。

6. 巴比妥钠-盐酸缓冲液（18℃）

pH 值	A 液/mL	B 液/mL	pH 值	A 液/mL	B 液/mL
6.8	100	18.4	8.4	100	5.21
7.0	100	17.8	8.6	100	3.82
7.2	100	16.7	8.8	100	2.52
7.4	100	15.3	9.0	100	1.65
7.6	100	13.4	9.2	100	1.13
7.8	100	11.47	9.4	100	0.7
8.0	100	9.39	9.6	100	0.35
8.2	100	7.21	—	—	—

A 液（0.04 mol/L 巴比妥钠溶液）：巴比妥钠的相对分子质量＝206.18，0.04 mol/L 溶液为 8.25 g/L。

B 液：0.2 mol/L 盐酸。

7. Tris-HCl 缓冲液（0.05 mol/L，25℃）

50 mL 0.1 mol/L 三羟甲基氨基甲烷（Tris）溶液与 X mL 0.1 mol/L 盐酸混匀后，加水稀释至 100 mL。

pH 值	X/mL	pH 值	X/mL
7.10	45.7	8.10	26.2
7.20	44.7	8.20	22.9
7.30	43.4	8.30	19.9
7.40	42.0	8.40	17.2
7.50	40.3	8.50	14.7
7.60	38.5	8.60	12.4
7.70	36.6	8.70	10.3
7.80	34.5	8.80	8.5
7.90	32.0	8.90	7.0
8.00	29.2	9.00	5.7

三羟基氨基甲烷(Tris)的相对分子质量＝121.14,0.1 mol/L 溶液为 12.114 g/L。Tris 溶液可从空气中吸收二氧化碳,使用时注意将瓶子盖严。

8. 硼砂-盐酸缓冲液(0.05 mol/L 硼酸根)

50 mL0.025 mol/L 硼砂溶液＋X mL 0.1 mol/L 盐酸,加水稀释至 100 mL。

pH 值	X/mL	pH 值	X/mL	pH 值	X/mL
8.00	20.5	8.40	16.6	8.80	9.4
8.10	19.7	8.50	15.2	8.90	7.1
8.20	18.8	8.60	13.5	9.00	4.6
8.30	17.7	8.70	11.6	9.10	2.0

硼砂 $Na_2B_4O_7 \cdot 10H_2O$ 的相对分子质量＝381.43,0.025 mol/L溶液为 9.53 g/L。

9. 硼酸-硼砂缓冲液(0.2 mol/L 硼酸根)

pH 值	A 液/mL	B 液/mL	pH 值	A 液/mL	B 液/mL
7.4	1.0	9.0	8.2	3.5	6.5
7.6	1.5	8.5	8.4	4.5	5.5
7.8	2.0	8.0	8.7	6.0	4.0
8.0	3.0	7.0	9.0	8.0	2.0

A 液(0.05 mol/L 硼砂溶液):$Na_2B_4O_7 \cdot 10H_2O$ 的相对分子质量＝381.43,0.05 mol/L溶液(0.2 mol/L 硼酸根)为 19.07 g/L。

B 液(0.2 mol/L 硼酸溶液):H_3BO_3 的相对分子质量＝61.84,0.2 mol/L 的溶液为12.37 g/L。

硼砂易失去结晶水,必须在带塞的瓶中保存。

10.碳酸钠-碳酸氢钠缓冲液(0.1 mol/L)

Ca^{2+}、Mg^{2+} 存在时不得使用。

pH 值		A 液/mL	B 液/mL
20℃	37℃		
9.16	8.77	1	9
9.40	9.12	2	8
9.51	9.40	3	7
9.78	9.50	4	6
9.90	9.72	5	5
10.14	9.90	6	4
10.28	10.08	7	3
10.53	10.28	8	2
10.83	10.57	9	1

A 液(0.1 mol/L 碳酸钠溶液):$Na_2CO_3 \cdot 10H_2O$ 的相对分子质量$=286.2$,0.1 mol/L溶液为 28.62 g/L。

B 液(0.1 mol/L 碳酸氢钠溶液):$NaHCO_3$ 的相对分子质量$=84.0$,0.1 mol/L溶液为8.40 g/L。

11.碳酸氢钠-氢氧化钠缓冲液(0.025 mol/L 碳酸氢钠)

50 mL 0.05 mol/L 碳酸氢钠溶液与 X mL 0.1 mol/L 氢氧化钠溶液混匀后,加水稀释至 100 mL。

pH 值	X	pH 值	X	pH 值	X
9.6	5.0	10.1	12.2	10.6	19.1
9.7	6.2	10.2	13.8	10.7	20.2
9.8	7.6	10.3	15.2	10.8	21.2
9.9	9.1	10.4	16.5	10.9	22.0
10.0	10.7	10.5	17.8	11.0	22.7

碳酸氢钠的相对分子质量$=84.0$,0.05 mol/L 溶液为 4.20 g/L。

(二)pH 标准缓冲液的配制

pH 计用的标准缓冲液要求有较大的稳定性,较小的温度依赖性,其试剂易于提纯。常用的标准缓冲液的配制方法如下:

(1) pH 值为 4.00(10~20℃)时,将邻苯二甲酸氢钾在 105℃下干燥 1 h 后,称取5.07 g,加双蒸水溶解并稀释至 500 mL;

（2）pH 值为 6.88（20℃）时，称取在 130℃ 干燥 2 h 的 3.401 g 磷酸氢二钾，8.95 g 磷酸氢二钠或 3.54 g 无水磷酸氢二钠，加双蒸水溶解并稀释至 500 mL；

（3）pH 值为 9.18（25℃）时，称取 3.814 4 g 四硼酸钠（$Na_2B_4O_7 \cdot 10H_2O$）或 2.02 g 无水四硼酸钠（$Na_2B_4O_7$），加双蒸水溶解并稀释至 100 mL。

表 1-8 所列为不同温度下标准缓冲液的 pH 值。

表 1-8 不同温度下标准缓冲液的 pH 值

温度/℃	酸性酒石酸钾钠（25℃时饱和）	0.05 mol/L 邻苯二甲酸氢钾	0.025 mol/L 磷酸二氢钾 0.025 mol/L 磷酸氢二钠	0.0087 mol/L 磷酸二氢钾 0.0302 mol/L 磷酸氢二钠	0.01 mol/L 硼砂
0	—	4.01	6.98	7.53	9.46
10	—	4.00	6.92	7.47	9.33
15	—	4.00	6.90	7.45	9.27
20	—	4.00	6.88	7.43	9.23
25	3.56	4.01	6.86	7.41	9.18
30	3.55	4.02	6.85	7.40	9.14
38	3.55	4.03	6.84	7.38	9.08
40	3.55	4.04	6.84	7.38	9.07
50	3.55	4.06	6.83	7.37	9.01

（三）凝胶电泳缓冲液

1. 电极缓冲液

缓冲液	使用液	浓储存液（1 000 mL）
Tris-乙酸（TAE）	1×：0.04 mol/L Tris-乙酸，0.001 mol/L EDTA	50×：242 g Tris 碱，57.1 mL 冰乙酸，100 mL 0.5 mol/L EDTA（pH 值为 8.0）
Tris-磷酸（TPE）	1×：0.09 mol/L Tris-磷酸，0.002 mol/L EDTA	10×：108 gTris 碱，15.5 mL 85％ 磷酸（1.679 g/mL），40 mL0.5 mol/L EDTA（pH 值为 8.0）
Tris-硼酸（TBE）[①]	0.5×：0.045 mol/L Tris-硼酸，0.001 mol/L EDTA	5×：54 g Tris 碱，27.5 g 硼酸，20 mL 0.5 mol/L EDTA（pH 值为 8.0）
碱性电泳缓冲液[②]	1×：50 mol/L 氢氧化钠，1 mol/L EDTA	1×：5 mL 10 mol/L 氢氧化钠溶液，2 mL 0.5 mol/L EDTA（pH 值为 8.0）

续表

缓　冲　液	使　用　液	浓储存液(1 000 mL)
Tris-甘氨酸③	1×:25 mol/L Tris,250 mol/L 甘氨酸,0.1%SDS	5×:15.1 g Tris 碱,94 g 甘氨酸(电泳级), 50 mL 10% SDS(电泳级)(pH 值为 8.3)

注:① TBE 浓溶液长时间存放后会形成沉淀物,可在室温下用玻璃瓶保存 5×溶液,出现沉淀后则予以废弃。以往都以 1×TBE 作为使用液(即 1∶5 稀释浓储存液)进行琼脂糖凝胶电泳。但 0.5×的使用液已具备足够的缓冲容量。目前几乎所有的琼脂糖凝胶电泳都以 1∶10 的稀释储存液作为使用液。

进行聚丙烯酰胺凝胶电泳使用的 1×TBE 的浓度是琼脂糖凝胶时使用液浓度的 2 倍。聚丙烯酰胺凝胶垂直槽的缓冲液槽较小,故通过缓冲液的电流量通常较大,需要使用 1×TBE 以提供足够的缓冲容量。

② 碱性电泳缓冲液应现用现配。

③ Tris-甘氨酸缓冲液用于 SDS-聚丙烯酰胺凝胶电泳(PAGE)。

2.常用凝胶加样缓冲液

缓冲液类型	6×缓冲液	储存温度/℃
1	0.25%溴酚蓝 0.25%二甲苯腈 FF 40%(g/mL)蔗糖水溶液	4
2	0.25%溴酚蓝 0.25%二甲苯腈 FF 15%聚蔗糖(Ficoll)(400 型)水溶液	室温
3	0.25%溴酚蓝 0.25%二甲苯腈 FF 30%甘油水溶液	4
4	0.25%溴酚蓝 40%(g/mL)蔗糖水溶液	4
5	碱性加样缓冲液 300 mmol/L 氢氧化钠溶液 6 mmol/L EDTA 18%聚蔗糖(Ficoll)(400 型)水溶液 0.15%溴甲酚绿 0.25%二甲苯腈 FF	4

(1) 核酸电泳加样缓冲液。

使用以上凝胶加样缓冲液的目的有以下几点:增大样品密度,以确保 DNA 均匀进入样品孔内;使样品呈现颜色,从而使加样操作更为便利;含有在电场中以预知速率向阳极泳动的染料;溴酚蓝在琼脂糖凝胶中移动的速率约为二甲苯腈 FF 的 2.2 倍,而与琼脂糖浓度无关。

对于碱性凝胶,应当使用溴甲酚绿作为示踪染料,因为在碱性条件下其显色效果较溴酚蓝更为鲜明。

使用时按样品(核酸)与缓冲液 5∶1(体积比)混合点样。

(2) SDS-PAGE 样品缓冲液。

	1×样品缓冲液	2×样品缓冲液	4×样品缓冲液
Tris/g	0.75	1.5	3.0
蔗糖/g	8～12	15～20	30
SDS/g	2	4	8
溴酚蓝/g	0.05	0.1	0.2
巯基乙醇/mL	5	10	20
用去离子水定容至 100 mL			

① 配制。

现用适量水(约 60 mL)溶解 Tris、蔗糖、SDS 及溴酚蓝,再用浓盐酸调节 pH 值,常用的 pH 值为 6.8,也有用 pH 值为 8.0 的,即不调节 pH 值(自然),再加巯基乙醇,最后定容至 100 mL。其中巯基乙醇可在配制缓冲液时不加(这时为非还原样品缓冲液,则蛋白样品中的二硫键不被打断),而在试用时加入(按 5％加),巯基乙醇也可用 DTT 代替(1.6％)。最终使用(点样时)的样品缓冲液为 1×缓冲液(0.0625 mol/L Tris-HCl,2％SDS,8％～10％蔗糖(可用 10％甘油代替),5％巯基乙醇,痕量溴酚蓝)。

② 使用。

1×样品缓冲液用于固体样品的处理,以定量样品(0.5 mg)溶于 1 mL 1×样品缓冲液;2×缓冲液、4×缓冲液等则用于液体样品处理,例如,样品溶液与 2×样品缓冲液 1∶1(体积比),样品溶液与 4×样品缓冲液 1∶3(体积比);按以上比例混合后,其最终使用浓度仍为 1×样品缓冲液,一般以 2×样品缓冲液最为常用。

第四节　实验误差与提高实验准确度的方法

一、实验误差

生物化学分析常需要对组成生物机体的几类主要化学物质(如糖、脂肪、蛋白质、核酸、维生素、醇等)进行定量测定。在进行定量分析测定的过程中,由于受分析方法、测量仪器、所用试剂和分析工作者等方面的限制,很难保证测量值与真实值完全一致,即分析过程中误差是客观存在的。作为分析工作者不仅要测定试样中待测组分的含量,还应对测定结果作出评价,判断它的准确度和可靠性,找出产生误差的原因,并采取有效措施减少误差,使所得的结果尽可能准确地反映试样中待测组分的真实含量。

1. 准确度和误差

准确度表示实验分析测定值与真实值相接近的程度。因测定值与真实值之间的差值为误差,所以误差愈小,测定值愈准确,即准确度愈高。误差可用绝对误差和相对误差来表示。

绝对误差为测定值与真实值之差:

$$\Delta N = N - N'$$

相对误差表示绝对误差在真实值中所占的百分率:

$$相对误差 = \frac{\Delta N}{N'} \times 100\%$$

式中,ΔN 为绝对误差;N 为测定值;N' 为真实值。

例　用分析天平称得两种蛋白质的质量分别为 2.175 0 g 和 0.217 5 g,假定两者的真实值分别为 2.175 1 g 和 0.217 6 g,则称量的绝对误差应分别为

$$2.175\ 0 - 2.175\ 1 = -0.000\ 1(g)$$
$$0.217\ 5 - 0.217\ 6 = -0.000\ 1(g)$$

它们的相对误差应分别为

$$\frac{-0.000\ 1}{2.175\ 1} \times 100\% = -0.005\%$$

$$\frac{-0.000\ 1}{0.217\ 6} \times 100\% = -0.05\%$$

由此可见,两种蛋白质称量的绝对误差虽然相等,但当用相对误差表示时,就可看出第一份称量的准确度比第二份称量的准确度大 10 倍。显然,当被称量物体的质量较大时,相对误差较小,称量的准确度就较高。因此,应该用相对误差来表示分析结果的准确度。但因真实值是并不知道的,因此,在实际工作中无法求出分析的准确度,只得用精确度来评价分析的结果。

2. 精确度和偏差

在分析测定中,测试者常在相同条件下,对同一试样进行多次重复测定(称为平行测定),所得结果不完全一致,每一测定值与真实值都有差别,但若取它们的平均值,就有可能更接近真实值,如果多次重复的测定值比较接近,表示测定结果的精确度较高。

精确度表示在相同条件下,进行多次实验所得的测定值相接近的程度。一般用偏差来衡量分析结果的精确度。偏差也有绝对偏差和相对偏差两种表示方法。

设一组测定数据(n 次平行测定)为 $x_1, x_2, \cdots, x_n$,其算术平均值为

$$\bar{x} = \frac{x_1 + x_2 + \cdots + x_n}{n} = \frac{1}{n} \sum_{i=1}^{n} x_i$$

绝对偏差＝|测定值－算术平均值|,即

$$d_i = |x_i - \overline{x}|$$

$$相对偏差 = \frac{绝对偏差}{算术平均值} \times 100\% = \frac{d_i}{\overline{x}} \times 100\%$$

当然,与误差的表示方法一样,用相对偏差来表示实验的精确度,比用绝对偏差更有意义。

此外,精确度也常用平均绝对偏差和平均相对偏差来表示。平均绝对偏差是个别测定值的绝对偏差的算术平均值。

例 分析某一蛋白制剂含氮量的百分数,共测 5 次,其结果分别为:16.1%,15.8%,16.3%,16.2%,15.6%。用来表示精确度的偏差可计算如下:

分析结果　算术平均值　　　个别测定值的绝对偏差(不计正负号)

分析结果	算术平均值	个别测定值的绝对偏差(不计正负号)
16.1%		0.1%
15.8%		0.2%
16.3%	16.0%	0.3%
16.2%		0.2%
15.6%		0.4%

$$平均绝对偏差 = \frac{0.1\% + 0.2\% + 0.3\% + 0.2\% + 0.4\%}{5} = 0.2\%$$

$$平均相对偏差 = \frac{0.2}{16.0} \times 100\% = 1.25\%$$

在分析实验中,有时只做 2 次平行测定,这时就应用下式表达结果的精确度:

$$精确度 = \frac{2 次分析结果的差值}{平均值} \times 100\%$$

应该指出,准确度和精确度、误差和偏差具有不同的含义,不能混为一谈。准确度是表示测定值与真实值相符合的程度,用误差来衡量,误差越小,测定准确度越高。精确度则表示在相同条件下多次重复测定值相符合的程度,用偏差来衡量,偏差越小,测定的精确度越高。

误差以真实值为标准,而偏差以平均值为标准,由于物质的真实值一般是无法知道的,我们平时所说的真实值其实只是采用各种方法进行多次平行分析所得到的相对正确的平均值。用这一平均值代替真实值来计算误差,得到的结果仍然只是偏差。例如,上述蛋白质制剂含氮量的测定结果可用 16.0%±0.2% 表示。

还应指出,用精确度来评价分析的结果是有一定的局限性的。分析结果的精确度很高(平均相对误差很小),并不一定说明实验的准确度也很高。因为如果分析过程中存在系统误差,可能并不影响每次测得数值之间的重合程度,即不影响精确度,但此分析结果必然偏离真实值,也就是分析的准确度并不一定很高。当然,如果精确度也不高,则无准确度可言,所以精确度是保证准确度的先决条件。在实际分析中,首先要求良好的精确度,测定的精确度越好,得到准确结果的可能性就越大。通常进行分析时,对同一试样,必须用同样的方法,在同一条件下由同一个人操作,做几次平行测定,取其平均值,测定次数越多,平均值就越接近真实值。

二、误差来源

由于所有的测量都可能产生误差,故应了解这些误差的可能来源。一般根据误差的性质和来源,将误差分为系统误差(可测误差)和偶然误差(随机误差)两类。

1. 系统误差

它是由测定过程中某些经常发生的原因所造成的,它对测定结果的影响比较稳定,在同一条件下重复测定中常重复出现,使测定结果不是偏高,就是偏低,而且大小有一定规律,它的大小与正负往往可以测定出来,至少从理论上来说是可以测定的,故又称可测误差。系统误差的主要来源有以下四个方面:

(1)方法误差。方法误差是由采用的分析方法本身所造成的。如重量分析中沉淀不完全或沉淀洗涤过程中有少量溶解,给分析测定结果带来负误差,或由于杂质共沉淀以及称量时沉淀吸水,引起正误差。又如滴定分析中,反应终点和滴定终点不完全符合等。

(2)仪器误差。仪器误差是由仪器本身不够精密所产生的误差。如天平、砝码和量器体积不够准确,或没有根据实验的要求选择一定精密度的仪器等。

(3)试剂误差。此误差来源于试剂或去离子水含有的微量杂质。

(4)个人操作误差。个人操作误差是由于每个分析工作者掌握操作规程、控制条件与使用仪器常有出入而造成的。如不同的操作者对滴定终点颜色变化的分辨判断能力有差异,个人视差也常引起不正确读数等。

2. 偶然误差

它来源于某些难以预料的偶然因素,或是由于取样不随机,或是因为测定过程中某些不易控制的外界因素(如测定时环境温度、湿度和气压的微小波动)的影响。尤其在生物测定中,由于影响因素是多方面的,如动物的健康状态、饲养条件、生物材料的新鲜程度、微生物的菌种和培养基的条件等,往往造成较大的偶然误差。这种误差是由某些偶然因素造成的,它的数值时大时小,时正时负,所以偶然误差又称随机误差。

偶然误差产生于一些难以确定的因素,似乎没有规律性,但如果在同一条件下进行多次重复测定,就会发现测定数据的分布符合一般的统计规律。粗略地说,偶然误差是随着不同的机会(随机)而出现的,因此采用"随机误差"这个名称更为确切。

为了减少偶然误差,一般采取的措施如下:

(1)平均取样。根据实验要求并考虑生物材料的特殊性,如动物的种属、生长状态及饲养条件,选取动、植物某一新鲜组织制成匀浆后取样,细菌通常制成悬浮液,经玻璃珠打散摇匀后,再量取一定体积的菌体样品。菌体样品应于取样前先进行粉碎,混匀。

（2）多次取样。根据偶然误差出现的规律,进行多次平行测定,并计算平均值,可以有效地减少偶然误差。

除去以上两类误差之外,还有因分析人员工作中的粗心大意、操作不正确引起的过失误差,如读错刻度读数、溶液溅出、加错试剂等,这时可能出现一个很大的误差值,在计算算术平均值时,应舍去此种数值。

三、提高实验准确度的方法

要提高分析结果的准确度就必须减少测定中的系统误差和偶然误差。减少系统误差常采取下列方法。

1. 标准物对照

在任何测试中,甚至在使用标定仪器和基准试剂时,都应使用待测物质的标准溶液。这种做法能对方法的准确度提供一种有用的检查方式,因为测量所得的数据必须落在真实值一定范围之内。标准溶液应与待测溶液用完全相同的方法处理,此时可以画出一条能够指示用浓度测量物质量变的标准曲线,从待测溶液得到的测定值应落在标准曲线范围之内,然后读出测定数值。

或者取标准物某一确定浓度的溶液与待测液以同样的方法,在相同条件下平行测定（标准物的组成最好与待测液相似,含量也应相近）,得平均值 $\overline{x}_{标}$。标准物的已知浓度常视为真实值（μ）,用 t-检验法检验 $\overline{x}_{标}$ 与 μ 之间是否有显著性差异,即检验所采用的测定方法是否有系统误差。如果有系统误差,需对待测液的测定值加以校正。计算方法如下：

$$\frac{\overline{x}_{标}}{\mu}=\frac{\overline{x}_{未}}{x_{未}}$$

则

$$x_{未}=\frac{\mu}{\overline{x}_{标}}\overline{x}_{未}$$

式中,$\overline{x}_{未}$ 为待测液测定值的平均值,$\mu/\overline{x}_{标}$ 为校正系数。测定值经校正后可用来消除测定中的系统误差。

2. 设置空白实验

在任何测量实验中,都应设置空白溶液作为对照,以消除由于试剂中含有干扰杂质或溶液对器皿的侵蚀等所产生的系统误差。用等体积的去离子水代替待测液,并严格按照待测液和标准液相同的方法及条件同时进行平行测定,所得结果称为空白值,它是由所用的试剂而不是待测物所造成的。将待测物的分析结果扣除空白值,就可以得到比较准确的结果。

空白值一般不应过大,特别在微量分析测定时,如果空白值太大,应将试剂加以纯化和改用其他适当的器皿。

3.校正仪器

仪器不准确引起的系统误差可以通过仪器校正来减小。为此,应该经常对测量仪器(如砝码、天平、容器等)进行校正,以减小误差,并在计算实验结果时用校正值。

总之,在分析测定工作中,应注意合理安排实验系统,以尽量减少系统误差。

四、准确度、精确度和误差的关系

在同样条件下,对同一试样进行多次重复测定,将产生偶然误差。由于偶然误差的出现符合统计规律,因此测定次数越多,偶然误差可以互相抵消一部分,平均值就越接近真实值,但它并不能视为真实值;系统误差则会在重复测定中重复出现,无限多次测定值的平均值与真实值之差可认为是系统误差。

因此,精确度的大小主要取决于测定的偶然误差,准确度的大小主要取决于测定的系统误差。通过多次重复测定,取其平均值可以降低偶然误差。而系统误差只有找出产生误差的原因,采取措施,方能消除。

第五节　实验记录与实验报告

一、实验记录

记录实验结果、书写实验报告是实验课教学的重要环节之一,同样需要认真对待。

(1) 实验前必须认真预习,弄清实验原理和操作方法,并在实验记录本上写出扼要的预习报告,内容包括实验基本原理、简要的操作步骤(可用流程图等表示)和记录数据的表格等。

(2) 在实验中观察到的现象、结果和测试的数据应及时、如实地记录在实验记录本上。当发现与教材描述的情况和结论不一致时,应尊重客观事实,不先入为主,记录实情,留待分析讨论时用,并总结经验教训。

(3) 在已设计好的记录表格上,准确记录下观测数据,如称量物的质量、分光光度计的读数等,并根据仪器的精确度准确记录有效数字。例如,吸光度值为 0.050,不应写成 0.05。

(4) 详细记录实验条件,如生物材料来源、形态特征、健康状况、选用的组织及其质量,主要仪器的型号和规格,化学试剂的规格、化学式、相对分子质量、准确的浓度等,以便总结实验时进行核对和作为查找成败原因的参考依据。

(5) 实验记录不能用铅笔,须用钢笔或圆珠笔。记录时不要擦抹及涂改,写错时可以在错误处画线再重新记录。

(6) 如果怀疑所记录的观测结果,或实验记录遗漏、丢失,都必须重做实验,切忌拼凑实验数据、结果,自觉培养一丝不苟、严谨的科学作风。

二、实验报告

实验报告是做完每个实验后的总结。通过汇报本人的实验过程与结果,分析总结实验的经验和问题,来加深对有关理论和技术的理解与掌握,同时也是学习撰写研究论文的过程。

实验报告的基本格式如下:

实验名称:

姓名:　　　　　　　　班次:　　　　　　　　日期:

（一）目的和要求

（二）实验原理

（三）试剂与仪器

（四）操作方法

（五）实验结果

（六）讨论

书写实验报告时应注意以下几点:

（1）书写实验报告应使用实验报告纸,为避免遗失,实验课全部结束后可装订成册以便保存。

（2）简明扼要地概括出实验的原理,涉及的化学反应最好用化学反应式表示。

（3）应列出所用的试剂和主要仪器。特殊的仪器要画出简图并配以合适的图解,说明化学试剂时要避免使用未被普遍接受的商品名或俗名。

（4）实验方法、步骤的描述要简洁,不要照抄实验指导书或实验讲义,但要写得清楚明白,以便他人能够重复实验。

（5）应如实、详细地记录实际过程中观察到的实验现象,而不是照抄实验指导书中所列的应观察到的实验结果。在科学研究中,仔细观察,特别注意未预料到的实验现象,这是十分重要的,这些观察常常能引起意外的发现,而且为了重复工作时方便,也需要准确的实验报告。

（6）讨论不应是实验结果的复述,而应是以结果为基础的逻辑推论,如对定性实验,在分析实验结果的基础上应有简短而中肯的结论。讨论部分还可以包括关于实验方法（或操作技术）和有关实验的一些问题,如实验异常结果的分析,对于实验设计的认识、体会和建议,以及对实验课的改进意见等。

三、表格和图解

1.表格

最好用图、表的形式概括实验的结果。根据所记录数据的性质,确定用图还是用表。表格设计要求紧凑、简明并有编号和标题,有时还需要紧接在标题下面有详细的说明。在每一纵行数据结果的顶端注明所使用的单位而不要在表格的每一行中都重复地书写数据的单位。表格中的数据应有合适的有效位数,为此可适当调整数据的单位,如浓度 0.007 2 g/mL 最好表示为 7.2 mg/mL。表格举例如表 1-9 所示。

表 1-9　实验数据

	试　管　号						
	0	1	2	3	4	5	6
标准液浓度/(mg/mL)	0	0.2	0.4	0.6	0.8	1.0	1.2
标准液体积/mL	—	3.0	3.0	3.0	3.0	3.0	3.0
去离子水体积/mL	6.0	3.0	3.0	3.0	3.0	3.0	3.0
双缩脲试剂体积/mL	2.0	2.0	2.0	2.0	2.0	2.0	2.0
摇匀,37℃下保温 10 min 后,测 A_{260}							
A_{260}							

2. 图解

在实验报告中,常会画出专用仪器的粗略草图,用图线表示层析或电泳的结果或用流程图表示纯化的步骤。绘制层析、电泳图谱时,除比例关系由实验者酌情安排外,层析斑点、电泳区带形状、位置、颜色及其深度、背景颜色等应力求与原物一致。对电泳图谱可以进行照相或扫描。

一般说来,当所观察记录的数据较多时,用图比用表格好。从图中吸取结果也比从表格中来得容易。而且观察各点是否能连成一条光滑的曲线还能表现出实验中是否存在偶然误差这个因素。此外,图能够清楚地显示出测量的中断,而从数字表格中则不容易看出来。

3. 直线图

如果 y 和 x 的关系与下列方程式类似:

$$y = mx + c$$

那么,以 y 对 x 作图就得到一条直线。直线的斜率是 m,它与 y 轴的截距为 c。

在许多情况下,y 和 x 并不呈线性关系,但对数据进行某种处理时,仍可得到一条直线。如朗伯-比尔定律和酶动力学米氏方程。

4. 作图

在许多实验中,都有一个量,如浓度、pH 值或温度,在系统地变化着,要测量的是此量对另一量的影响。已知量叫做自变量,未知量或待测量叫做因变量。画图时,习惯把自变量画在横轴(x 轴)上,而把因变量画在纵轴(y 轴)上。下面列举一些作图的提示。

(1) 为了清楚起见,调整标度使斜度在 45°范围内。

(2) 每个图都应有简明的标题,应清楚地标明两个数轴的计量单位。

(3) 最好用简单的数字标明数轴上的标度(如使用 10 mmol/L 就比 0.01 mol/L

或 10 000 μmol/L 要好）。

（4）表示实验中所测定点的位置应用设计清楚的符号（如○、●、□、■、△、▲等）而不用×、＋或一个小点。

（5）尽可能使各点间的距离相等,不要使各点挤在一起或让它们之间的距离太大。

（6）根据不同的实验用光滑的连续的曲线或用直线连接各点。

（7）符号的大小应能指示各值的可能误差,而且由于自变量常常知道得很准确,有时也可以把结果表示为垂直的线或棒,其长度依赖于因变量的差异。

第二章　糖类物质的检测与分析

实验 1　糖的呈色反应和还原糖的检验

一、目的与要求

（1）了解糖类某些颜色反应的原理。

（2）学习应用糖的颜色反应鉴别糖类的方法。

二、原理

1. α-萘酚反应（Molisch 反应）

糖在浓无机酸（硫酸、盐酸）作用下，脱水生成糠醛及糠醛衍生物，后者在浓硫酸的作用下，能与 α-萘酚生成紫红色物质，在糖液面与浓硫酸液面间出现紫色环。此法为鉴定糖的常用方法，但一些非糖物质（如糖醛酸、丙酮及甲酸等）对此反应也呈阳性。

2. 间苯二酚反应（Seliwanoff 反应）

在酸作用下，酮糖脱水生成羟甲基醛，后者可与间苯二酚作用生成红色物质。此反应是酮糖的特异反应。醛糖在同样条件下呈色反应缓慢，只有在糖浓度较高或煮沸时间较长时，才呈微弱的阳性反应。在实验条件下蔗糖有可能水解而呈阳性反应。

3. 托伦反应（Tollens 反应）

戊糖在浓酸作用下脱水生成糠醛，后者可与间苯三酚结合生成樱桃红色物质。本反应常用来鉴定戊糖，因为虽然己糖（如果糖、半乳糖和糖醛酸等）也可能产生颜色变化，但只有戊糖反应最快，常在 45 s 即产生樱桃红色物质。

三、材料与仪器

（一）材料与试剂

1. α-萘酚反应的试剂

（1）莫氏（Molisch）试剂：称取 5 g α-萘酚，溶于 95% 酒精中，使总体积达 100 mL，贮于棕色瓶内。临用前配制。

（2）1% 葡萄糖溶液：称取 1 g 葡萄糖，溶于 100 mL 蒸馏水中。

（3）1% 蔗糖溶液：称取 1 g 蔗糖，溶于 100 mL 蒸馏水中。

（4）1％淀粉溶液：称取 1 g 淀粉，溶于 100 mL 蒸馏水中。

（5）浓硫酸 100 mL。

2．间苯二酚反应的试剂

（1）塞氏（Seliwanoff）试剂：称取 0.05 g 间苯二酚，溶于 30 mL 浓盐酸中，再用蒸馏水稀释至 100 mL，临用前配制。

（2）1％葡萄糖溶液：称取 1 g 葡萄糖，溶于 100 mL 蒸馏水中。

（3）1％果糖溶液：称取 1 g 果糖，溶于 100 mL 蒸馏水中。

（4）1％蔗糖溶液：称取 1 g 蔗糖，溶于 100 mL 蒸馏水中。

3．托伦反应的试剂

（1）托伦试剂：向 3 mL 2％间苯三酚乙醇（95％）溶液中缓慢加入浓盐酸 15 mL 及蒸馏水 9 mL。临用时配制。

（2）1％阿拉伯糖溶液：称取 1 g 阿拉伯糖，溶于 100 mL 蒸馏水中。

（3）1％葡萄糖溶液：称取 1 g 葡萄糖，溶于 100 mL 蒸馏水中。

（4）1％半乳糖溶液：称取 1 g 半乳糖，溶于 100 mL 蒸馏水中。

（二）仪器

试管及试管架、滴管、移液管、恒温水浴锅。

四、操作方法

1．α-萘酚反应

先取 3 支试管，分别加入 1％葡萄糖溶液、1％蔗糖溶液、1％淀粉溶液，然后向 3 支试管中各加入 2 滴莫氏试剂，混匀。另外取 1 支试管，只加 2 滴莫氏试剂作为空白对照。倾斜 4 支试管，沿各试管壁缓慢加入浓硫酸约 1.5 mL，慢慢立起试管，切勿摇动。试管中液体分成两层，浓硫酸在试液下面。在两液分界处有紫红色环出现。观察、记录各管颜色。

2．间苯二酚反应

取 3 支试管，分别加入 1％葡萄糖溶液、1％蔗糖溶液、1％果糖溶液各 0.5 mL。再向各管分别加入塞氏试剂 2.5 mL，混匀。将 3 支试管同时置于沸水浴中，注意观察、记录各管颜色的变化及变化时间。

3．托伦反应

取 3 支试管，分别加入 1％阿拉伯糖溶液、1％葡萄糖溶液、1％半乳糖溶液各 0.1 mL，再向各管分别加入托伦试剂 1 mL，混匀。将 3 支试管同时置于沸水浴中，观察、记录颜色的变化及颜色变化的时间。

五、结果

观察和记录各管的颜色及颜色变化的时间后，说出各试管颜色变化的原因。

六、思考题

（1）简述 α-萘酚反应的原理。

（2）可用何种颜色反应鉴别酮糖的存在？

实验 2　苯酚-硫酸法测定总糖浓度

一、目的与要求

（1）掌握苯酚-硫酸法测定总糖浓度的原理和方法。

（2）熟悉分光光度计的使用方法。

二、原理

多糖在硫酸的作用下水解成单糖，并迅速脱水生成糠醛衍生物，后者可与苯酚生成橙黄色化合物，且颜色稳定。一定浓度范围内，在 490 nm 波长（戊糖及戊糖醛酸在 480 nm）处，橙黄色物质的吸光度与糖含量呈线性关系，故可利用分光光度计测定其吸光度，并利用标准曲线测定样品的总糖含量。苯酚-硫酸法可用于甲基化的糖、戊糖和多糖的测定。本法操作简单、灵敏度高，基本不受蛋白质的影响，产生的颜色物质可稳定存在 160 min 以上。

三、试剂与仪器

（一）材料与试剂

（1）新鲜的动物肝脏或肌肉。

（2）浓硫酸：分析纯，95.5％。

（3）80％苯酚溶液：取 80 g 苯酚（分析纯，重蒸馏试剂），加 20 g 水使之溶解，置冰箱中避光可长期储存。

（4）6％苯酚溶液：临用前以 80％苯酚溶液配制。取 75 μL 80％苯酚于烧杯中，加入 960 μL 水（每次测定均需现配）。

（5）400 μg/mL 葡聚糖（或葡萄糖）标准溶液：准确称取干燥至恒重的葡聚糖（或葡萄糖）20 mg，用蒸馏水准确定容至 500 mL。

（6）15％三氯乙酸（15％TCA）溶液：取 15 g 三氯乙酸，加 85 g 水使之溶解，可置冰箱中长期储存。

（7）5％三氯乙酸（5％TCA）溶液：取 25 g 三氯乙酸，加 475 g 水使之溶解，可置冰箱中长期储存。

（8）6 mol/L 氢氧化钠溶液：取 120 g 分析纯氢氧化钠，溶于 500 mL 水。

（9）6 mol/L 盐酸。

（二）仪器

紫外-可见分光光度计、水浴锅、电子天平、具塞试管、锥形瓶、容量瓶、量筒、玻璃漏斗、锥形比色管、移液管、旋涡混合器。

四、操作方法

1. 绘制标准曲线

取 8 支干净的具塞试管并编号，按下表所列数据依次加入试剂：

试管号	0	1	2	3	4	5	6	7
葡聚糖	0.0	0.4	0.6	0.8	1.0	1.2	1.6	1.8
蒸馏水	2.0	1.6	1.4	1.2	1.0	0.8	0.4	0.2
6%苯酚溶液	1.0	1.0	1.0	1.0	1.0	1.0	1.0	1.0
浓硫酸	5.0	5.0	5.0	5.0	5.0	5.0	5.0	5.0

在迅速加入 5.0 mL 浓硫酸后，振荡摇匀。再沸水浴 20 min，然后用自来水冷却 10 min，再用旋涡混合器振匀。以 0 号管作为空白调零，在最大吸收波长处（490 nm）测定吸光度。以葡聚糖量（μg）为横坐标，吸光度为纵坐标，绘制标准曲线。

2. 样品总糖的提取

（1）取样品（湿样）1 g，加 1 mL 15% TCA 溶液研磨，再加少许 5% TCA 溶液研磨，倒上清液于 10 mL 离心管中，再加少许 5%TCA 溶液研磨，倒上清液，重复 3 次。最后一次将残渣一起倒入离心管。

（2）3000 r/min 离心，共 3 次。第一次 15 min，取上清液。后两次各 5 min，取上清液到 25 mL 锥形比色管中。最后滤液保持 18 mL 左右。（测肝胰腺样品时，每次取上清液时应过滤。因为其脂肪含量大，容易夹带残渣。）

（3）水浴，再向比色管中加入 2 mL 6 mol/L 盐酸，然后摇匀，在 96℃水浴锅中水浴 2 h。

（4）用流水冷却后，加入 2 mL 6 mol/L 氢氧化钠溶液摇匀。定容至 25 mL。（根据含糖量可适当稀释。）

3. 样品含量测定

吸取 0.2 mL 样品液，以蒸馏水补至 2.0 mL，然后加入 6% 苯酚溶液 1.0 mL 及浓硫酸 5.0 mL，摇匀。沸水浴 20 min 后冷却到室温，用标准曲线的空白管调零点，于 490 nm 波长处测吸光度。每次测定取双样对照。根据待测样液的吸光度值，在标准曲线中查得总糖的含量（μg）。

五、结果

按下式计算测试样品中总糖的含量：

$$总糖含量 = \frac{m_1 \times V \times n}{V_1 \times m \times 10^6} \times 100\%$$

式中：m_1 为从标准曲线查得的糖量，μg；V_1 为吸取样品液的体积，mL；V 为提取液量，mL；n 为稀释倍数；m 为样品质量，g。

六、注意事项

(1) 测定时根据吸光度值确定取样的量，吸光度值最好在 $0.1 \sim 0.3$。

(2) 制作标准曲线时宜用相应的标准多糖，如用葡萄糖，应以校正系数 0.9 校正。对杂多糖，分析结果可根据各单糖的组成比例及主要组分单糖的标准曲线的校正系数加以校正计算。

(3) 有颜色的样品的测定值易偏高，结果不理想。

(4) 对于水不溶性或微溶性多糖，可在标准液及样液的配制过程中加入一定量的浓硫酸来促进多糖的溶解。

(5) 在测定大相对分子质量多糖时，应适当延长浓硫酸的作用时间，使多糖充分水解。

七、思考题

(1) 用比色法测定总糖浓度时注意事项是什么？

(2) 为什么在实验中不用淀粉做多糖的标准物质？

实验 3　还原糖的测定
——3,5-二硝基水杨酸比色法

一、目的与要求

(1) 掌握 3,5-二硝基水杨酸比色法测定还原糖的原理和方法。

(2) 熟悉分光光度计的使用方法。

二、原理

还原糖是指含有游离的半缩醛(酮)基的糖。单糖都是还原糖，寡糖只有一部分是还原糖(如乳糖、麦芽糖是还原糖，蔗糖是非还原糖)，多糖为非还原糖。

在碱性条件下，3,5-二硝基水杨酸与还原糖共热后被还原成 3-氨基-5-硝基水杨酸(棕红色物质，在 540 nm 波长处有最大吸收峰)；还原糖被氧化成糖酸及其他产物。

　　在一定范围内,还原糖的含量和反应液的颜色深度成正比。利用分光光度计进行比色测定,可以求得样品中还原糖的含量。

三、试剂与仪器

(一) 材料与试剂

　　(1) 山芋粉。

　　(2) 3,5-二硝基水杨酸(DNS)试剂:将 6.3 g 3,5-二硝基水杨酸和 262 mL 2 mol/L NaOH 溶液添加到酒石酸钾钠的热溶液中(192 g 酒石酸钾钠溶于 500 mL 水中),再加 5.0 g 重蒸酚和 5.0 g 亚硫酸钠,搅拌溶解,冷却后定容至 1 000 mL,保存于棕色瓶中。

　　(3) 葡萄糖标准溶液:精确称取在 105 ℃下烘干至恒重的葡萄糖 0.5 g,加少量水溶解后再加 3 mL 12 mol/L 浓盐酸(防止微生物生长),加水定容至 1 000 mL。

(二) 仪器

　　分光光度计、水浴锅、电子天平、电炉、试管(25 mL)、锥形瓶(50 mL)、容量瓶(50 mL)、量筒(50 mL)、玻璃漏斗及滤纸若干、刻度吸量管(1 mL、5 mL)。

四、操作方法

　　1. 绘制标准曲线

取 6 支试管并编号,按下表顺序加入各种试剂:

| | 试　管　号 | | | | |
	0(空白)	1	2	3	4	5
葡萄糖标准溶液/mL	0.0	0.1	0.2	0.3	0.4	0.5
蒸馏水/mL	0.5	0.4	0.3	0.2	0.1	0.0
DNS 试剂/mL	0.5	0.5	0.5	0.5	0.5	0.5
葡萄糖含量/mg	0.0	0.05	0.10	0.15	0.20	0.25
A_{540}						

　　混匀后置于沸水浴上 5 min,然后冷却,向各试管中加入 4.0 mL 蒸馏水,并将各管溶液摇匀。在 540 nm 波长下,用 0 号管调零,分别读取各管的吸光度值 A_{540}。以葡萄糖含量为横坐标,吸光度为纵坐标,绘制标准曲线于坐标纸上。

　　2. 提取样品中的还原糖

　　准确称取山芋粉 0.5 g 于研钵中,加水约 3 mL,磨成匀浆,转入锥形瓶中,用水约 30 mL 冲洗研钵 2～3 次,洗液也转入锥形瓶中。然后在沸水浴中加热提取 20 min,冷却后定容至 50 mL 容量瓶中,再过滤至试管中待测。

3. 还原糖含量的测定

取 2 支试管,分别加入待测液 0.5 mL,再分别加入 DNS 试剂 0.5 mL,沸水浴 5 min,然后冷却。加入蒸馏水 4.0 mL,将各试管摇匀,用绘制标准曲线时的空白管溶液调零点,测定它们的吸光度值 A_{540}。将两管溶液的吸光度值平均后,在标准曲线上即可查出相应的还原糖质量。

五、结果

测定后,取样品吸光度值 A_{540} 的平均值,在标准曲线上查出相应的还原糖的质量,再用下式计算出山芋粉中还原糖的质量分数:

$$还原糖的质量分数 = \frac{查表得还原糖质量(mg) \times 样品提取液体积(mL)}{样品质量(mg) \times 0.5 \text{ mL}} \times 100\%$$

六、思考题

(1) 比色测定的操作要点及注意事项是什么?
(2) 比色测定设计空白管的意义是什么?
(3) 比色测定糖含量时,其他杂质是否会影响测定的结果?

实验 4 粗淀粉的测定
——1%盐酸旋光法

一、目的与要求

(1) 掌握糖的旋光性和变旋现象及旋光仪的使用方法。
(2) 掌握旋光法测粗淀粉的基本原理。

二、原理

凡具有不对称碳原子的化合物都有旋光性,它能使偏振光的偏振面旋转。在普通光里,光波可以在一切可能的平面上振动,如图 2-1(a)所示。若使普通光通过尼科尔棱镜,则透过棱镜的光只在一个平面上振动,如图 2-1(b)所示,这种光就叫做平面

(a) 普通光　　(b) 平面偏振光

图 2-1 光的振动面

偏振光,简称偏振光。与偏振光振动平面相垂直的平面,叫做偏振面。使偏振面向右旋转的称为右旋,用(＋)表示;使偏振面向左旋转的称为左旋,用(－)表示。测定物质旋光性的仪器称为旋光仪。

旋光仪的主要部件是两个尼科尔棱镜。其中一个棱镜的位置是固定的,用以产生偏振光,称为起偏镜。而另一个棱镜是可以旋动的,用以检查偏振面的转动角度,称为检偏镜。两个棱镜间放盛有待测液的玻管(旋光管)。光线经过起偏镜变成偏振光,再通过样品管中的旋光物质,即发生偏振面的旋转。转动检偏镜使已转的偏振面恢复到原来的角度。由检偏镜转动的角度,可以推知旋光的能力。

旋光度的大小不仅取决于物质的本性,而且与溶液的浓度、液层的厚度、光的波长、测定温度以及溶剂的性质等有关。

把偏振光通过厚度为 1 dm,待测物质浓度为 1 g/mL 的溶液所测得的旋光度称为比旋光度$[\alpha]_\lambda^t$,它是物质的一个特性常数。其定义式为

$$[\alpha]_\lambda^t = \frac{\alpha}{C \times l}$$

式中:t 为测定时的温度;λ 为测定时所用光源的波长(钠光);α 为实测的旋光度;C 为溶液的浓度,g/mL;l 为旋光管长度,dm。

上式又可改写为

$$[\alpha]_\lambda^t = \frac{\alpha \times 100}{l \times C}$$

式中:C 为 100 mL 溶液中所含溶质的质量(g)。

有旋光性的溶液放置后变更比旋光度的现象称为变旋。变旋的原因是分子结构的改变,如糖从 α 型变到 β 型,或由 β 型变为 α 型。一切单糖都有变旋现象。无 α 型、β 型之分的糖类即无变旋性。

本实验中在加热及稀盐酸的作用下,淀粉水解并转入盐酸中。在一定的水解条件下,一种谷物淀粉具有其特定的比旋光度,因此可用旋光法测定粗淀粉的含量。

三、试剂与仪器

(一) 材料与试剂

(1) 1%盐酸:将 23.3 mL 相对密度为 1.19 的盐酸用蒸馏水稀释至 1 000 mL,标定后的浓度为(0.274±0.001) mol/L。

(2) 30%硫酸锌溶液。

(3) 15%亚铁氰化钾溶液。

(4) 无水乙醇。

(5) 谷物原料(玉米粉)。

（二）仪器

旋光仪、水浴锅、容量瓶(100 mL)、锥形瓶(100 mL)、分析天平、烧杯。

四、操作方法

1. 样品制备

称取粉碎过 40 目筛的样品(玉米粉)2.50 g(精确至 0.01 g)，放入 100 mL 锥形瓶中，沿瓶壁缓慢加入 50 mL 1％盐酸，并轻轻摇动使全部样品润湿；然后将锥形瓶放入沸水浴中，预热 3 min，在沸水浴中准确加热 15 min 后，立即取出，迅速冷却至室温。

先加 1 mL 30％硫酸锌溶液，充分混匀后，再加入 1 mL 15％亚铁氰化钾溶液，摇匀并全部转移至 100 mL 容量瓶中，用少量蒸馏水将锥形瓶冲洗几次。若泡沫过多，加几滴无水乙醇消泡，用蒸馏水定容至刻度。混匀后过滤，弃去初始滤液 15 mL，收集其余滤液充分混匀后进行旋光测定。

2. 样品测定

旋开旋光管螺帽，洗净玻管，然后将管中注满蒸馏水，盖上玻片，注意管中不能有气泡，玻片上的水渍必须擦干。把旋光管放入旋光仪内，打开光源，待钠光稳定 1～2 min 后，转动刻度盘，使目镜中两半圆的亮度相等，记下刻度盘上的读数，以此为零点。

用收集的滤液代替蒸馏水测其旋光度，计算淀粉的质量分数。

五、结果

$$淀粉的质量分数 = \frac{\alpha \times 100}{[\alpha]_D^{20} \times l \times m} \times 100\%$$

式中：α 为测得的旋光度；$[\alpha]_D^{20}$ 为淀粉的比旋光度(见表 2-1)；l 为旋光管长度，dm；m 为样品质量，g。

表 2-1　不同粮食淀粉的比旋光度

品种	$[\alpha]_D^{20}$	品种	$[\alpha]_D^{20}$
小麦	182.7	马铃薯	195.4
黑麦	184.0	小米	171.4
大麦	181.5	荞麦	179.5
水稻	185.9	燕麦	181.3
玉米	184.6	—	—

六、注意事项

（1）实验中，沸水浴要备有足量的水；要用定时钟准确计时。

（2）提前打开旋光仪,使其进入稳定的工作状态。

七、思考题

样品加盐酸处理时,煮沸时间少于或多于 15 min 会对测定结果分别产生什么影响?

实验 5　血糖的测定

Ⅰ　磷钼酸比色法

一、目的与要求

（1）掌握磷钼酸比色法测定血糖的原理及方法。
（2）学会制备无蛋白血滤液。

二、原理

血糖的测定方法有磷钼酸比色法（Folin-Wu 法）、蒽酮比色法、葡萄糖氧化酶-过氧化物酶法（GOD-POD 法）等。磷钼酸比色法虽然是比较复杂且比较传统的方法,但对于学生来说练习作用还是比较大的,本实验即采用此法。

葡萄糖的醛基具有还原性,与碱性铜试剂混合加热后,被氧化成羧基,而碱性铜试剂中的二价铜则被还原成橙红色的氧化亚铜沉淀,氧化亚铜又可使磷钼酸还原,生成钼蓝,使溶液呈蓝色。其蓝色的深度与葡萄糖浓度成正比,因此可用比色法于 620 nm 波长下测定血糖的浓度。

蛋白质对测定有干扰,必须先除去血液中的蛋白质制成无蛋白血滤液再进行测定。本实验采用钨酸法制备无蛋白血滤液。

三、试剂与仪器

（一）试剂

（1）草酸钾粉末。
（2）0.66 mol/L H_2SO_4 溶液。
（3）0.25% 苯甲酸溶液。
（4）10% 钨酸钠溶液:此溶液应为中性或弱碱性,否则蛋白质沉淀不完全。其校正方法是取此溶液 10 mL,加入 0.1 mol/L H_2SO_4 溶液 0.4 mL,再加入 1 滴 1% 酚酞,溶液应呈粉红色。过酸或过碱可用 0.1 mol/L NaOH 溶液或 0.1 mol/L H_2SO_4 溶液调节。

(5) 葡萄糖标准液。

① 储存液:称取 1 g 在 80℃下烘干至恒重的葡萄糖,溶于水,稀释到 100 mL,其浓度为 10 mg/mL。

② 应用液:取 1 mL 储存液于 100 mL 容量瓶中,用 0.25% 苯甲酸溶液稀释到刻度,最后浓度为0.1 mg/mL。

(6) 碱性铜试剂:在 400 mL 水中加入 40 g 无水碳酸钠,在 300 mL 水中加入7.5 g 酒石酸,在 200 mL 水中加入 4.5 g 硫酸铜晶体,分别加热使其溶解。冷却后将酒石酸溶液倾入碳酸钠溶液中,混合后移入 1 000 mL 容量瓶中,再将硫酸铜溶液倾入,并加蒸馏水至刻度。此试剂可在室温下长期保存,如有沉淀产生,须过滤后方可使用。

(7) 磷钼酸试剂:在烧杯内加入钼酸 70 g、钼酸钠 10 g、10% NaOH 溶液400 mL 及蒸馏水 400 mL,混合后煮沸 20~40 min,以去除钼酸中可能存在的氨。冷却后加入 250 mL 85% 浓磷酸,混合均匀,稀释至 1 000 mL。

(二) 仪器

奥氏吸量管(1 mL)、刻度吸量管(10 mL、1 mL)、小漏斗、锥形瓶(50 mL)、容量瓶(25 mL)、试管及试管架、分光光度计、电炉。

四、操作方法

(一) 用钨酸法制备 1∶10 的无蛋白血滤液

用奥氏吸量管吸取 1 mL 混匀的抗凝血(每升血液 2 g 草酸钾),擦去管外血液,将管插到 50 mL 锥形瓶底部,缓慢地放出血液,勿使血液黏附于奥氏吸量管内壁。

加入 7 mL 蒸馏水,充分混匀,使之完全溶血后,加入 0.66 mol/L H_2SO_4 溶液 1 mL,随加随摇;再加入 1 mL 10% 钨酸钠溶液,同样随加随摇。加完后充分摇匀,放置 5~10 min,待其沉淀。当溶液由鲜红色变为暗棕色后,即用优质不含氮的干滤纸过滤或离心,除去沉淀。如滤液不清,须重新过滤,过滤时,应在漏斗上盖一表面皿,减少其与空气的接触。

如此制得的无蛋白血滤液每毫升相当于 0.1 mL 全血。

(二) 测定血糖

取 4 个 25 mL 容量瓶编号(样品用 2 个),在容量瓶中按下表所列数据(单位为 mL)加入试剂并进行操作:

试 剂	空白	标准	样品
无蛋白血滤液	—	—	1.0
蒸馏水	2.0	1.0	1.0
葡萄糖应用液	—	1.0	—
碱性铜试剂	2.0	2.0	2.0
混合,沸水浴 8 min,于流动的冷水中冷却 3 min(勿摇动)			
磷钼酸试剂	2.0	2.0	2.0
混匀,放置 2 min,使二氧化碳气体逸出			
以 1:4 磷钼酸稀释液加至容量瓶刻度	25	25	25

在分光光度计上,以 620～640 nm 波长,用 0.5 cm 或 1.0 cm 比色皿迅速比色。每份样品读数 3 次。

五、结果

$$血糖含量(mg/mL) = \frac{A(样品)}{A(标准)} \times \frac{\rho(标准)}{V(样品)}$$

式中:V(样品)为由所取血滤液体积折算为所取全血体积的系数(0.1);ρ(标准)为 0. 1 mg/mL。

六、思考题

(1) 制取无蛋白血滤液时,过滤滤纸能否用水湿润? 为什么?

(2) 沸水浴 8 min 的目的是什么? 加热时间是否要准确? 冷却后观察有何现象并解释。

Ⅱ 蒽酮比色法

一、目的与要求

掌握蒽酮比色法测定血糖的原理及方法。

二、原理

蒽酮比色法是测定血糖含量的一个灵敏、快速而简便的方法。其原理是根据糖在浓硫酸作用下脱水生成糠醛或其衍生物,其产物再与蒽酮反应生成蓝绿色复合物,于 620 nm 波长处有最大吸收峰。若溶液含糖量在 150 μg/mL 以内,其产物与蒽酮反应生成的溶液颜色深浅与糖含量成正比。当存在含有较多色氨酸的蛋白质时,反应不稳定,溶液呈红色。为了消除蛋白质干扰,必须先去除血液中的蛋白,制成无蛋白血滤液再进行血糖含量的测定。本实验采用钨酸法制备无蛋白血滤液。

三、试剂与仪器

（一）试剂

(1) 草酸钾粉末。

(2) 0.66 mol/L H_2SO_4 溶液。

(3) 10%钨酸钠溶液：此溶液应为中性或弱碱性，否则蛋白质沉淀不完全。其校正方法是取此溶液 10 mL，加入 0.1 mol/L H_2SO_4 溶液 0.4 mL，再加入 1 滴 1%酚酞，溶液应呈粉红色。过酸或过碱可用 0.1 mol/L NaOH 溶液或 0.1 mol/L H_2SO_4 溶液调节。

(4) 蒽酮试剂：准确称取 100 mg 蒽酮，溶于 100 mL 浓硫酸中，用前配制。

(5) 100 μg/mL 葡萄糖标准溶液：准确称取 100 mg 葡萄糖，用蒸馏水溶解，定容至 1 000 mL。

（二）仪器

奥氏吸量管(1 mL)、锥形瓶(50 mL)、小漏斗、刻度吸量管(10 mL、1 mL)、试管及试管架、分光光度计、电炉、滴管、水浴锅。

四、操作方法

（一）用钨酸法制备 1∶10 的无蛋白血滤液

参见磷钼酸比色法中操作方法(一)。

（二）葡萄糖标准曲线的制作

分别取 100 μg/mL 葡萄糖标准溶液 0 mL(空白管)、0.1 mL、0.2 mL、0.3 mL、0.4 mL、0.5 mL、0.6 mL、0.8 mL，加入 8 支试管中并编号。用水补足到 1.0 mL，再各加入 10 mL 蒽酮试剂，迅速浸于冰水中冷却，待几支试管均加完后，同时置于沸水中进行沸水浴。为防止水分蒸发，应在试管口处加盖玻璃球。准确反应 7 min，立即取出置于冰浴中迅速冷却至室温，在暗处放置 10 min。以空白管为对照，测量各管在 620 nm 波长处的 A_{620}。以糖含量为横坐标，吸光度值为纵坐标，作标准曲线。

（三）血糖含量的测定

取 3 支试管并编号，各加入无蛋白血滤液 1.0 mL。向 3 支试管中各加入 10 mL 蒽酮试剂。以下操作同(二)。测得吸光度值，计算平均值，与标准曲线对照，得到血糖含量。

五、结果

$$血糖含量(\mu g/mL) = C/0.1$$

式中:C 为从标准曲线上查得的糖浓度,$\mu g/mL$;0.1 为 1 mL 无蛋白血滤液相当于 0.1 mL 全血。

六、思考题

(1)加蒽酮试剂时为什么盛有样品的试管必须浸于冰水中冷却?

(2)所用分光光度计的工作原理是什么?

Ⅲ　葡萄糖氧化酶-过氧化物酶法(GOD-POD 法)

一、目的与要求

学习并掌握酶法测定血糖的原理及方法。

二、原理

葡萄糖氧化酶(GOD)利用空气和水催化葡萄糖分子中的醛基氧化,生成葡萄糖酸并释放过氧化氢。过氧化物酶(POD)在有氧受体时,将过氧化氢分解为水和氧。后者将还原性氧受体 4-氨基安替比林和苯酚氧化,缩合生成红色醌类化合物,其颜色的深浅(即醌的生成量)与葡萄糖量成正比。据此,将测定样品与经过同样处理的葡萄糖标准液进行比色,即可计算出血糖的含量。

$$C_6H_{12}O_6 + O_2 + H_2O \xrightarrow{GOD} C_6H_{12}O_7 + H_2O_2$$
$$\text{葡萄糖} \qquad\qquad\qquad \text{葡萄糖酸}$$

三、试剂与仪器

(一)试剂

(1)0.1 mol/L 磷酸盐缓冲液(pH 值为 7.0):溶解无水磷酸氢二钠(Na_2HPO_4)

8.67 g 及无水磷酸二氢钾(KH_2PO_4)5.3 g 于 800 mL 蒸馏水中,用少量 1 mol/L 氢氧化钠溶液或盐酸调 pH 值至 7.0,以蒸馏水定容至 1 000 mL。

(2) 酶试剂:葡萄糖氧化酶(GOD)1 200 U,过氧化物酶(POD)1 200 U,4-氨基安替比林 10 mg,叠氮化钠 100 mg,加上述磷酸盐缓冲液至 80 mL 左右,调 pH 值至 7.0,再加磷酸盐缓冲液至 100 mL。于冰箱中可保存 3 个月。(酶试剂现已有市售。)

(3) 酚试剂:苯酚 100 mg 溶于 100 mL 蒸馏水中(苯酚在空气中易氧化成红色,可先配成 500 g/L 的溶液,于棕色瓶中储存,使用前稀释)。

(4) 酶酚混合试剂:上述酶试剂和酚试剂等量混合,在冰箱中保存(可保存 1 个月)。

(5) 0.25%苯甲酸溶液:900 mL 蒸馏水中加入苯甲酸 2.5 g,加热助溶,冷却后定容至 1 L。

(6) 葡萄糖标准储存液:将葡萄糖放在 80℃烘箱中干燥至恒重,冷却后称取 2 g,用 0.25%苯甲酸溶液溶解并定容至 100 mL。

(7) 葡萄糖标准应用液(1 mg/mL):取储存液 5 mL,用 0.25%苯甲酸溶液定容至 100 mL。

(8) 蛋白沉淀剂:溶解磷酸氢二钠(Na_2HPO_4)10 g、钨酸钠(Na_2WO_4)10 g、氯化钠 9 g 于 800 mL 蒸馏水中,加 1 mol/L 盐酸 125 mL,最后用蒸馏水稀释至 1 000 mL。

(二)仪器

刻度吸量管(5 mL、1 mL)、移液器(5～100 μL)、试管及试管架、分光光度计、恒温水浴锅。

四、操作方法

1. 血清直接测定

取 3 支小试管,分别注明"空白""标准""测定",按下表操作:

试　　剂	空白管	标准管	测定管
血清	—	—	20 μL
葡萄糖标准应用液	—	20 μL	—
0.1 mol/L 磷酸盐缓冲液	20 μL	—	—
酶酚混合试剂	3 mL	3 mL	3 mL

振摇混匀,37 ℃水浴 15 min,冷却后用 0.5 cm 或 1.0 cm 比色皿在 505 nm 波长处迅速比色,用空白管调零点,每份样品读数 3 次,分别记录各管的吸光度。

2. 全血测定

取蛋白沉淀剂 1.9 mL,加入全血 0.1 mL 并混匀,室温放置 7 min,离心取上清液。同样处理葡萄糖标准应用液后,取 3 支小试管,分别注明"空白""标准""测定",

按下表操作：

试　　　剂	空白管	标准管	测定管
去蛋白上清液/mL	—	—	0.5
处理葡萄糖标准应用液/mL	—	0.5	—
蛋白沉淀剂/mL	0.5	—	—
酶酚混合试剂/mL	3.0	3.0	3.0

　　振摇混匀，37 ℃水浴 15 min，冷却后用 0.5 cm 或 1.0 cm 比色皿在505 nm波长处迅速比色，用空白管调零点，每份样品读数 3 次，分别记录各管的吸光度。

五、结果

$$血糖含量(mg/mL) = \frac{A(样品)}{A(标准)} \times \frac{\rho(标准)}{V(样品)}$$

式中：V(样品)为全血的体积，mL；A 为吸光度；ρ(标准)为 1 mg/mL。

　　参考值：空腹血糖为 0.70～1.10 mg/mL。

六、注意事项

　　（1）本法对葡萄糖特异性较高，能干扰测定结果的物质很少。

　　（2）由于温度对本实验影响较大，水浴时应严格控制温度，防止酶活性丧失。

　　现在已有以固定化葡萄糖氧化酶（GOD）制成的酶电极，也称生物传感器，它可用来测定液体中的葡萄糖含量，方便快速，灵敏度高。由于是以 H_2O_2 引发的电信号为检测依据，因此不受颜色影响，血液样品可直接测定。

七、思考题

　　请查阅资料了解葡萄糖酶电极的结构、原理与应用状况，比较酶电极法（仪器）与本实验的优、缺点。

实验 6　糖酵解中间产物的鉴定

一、目的与要求

　　（1）熟悉糖酵解的部分生化反应过程。

　　（2）了解利用抑制剂来研究中间代谢的方法。

二、原理

　　碘乙酸对糖酵解过程中 3-磷酸甘油醛脱氢酶有抑制作用，可使 3-磷酸甘油醛不再向前反应而积累。本实验中将硫酸肼作为稳定剂,保护 3-磷酸甘油醛不自发分解。然后用 2,4-二硝基苯肼与 3-磷酸甘油醛在碱性条件下形成 2,4-二硝基苯肼-丙糖的棕色复合物,其棕色程度与 3-磷酸甘油醛含量成正比。

三、试剂与仪器

(一)材料与试剂

(1)新鲜酵母。

(2)2,4-二硝基苯肼溶液:0.1 g 2,4-二硝基苯肼溶于 100 mL 2 mol/L 盐酸中,贮于棕色瓶中备用。

(3)0.56 mol/L 硫酸肼溶液:称取 7.28 g 硫酸肼,溶于 50 mL 水中,此时不会全部溶解,当加入 NaOH 使 pH 值达 7.4 时则完全溶解。

(4)5%葡萄糖溶液。

(5)10%三氯乙酸溶液。

(6)0.75 mol/L NaOH 溶液。

(7)0.002 mol/L 碘乙酸溶液。

(二)仪器

试管、吸量管、恒温水浴锅、烧杯(50 mL)。

四、操作方法

(1)取 3 只小烧杯,按下表分别加入各试剂,混匀:

试剂	烧杯号		
	1	2	3
新鲜酵母/g	0.3	0.3	0.3
葡萄糖溶液/mL	10	10	10
三氯乙酸溶液/mL	2	—	—
碘乙酸溶液/mL	1	1	—
硫酸肼溶液/mL	1	1	—

倒入对应的试管内,37 ℃保温 1.5 h,观察发酵时产生气泡的多少

(2)把试管中发酵液倾倒入同号小烧杯中。在 2 号和 3 号小烧杯中按下表补加各试剂:

试剂	烧杯号	
	2	3
三氯乙酸溶液/mL	2	2
碘乙酸溶液/mL	—	1
硫酸肼溶液/mL	—	1

摇匀后放 10 min。将 3 只小烧杯中内容物分别过滤,留滤液。

（3）取 3 支试管,分别加入上述对应的滤液 0.5 mL,并按下表加入试剂和处理:

试剂	试管号		
	1	2	3
滤液/mL	0.5	0.5	0.5
NaOH 溶液/mL	0.5	0.5	0.5
室温放置 10 min			
2,4-二硝基苯肼溶液/mL	0.5	0.5	0.5
38 ℃水浴保温 20 min			
NaOH 溶液/mL	3.5	3.5	3.5
观察结果			

五、思考题

（1）实验中哪支试管生成的气泡最多?

（2）哪支试管最后生成的颜色最深? 为什么?

实验 7　可溶性糖的硅胶 G 薄层层析

一、目的与要求

（1）理解薄层层析的基本原理。

（2）掌握硅胶 G 薄层层析的操作方法。

二、原理

薄层层析(简称 TLC)是在吸附层析基础上发展起来的一种微量而快速的层析法,因其在吸附剂或支持剂均匀涂布的薄层上进行,故称薄层层析。为了使所要分析的样品各组分得到分离,必须选择合适的吸附剂。硅胶、氧化铝和聚酰胺是广泛采用的吸附剂。

　　硅胶 G 是一种添加了黏合剂的硅胶粉,含石膏 12%～13%,它可以把一些物质从溶液中吸附于其表面。利用它对各种物质吸附能力的不同,再用适当的溶剂系统展层。此时,展开剂凭借毛细管效应在薄层中移动,点在薄层上的样品随展开剂的移动而有不同的迁移率,这样可使不同的物质得以分离。

　　糖是多羟基化合物,在硅胶 G 薄层上展层时,被吸附的强弱有差异,同时在展开剂中溶解性质也有差异。吸附力主要与糖的相对分子质量和羟基数目有关,一般为三糖＞二糖＞单糖,醛糖＞酮糖＞脱氧糖。经过适当的溶剂展开后,糖在薄板上的移动速度为戊糖＞己糖＞双糖＞三糖。

　　薄层层析与其他方法相比有明显的优点:层析时间短,样品用量范围大(1 μg～0.5 g),观察结果方便,可以分离多种化合物等,其灵敏度比纸层析高 10～100 倍,显色方法甚至可以用腐蚀性显色剂。而且薄层层析法操作方便,设备简单,所以薄层层析法目前应用范围相当广泛。

三、试剂与仪器

(一) 材料与试剂

(1) 0.02 mol/L 乙酸钠溶液。

(2) 硅胶 G。

(3) 糖溶液。

① 2%鼠李糖溶液:取鼠李糖 1 g,溶于 50 mL 蒸馏水。

② 2%蔗糖溶液:取蔗糖 1 g,溶于 50 mL 蒸馏水。

③ 2%棉籽糖溶液:取棉籽糖 1 g,溶于 50 mL 蒸馏水。

④ 2%混合糖溶液:取鼠李糖、蔗糖、棉籽糖各 1 g,溶于 50 mL 蒸馏水。

(4) 展开剂:正丁醇、乙酸乙酯、异丙醇、乙酸、水按 1∶3∶3∶2∶0.5(体积比)混合,临用时配制。

(5) 苯胺-二苯胺-磷酸显色剂:取 1 g 二苯胺、1 mL 苯胺,待溶解后加入 50 mL 丙酮,最后边搅拌边加入 5 mL 磷酸。此溶液应透明无混浊。

(二) 仪器

　　烧杯(100 mL)、烘箱、电吹风、薄板(5 cm×7.5 cm)、吸量管、量筒(10 mL 、50 mL)、层析缸、毛细管、喷雾器。

四、操作方法

(一) 硅胶 G 薄板的制备

　　取硅胶 G 粉 1.5 g,加入 0.02 mol/L 乙酸钠溶液 3.8 mL,调匀后立即铺于洁净、平整的薄板上,将铺层后的薄板于 100℃烘箱中烘干,约 1 h。取出后即可使用,也可贮于干燥器中备用。薄层表面要求平整,厚薄均匀。

(二) 糖在硅胶 G 薄板上的分离

1. 点样

选取制备好的硅胶 G 薄板一块,在距底边 1.5 cm 的直线上均匀选 4 个点(均用铅笔做记号)。用毛细管分别点上不同的糖样品于 4 个点上,样品量控制在 5～10 μg,斑点直径不超过 3 mm。点样完毕,立即用热风吹干样点。

2. 展层

薄板的点样端朝下,将薄板置于盛有层析溶剂的层析缸中,自下向上展层,当层析溶剂到达离薄板顶端约 1 cm 处时取出。在薄板上的溶剂前沿处做一记号,于 80℃下烘干 5 min。

3. 显色

除尽溶剂后,向薄板上均匀喷雾糖显色剂(苯胺-二苯胺-磷酸显色剂),于 80℃下烘干 10 min,则各种糖分别显出不同的颜色。

五、结果

记下各斑点的位置、颜色,计算三种糖的 R_f 值。

六、思考题

(1) 层析分离时为使展开剂正常展开,需要注意哪些?

(2) 吸附层析和分配层析在原理上有何不同?

第三章　脂类物质的检测与分析

实验 8　粗脂肪含量的测定
——索氏抽提法

一、目的与要求

熟悉索氏抽提法的基本原理和操作规范。

二、原理

所谓粗脂肪,是脂肪、游离脂酸、蜡、磷脂、固醇及色素等脂溶性物质的总称。索氏脂肪抽提器为一回馏装置(见图 3-1),由提取管、提取瓶及冷凝器三者连接而成,溶剂(乙醚或石油醚)盛于提取瓶中。加热后,溶剂蒸气经连接管至冷凝器,冷凝的溶剂滴入提取管,浸提样品。提取管内溶剂愈积愈多,当液面达到一定高度,溶剂及溶于溶剂中的粗脂肪即经虹吸管流入提取瓶。流入提取瓶的溶剂由于受热汽化,气体至冷凝器冷凝而滴入提取管内。如此反复提取回流,即将样品中的粗脂肪提尽并带到提取瓶中,最后,将提取瓶中的溶剂蒸去、烘干,提取瓶增加的质量即为样品中粗脂肪的含量。

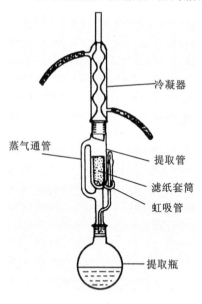

冷凝器

蒸气通管

提取管

滤纸套筒

虹吸管

提取瓶

图 3-1　索氏脂肪抽提器

三、试剂与仪器

(一)试剂

无水乙醚或低沸点石油醚。

(二)仪器

索氏脂肪抽提器、干燥器、不锈钢镊子(长 20 cm)、分析天平(感量为 0.0001 g)、中速滤纸、样品筛(60 目)、恒温水浴锅、烘箱、电吹风。

四、操作方法

（1）将洗净的索氏脂肪抽提器提取瓶用标记笔在磨口处编号，103～105℃烘2 h，置于干燥器内冷却，用分析天平称重，并记录。

用分析天平称取已研碎、分散且干燥的样品约 2 g（精确到小数点后 4 位），用干燥滤纸包好，再用镊子放入提取管底部。

（2）将已干燥至恒重的提取瓶连接好，由冷凝器上端加入无水乙醚或石油醚，加量为提取瓶体积的 2/3。连通冷凝水，在恒温水浴锅中进行抽提，调节水温在 70～80℃，使冷凝下滴的乙醚呈链珠状（每小时回流 7 次以上），抽提至提取管内的乙醚用滤纸点滴检查无油迹为止（需 6～12 h）。

（3）提取完毕，待乙醚完全流入提取瓶时，取出滤纸包。再回流一次以洗涤提取管，继续加热，待提取管内乙醚液面接近虹吸管上端而未流入提取瓶前，倒出提取管中的乙醚。如果提取瓶中尚留有乙醚，则继续加热蒸发，直至提取瓶中的溶剂基本蒸尽再停止加热，取出提取瓶，用电吹风将瓶中残留乙醚吹尽，再置于 103～105℃烘箱中烘 0.5 h，取出置于干燥器中冷却至室温，称重。由提取瓶增加的质量即可计算出样品的脂肪含量。

按同法，用不包样品的滤纸包做空白测定。

测定脂肪含量后，提取瓶需先用 2%氢氧化钠酒精溶液浸泡，再用肥皂洗净烘干保存。

注意：进行本实验时应注意防火，乙醚为易燃品，切忌明火加热。同时要注意提取器各连接处是否漏气，以及冷凝器冷凝效果是否良好，以免乙醚蒸气外逸。

五、结果

$$脂肪质量分数 = \frac{m_2 - m_1}{m} \times 100\%$$

式中：m_2 为提取瓶和脂肪的质量，g；m_1 为提取瓶的质量，g；m 为样品的质量（如为测定水分后的样品，以测定水分前的质量计），g。

六、思考题

（1）简述乙醚的物理性质和化学性质。

（2）实验过程中使用乙醚应注意哪些安全事项？

实验 9　脂肪酸值的测定
——碱滴定法

一、目的与要求

学习并掌握脂肪酸值的测定原理和方法。

二、原理

在室温下用无水乙醇提取玉米中的脂肪酸,用标准 KOH 溶液滴定,计算脂肪酸值。脂肪酸值以中和 100 g 干物质试样中游离脂肪酸所需 KOH 质量(mg)表示。

三、试剂与仪器

(一) 试剂(仅使用分析纯试剂)

(1) 无水乙醇。

(2) 酚酞-乙醇溶液(10 g/L):1.0 g 酚酞溶于 100 mL 95%(体积分数)乙醇中。

(3) 不含 CO_2 的蒸馏水:将蒸馏水烧沸,加盖冷却。

(4) 0.5 mol/L KOH 标准储备液。

① 配制。称取 28 g KOH,置于聚乙烯容器中,先加入少量不含 CO_2 的蒸馏水(约 20 mL)溶解,再将其稀释至 1 000 mL,密闭放置 24 h。吸取上层清液至另一聚乙烯瓶中备用。

② 标定。称取在 105℃下烘过 2 h 并在干燥器中冷却后的邻苯二甲酸氢钾 2.040 0 g(精确到 0.000 1 g),溶于 50 mL 不含 CO_2 的蒸馏水中,滴加酚酞-乙醇指示剂 3~5 滴,用配制的 KOH 标准储备液滴定至微红色,以 30 s 不退色为终点,记下所耗 KOH 标准储备液的体积(V_1),同时做空白实验(不加邻苯二甲酸氢钾,同上操作),记下所耗 KOH 标准储备液的体积(V_0),按下式计算 KOH 标准储备液浓度(KOH 标准储备液按要求定时复标):

$$c(\text{KOH}) = \frac{1\,000 \times m}{(V_1 - V_0) \times 204.22}$$

式中:$c(\text{KOH})$ 为 KOH 标准储备液浓度,mol/L;m 为称取邻苯二甲酸氢钾的质量,g;V_1 为滴定所消耗 KOH 标准储备液体积,mL;V_0 为滴定空白实验所消耗 KOH标准储备液体积,mL;数值 204.22 为邻苯二甲酸氢钾的摩尔质量,g/mol。

(5) 0.01 mol/L KOH-95%乙醇标准滴定溶液:准确移取 20 mL KOH 标准储备液,用 95%(体积分数)乙醇定容至 1 000 mL,盛放于聚乙烯塑料瓶中。临用前稀释(稀释用的乙醇应事先调整为中性)。

(二) 仪器

具塞磨口锥形瓶(250 mL)、移液管(50 mL、25 mL)、微量滴定管(5 mL、10 mL)、天平(感量为 0.01 g)、振荡器、粉碎机(锤式旋风磨,具有风门可调和自清理功能,以避免样品残留和出样管堵塞)、电动粉筛(按 GB/T 5507—2008 的要求)、玻璃短颈漏斗、中速定性滤纸、锥形瓶(150 mL)。

四、操作方法

1.试样制备

（1）取混合均匀的玉米样品 80～100 g，用锤式旋风磨粉碎，要求粉碎细度能一次性达到 95％以上，过 CQ16（相当于 40 目）筛，粉碎样品充分混合后（筛上、筛下的全部筛分范围样品）装入磨口瓶中备用。

（2）称取制备试样约 10 g（精确到 0.01 g），放于 250 mL 具塞磨口锥形瓶中，并用移液管准确加入 50 mL 无水乙醇后，置往返式振荡器上振摇 30 min，振荡频率为 100 次/min。静置 1～2 min，在玻璃漏斗中放入折叠式的滤纸过滤，并加盖滤纸。弃去最初几滴滤液，收集滤液 25 mL 以上。

2.测定

精确移取 25.0 mL 滤液于 150 mL 锥形瓶中，加 50 mL 不含 CO_2 的蒸馏水，滴加 3～4 滴酚酞-乙醇指示剂后，用 0.01 mol/L KOH-95％乙醇溶液滴定至微红色，以 30 s 不退色为终点，记下耗用的 KOH-95％乙醇溶液体积（V_1）。

注意：样品提取后一定要及时滴定。滴定应在散射阳光或日光型日光灯下对着光源方向进行；提取液颜色较深，滴定终点不易判定时，可用已加入不含 CO_2 的蒸馏水后尚未滴定的提取液做参照，当被滴定液颜色与参照液相比有色差时，即可视为已到滴定终点。当参照上述比色法，仍无法准确判定滴定终点时，可在滤纸锥头放入 0.5 g 粉末活性炭，退色后滴定。

3.空白实验

取 25.0 mL 无水乙醇，置于 150 mL 锥形瓶中，加 50 mL 不含 CO_2 的蒸馏水，滴加 3～4 滴酚酞-乙醇指示剂，用 0.01 mol/L KOH-95％乙醇溶液滴定至微红色，以 30 s 不退色为终点，记下耗用的 KOH-95％乙醇溶液体积（V_0）。

五、结果

$$肪脂酸值 = (V_1 - V_0) \times c \times 56.1 \times \frac{50}{25} \times \frac{100}{m \times (100 - \omega)} \times 100$$

$$= \frac{11\,220 \times (V_1 - V_0) \times c}{m} \times \frac{100}{100 - \omega}$$

式中：V_1 为滴定试样所耗 KOH-95％乙醇溶液体积，mL；V_0 为滴定空白实验所耗 KOH-95％乙醇溶液体积，mL；c 为 KOH-95％乙醇溶液的准确浓度，mol/L；数值 50 为提取试样用无水乙醇的体积，mL；数值 25 为用于滴定的滤液的体积，mL；数值 100 为换算为 100 g 试样（干）的质量，g；m 为试样的质量，g；ω 为试样中水的质量分数，即每 100 g 试样中含水分的质量，g。

六、注意事项

（1）用测定脂肪酸值的同一粉碎样品，按 GB/T 5497—1985 中 105℃恒重法测定样品水分含量,计算脂肪酸值干基结果。此水分含量结果不得作为样品水分含量结果报告。

(2)同一分析者对同一试样同时进行两次测定,测定结果的差值应不超过每100 g 干物质试样 2 mg KOH。

七、思考题

(1)粉碎样品为什么要选用锤式旋风磨?粉碎样品时合理调节风门大小,并控制进样量,防止和减少出料管留存样品的目的是什么?

(2)脂肪酸值与油脂样品的质量关系是什么?

(3)实验用水为什么要强调是不含 CO_2 的蒸馏水?

实验 10   油脂皂化与皂化值的测定

一、目的与要求

掌握皂化原理与测定皂化值的方法。

二、原理

脂肪的碱水解称为皂化作用。KOH 有助于脂肪的水解,并与释放的脂肪酸中和,形成肥皂。中和 1 g 脂肪,使其完全水解所释放的脂肪酸所需要的 KOH 质量(mg)即为皂化值,它的实践意义是:组成脂肪的脂肪酸碳链越长,每克脂肪水解所释放的脂肪酸越少,即皂化值越小。也就是说,皂化值与脂肪、脂肪酸的相对分子质量成反比。制皂工业中通常利用这一数值来确定皂化所需碱量。

三、试剂与仪器

(一) 材料与试剂

植物油、猪油、0.5 mol/L KOH 的乙醇溶液、0.5 mol/L 盐酸(须标定)、1%酚酞指示剂。

(二) 仪器

锥形瓶(250 mL)、球形冷凝管、水浴锅、分析天平、酸式滴定管(10 mL、25 mL)、移液管(25 mL)。

四、操作方法

1. 称样

在分析天平上准确称取两份质量为 1 g 的油（或脂），置于 250 mL 锥形瓶中。

2. 皂化

在样品瓶和空白瓶（不加油或脂）中各加 0.5 mol/L KOH 的乙醇溶液 25 mL，再加几粒玻璃珠，装上回流管，在水浴上回流 30 min 左右，至瓶内液体澄清无油珠为止。

3. 滴定

皂化完毕后，冷却至室温，取下锥形瓶，分别加入 1% 酚酞指示剂 2～3 滴，然后以 0.5 mol/L 盐酸滴定至终点，记录盐酸用量。

五、结果

$$皂化值 = \frac{V_A - V_B}{m} \times 0.5 \times 56$$

式中：V_A 为空白瓶盐酸用量，mL；V_B 为样品瓶盐酸用量，mL；m 为油脂的质量，g。

六、思考题

（1）皂化值计算公式中 $V_A - V_B$ 的含义是什么？

（2）试列出由皂化值计算油脂相对分子质量的公式。

实验 11　碘价的测定（Hanus 法）

一、目的与要求

掌握碘价测定的原理和方法。

二、原理

在适当条件下，不饱和脂肪酸的不饱和键能与碘、溴或氯起加成反应。脂肪分子中如含有不饱和脂酰基，即能吸收碘。100 g 脂肪所吸收碘的质量（g）称为碘价。碘价的高低表示脂肪不饱和度的大小。

由于碘与脂肪的加成作用很慢，故在 Hanus 试剂中加入适量溴，使产生溴化碘，再与脂肪作用。将一定量（过量）的溴化碘与脂肪作用后，测定溴化碘剩余量，即可求得脂肪的碘价。本法的反应式如下：

$$I_2 + Br_2 \longrightarrow 2IBr$$

$$IBr + \ \text{—HC=CH—} \ \longrightarrow \ \text{—IHC—CHBr—}$$

$$KI + CH_3COOH \longrightarrow HI + CH_3COOK$$
$$HI + IBr \longrightarrow HBr + I_2$$
$$I_2 + 2Na_2S_2O_3 \longrightarrow 2NaI + Na_2S_4O_6 (滴定)$$

三、试剂与仪器

(一) 材料与试剂

(1) Hanus 试剂:溶解 13.20 g 升华碘于 1 000 mL 冰乙酸(99.5%)内,溶解时可将冰乙酸分次加入,并置水浴中加热助溶,待冷却后,加适量的溴水(约 3 mL)使卤素值增高一倍,并将此溶液贮于棕色瓶中。

(2) 15% 碘化钾溶液:称取 150 g 碘化钾,溶于水,稀释至 1 000 mL。

(3) 硫代硫酸钠标准溶液(约 0.1 mol/L):25 g 纯硫代硫酸钠晶体($Na_2S_2O_3 \cdot 5H_2O$)溶于经煮沸后冷却的蒸馏水中,稀释至 1 000 mL,此溶液中可加入少量(约 50 mg)Na_2CO_3,数日后标定。

标定方法:精密称取在 120℃ 干燥至恒重的基准重铬酸钾 0.15~0.20 g 2 份,分别置于两个 500 mL 碘瓶中,各加水约 30 mL 使溶解,加入固体碘化钾 2.0 g 及 6 mol/L 盐酸 10 mL,混匀,塞好,置暗处 3 min,然后加入水 200 mL 稀释,用 $Na_2S_2O_3$ 溶液滴定,当溶液由棕色变为黄色后,加淀粉液 3 mL,继续滴定至呈淡绿色为止,计算 $Na_2S_2O_3$ 溶液的准确浓度。滴定的反应式如下:

$$Cr_2O_7^{2-} + 6I^- + 14H^+ \longrightarrow 2Cr^{3+} + 3I_2 + 7H_2O$$
$$I_2 + 2S_2O_3^{2-} \longrightarrow 2I^- + S_4O_6^{2-}$$

(4) 1% 淀粉液、氯仿。

(5) 脂肪。

(二) 仪器

碘瓶、吸量管、滴定管。

四、操作方法

准确称取 0.1 g 脂肪,置于碘瓶(见图 3-2)中,加 10 mL 氯仿做溶剂,待脂肪溶解后,加入 Hanus 试剂 20 mL(注意勿使碘液沾在瓶颈部),塞好碘瓶,轻轻摇动,摇动时亦应避免溶液溅至瓶颈部及瓶塞上,混匀后,置暗处(或用黑布包裹碘瓶)30 min,于另一碘瓶中置同量试剂,但不加脂肪,做空白实验。

30 min 后,先加少量 15% 碘化钾溶液于碘瓶口边上,将玻塞稍稍打开,使碘化钾溶液流入瓶内,并继续由瓶口边缘加入碘化

图 3-2　碘瓶

钾溶液,共加 20 mL,再加水 100 mL,混匀,两个样品一起加入,终止反应。随即用硫代硫酸钠标准溶液滴定。初加硫代硫酸钠溶液时可较快,待瓶内液体呈淡黄色时,加淀粉液 1 mL,继续滴定,滴定将近终点时(蓝色已淡),可加塞振荡,使与溶于氯仿中的碘完全作用,继续滴定至蓝色恰恰消失为止,记录所用硫代硫酸钠溶液量,用同法滴定空白管。

五、结果

按下式计算碘价:

$$碘价 = \frac{(B-S)c}{脂肪质量(g)} \times \frac{126.9}{1\,000} \times 100$$

式中:B 为滴定空白管所消耗 $Na_2S_2O_3$ 溶液体积,mL;S 为滴定样品所耗 $Na_2S_2O_3$ 溶液体积,mL;c 为 $Na_2S_2O_3$ 溶液的浓度,mol/L。

六、思考题

(1) 测定碘价有何意义?

(2) 加入溴化碘后,碘瓶为何要放置在暗处?

(3) 滴定过程中,为何淀粉溶液不能过早加入?

实验 12　血清胆固醇的测定

I　化学比色法

一、目的与要求

学习胆固醇的测定方法和原理。

二、原理

总胆固醇(包括游离型胆固醇和胆固醇酯)的测定方法有化学比色法和酶法两类,本实验采用化学比色法。血清经无水乙醇处理后,蛋白质沉淀出来,胆固醇则溶于其中。在乙醇提取液中加磷硫铁试剂、胆固醇与试剂产生紫红色化合物,颜色的深浅与胆固醇总量成正比,可用分光光度法测定。

三、试剂与仪器

(一) 试剂

(1) 10%三氯化铁溶液:将 10 g $FeCl_3 \cdot 6H_2O$ 溶于磷酸中,定容至100 mL,于棕

色瓶中进行冷藏,可使用一年。

(2)磷硫铁试剂(P-S-Fe试剂):取10%三氯化铁溶液1.5 mL于100 mL棕色容量瓶内,加浓硫酸定容至刻度。

(3)胆固醇标准储存液:准确称取胆固醇80 mg,溶于无水乙醇中,定容至100 mL。

(4)胆固醇标准溶液:将储存液用无水乙醇准确稀释10倍。此标准溶液每毫升含0.08 mg胆固醇。

(二)仪器

离心机、离心管、试管、刻度吸量管(1 mL、5 mL)、722型分光光度计。

四、操作方法

(1)吸取0.1 mL血清置于干燥的离心管内,先加无水乙醇0.4 mL,摇匀后再加无水乙醇2.0 mL摇匀,10 min后离心(3 000 r/min,5 min),取上层清液备用。

(2)取3支干燥试管,编号,分别加入无水乙醇1.0 mL(空白管)、胆固醇标准溶液1.0 mL(标准管)、上述乙醇提取液1.0 mL(样品管),各管皆加入磷硫铁试剂1.0 mL,摇匀,10 min后,分别转移至0.5 cm比色皿内,用722型分光光度计在560 nm波长下比色。

五、结果

$$血清胆固醇含量(mg/mL) = \frac{A_2}{A_1} \times \frac{0.08}{0.04} = \frac{A_2}{A_1} \times 2$$

式中:A_1为标准溶液的吸光度;A_2为样品液的吸光度。

人血清胆固醇的正常含量为2.8~5.7 mmol/L。

六、思考题

血清胆固醇含量的计算公式中,0.08和0.04各代表什么意义?

Ⅱ　酶　　法

一、目的与要求

(1)了解胆固醇氧化酶法测定血清胆固醇的原理,能进行血清胆固醇测定的操作。

(2)掌握血清胆固醇测定的临床意义。

二、原理

血清中总胆固醇(TC)包括胆固醇酯(CE)和游离型胆固醇(FC),其中胆固醇酯占 70%，游离型胆固醇占 30%。胆固醇酯酶（CEH）先将胆固醇酯水解为胆固醇和游离脂肪酸（FFA），胆固醇在胆固醇氧化酶（COD）的作用下氧化生成 Δ4-胆甾烯酮和过氧化氢。过氧化氢经过氧化物酶（POD）催化与 4-氨基安替比林（4-AAP）和苯酚反应，生成红色的醌亚胺，其颜色深浅与胆固醇的含量成正比，在 500 nm 波长处测定吸光度，与标准管比较可计算出血清胆固醇的含量。其反应式如下：

$$胆固醇酯 \xrightarrow{\text{CEH}} 胆固醇 + 脂肪酸$$

$$胆固醇 + O_2 \xrightarrow{\text{COD}} \Delta4\text{-}胆甾烯酮 + H_2O_2$$

$$2H_2O_2 + 4\text{-}氨基安替比林 + 苯酚 \xrightarrow{\text{POD}} 醌亚胺$$

三、试剂与仪器

（一）试剂

酶法测定胆固醇多采用市售试剂盒。

（1）酶应用液。胆固醇酶试剂的组成为：pH 值为 6.7 的磷酸盐缓冲液（50 mmol/L）、胆固醇酯酶（≥200 U/L）、胆固醇氧化酶（≥100 U/L）、过氧化物酶（≥3 000 U/L）、4-氨基安替比林（0.3 mmol/L）、苯酚（5 mmol/L）。此外，还含有胆酸钠和 Triton X-100，胆酸钠是胆固醇酯酶的激活剂，表面活性剂 Triton X-100 能促进脂蛋白释放胆固醇和胆固醇酯，有利于胆固醇酯的水解。

（2）5.17 mmol/L 胆固醇标准液：精确称取胆固醇 200 mg，溶于无水乙醇，移入 100 mL 容量瓶中，用无水乙醇稀释至刻度（也可用异丙醇等配制）。

（二）仪器

试管、刻度吸量管（2 mL）、试管架、微量加样器、恒温水浴箱、分光光度计等。

四、操作方法

取试管 3 支，分别标注"测定""标准""空白"，按下表操作：

加入物	测定管	标准管	空白管
血清/mL	0.02	—	—
胆固醇标准液/mL	—	0.02	—
蒸馏水/mL	—	—	0.02
酶应用液/mL	2.00	2.00	2.00

混匀后，37℃水浴保温 15 min，在 500 nm 波长处比色，以空白管调零，读取各管的吸光度。

五、结果

$$血清胆固醇含量(mmol/L) = \frac{测定管吸光度}{标准管吸光度} \times 5.17$$

六、思考题

实验中需要哪几种酶参与？各有什么作用？

实验 13　卵磷脂的提取与鉴定

一、目的与要求

(1) 了解磷脂类物质的结构和性质。

(2) 掌握卵磷脂的提取、鉴定的原理和方法。

二、原理

磷脂是生物体组织细胞的重要成分,主要存在于大豆等植物组织以及动物的肝、脑、脾、心等组织中,尤其在蛋黄中含量较多(10%左右)。蛋黄的主要成分为水(50%)、蛋白质(20%)、脂肪(20%)、卵磷脂(8%)及少量的脑磷脂。以上各成分在不同溶剂中的溶解情况如表 3-1 所示。

表 3-1　蛋黄中主要成分在不同溶剂中的溶解情况

	蛋白质	脂肪	卵磷脂	脑磷脂
丙酮	不溶	溶	不溶	不溶
乙醇	不溶	溶	溶	不溶

卵磷脂、蛋白质和脑磷脂均不溶于丙酮,利用此性质可将其与中性脂肪分离。此外,卵磷脂能溶于乙醇而蛋白质、脑磷脂不溶,利用此性质又可将卵磷脂与蛋白质、脑磷脂分离。

新提取的卵磷脂为白色,当与空气接触后,其所含不饱和脂肪酸会被氧化而使卵磷脂呈黄褐色。卵磷脂被碱水解后可分解为脂肪酸盐、甘油、胆碱和磷酸盐。甘油与新制的 $Cu(OH)_2$ 在碱性条件下能生成绛蓝色物质;磷酸盐在酸性条件下与钼酸铵共热,可生成蓝色的磷钼酸沉淀;胆碱在碱的进一步作用下生成无色且具有氨和鱼腥气味的三甲胺。这样通过对分解产物的检验可以对卵磷脂进行鉴定。

三、试剂与仪器

(一) 材料与试剂

(1) 鸡卵黄。

（2）丙酮。

（3）95％乙醇溶液。

（4）20％NaOH 溶液。

（5）红色石蕊试纸。

（6）钼酸铵试剂：将 6 g 钼酸铵溶于 15 mL 蒸馏水中，加入 5 mL 浓氨水，另外将 24 mL 浓硝酸溶于 46 mL 蒸馏水中，两者混合静置一天后再用。

（7）1％CuSO₄ 溶液。

（二）仪器

小烧杯、试管、研钵、漏斗、滤纸、恒温水浴锅。

四、操作方法

1. 卵磷脂的提取

（1）称取约 8 g 熟卵黄于研钵中，加入 30 mL 丙酮，研磨 10 min。

（2）用玻璃漏斗过滤，留滤渣于小烧杯中。

（3）向滤渣中加入 20 mL 乙醇，搅拌，直至残渣为乳白色。

（4）过滤，留滤液于小烧杯中。

（5）将滤液置于水浴锅中蒸干，所得干物即为卵磷脂。

2. 卵磷脂的鉴定

（1）胆碱的检验：卵磷脂中加入 10 mL 20％NaOH 溶液，混匀转至试管，水浴加热水解 15 min 后，在管口放一片用蒸馏水湿润过的红色石蕊试纸，观察颜色有无变化，并嗅其气味。将过热后的溶液过滤，滤液供下面检验。

（2）脂肪酸不饱和性的检验：取干净试管 1 支，加入 10 滴上述滤液，再加入 1～2 滴 3％ 溴的四氯化碳溶液，振摇试管，观察有何现象产生。

（3）磷酸的检验：取干净试管 1 支，加入 10 滴上述滤液和 5～10 滴 95％乙醇溶液，然后加入 5～10 滴钼酸铵试剂，观察现象；最后将试管放入热水浴中加热 5～10 min，观察有何变化。

（4）甘油的检验：取干净试管 1 支，加入 1 mL 1％ CuSO₄ 溶液，3 滴 20％NaOH 溶液，混匀，有 $Cu(OH)_2$ 沉淀生成，再加入 1 mL 水解液，观察现象。

五、结果

记录检验胆碱、脂肪酸不饱和性、磷酸、甘油的实验现象，并解释。

六、思考题

（1）写出卵磷脂的化学结构。

（2）为什么卵磷脂是一种良好的乳化剂？

（3）怎样分离卵磷脂和脑磷脂？

实验 14　脂肪酸的 β-氧化

一、目的与要求

（1）掌握本实验设计的基本原理。

（2）学会利用基本原理进行动态生物化学实验设计。

二、原理

偶数碳原子脂肪酸在组织内经过 β-氧化生成 β-羟丁酸和乙酰乙酸,乙酰乙酸可氧化成 CO_2 和 H_2O,也可以脱羧生成丙酮。丙酮可采用碘仿反应测定,剩余的碘用 $Na_2S_2O_3$ 溶液滴定,其反应式如下:

$$CH_3C\overset{O}{\underset{CH_3}{}} + 3I_2 + 3NaOH \longrightarrow CH_3C\overset{O}{\underset{CI_3}{}} + 3NaI + 3H_2O$$

$$CH_3C\overset{O}{\underset{CI_3}{}} + NaOH \longrightarrow CHI_3 + CH_3COONa$$

$$I_2 + 2Na_2S_2O_3 \longrightarrow Na_2S_4O_6 + 2NaI$$

三、试剂与仪器

（一）试剂

（1）乐氏(Locke)溶液:将 NaCl 0.9 g、KCl 0.042 g、NaH_2PO_4 0.02 g 和葡萄糖 0.1 g 共溶于约 50 mL 蒸馏水中,完全溶解后,再加入 $CaCl_2$ 0.043 g,加蒸馏水稀释至 100 mL。

（2）1/15 mol/L 磷酸盐缓冲液(pH 值为 7.6)。

① 1/15 mol/L Na_2HPO_4 溶液:称取 $Na_2HPO_4 \cdot 2H_2O$ 11.876 g,溶于蒸馏水并定容至 1 000 mL;

② 1/15 mol/L NaH_2PO_4 溶液:称取 $NaH_2PO_4 \cdot H_2O$ 4.539 g,溶于蒸馏水并定容至 500 mL。

吸取①液 86.8 mL,②液 13.2 mL,混匀即得所需磷酸盐缓冲液。

（3）0.2 mol/L 正己酸溶液:将 23.2 g 正己酸溶于 0.1 mol/L NaOH 溶液中并稀释至 1 000 mL。

（4）15％三氯乙酸溶液：15 g 三氯乙酸溶于蒸馏水，稀释至 100 mL。

（5）10％ NaOH 溶液：10 g NaOH 溶于蒸馏水，稀释至 100 mL。

（6）10％盐酸：取浓盐酸 10 mL，加入蒸馏水至 37 mL。

（7）0.05 mol/L 碘液：12.7 g 碘和 25 g 碘化钾溶于蒸馏水，稀释至 1 000 mL。用 0.15 mol/L $Na_2S_2O_3$ 标准溶液标定。

（8）0.15 mol/L $Na_2S_2O_3$ 标准溶液：$Na_2S_2O_3$（A.R.）25 g 溶于煮沸并冷却的蒸馏水中，加入硼酸 3.8 g，再用煮沸过的蒸馏水稀释至 1 000 mL，并按照分析化学要求进行标定。

（9）0.5 mol/L H_2SO_4 溶液：10 mL 浓硫酸（相对密度为 1.84）加入蒸馏水中，稀释至 360 mL。

（10）0.5％淀粉液：取 0.5 g 可溶性淀粉，加少量蒸馏水，边搅拌边加热至糊状，用热蒸馏水稀释至 100 mL。

（二）仪器

锥形瓶（50～100 mL）、试管及试管架、恒温水浴装置、滴定管等。

四、操作方法

（1）将家兔或大白鼠杀死后放血，取出肝脏，放在冰冻的表面皿上，剪成碎块。

（2）取 50～100 mL 锥形瓶 2 个，编号，并按下表加入试剂：

瓶号	乐氏溶液	磷酸盐缓冲液（pH 值为 7.6）	0.2 mol/L 正己酸溶液	蒸馏水	肝糜
1	3 mL	2 mL	3 mL	—	约 0.5 g
2	3 mL	2 mL	—	3 mL	约 0.5 g

摇匀，置于 37℃ 恒温水浴中保温 3 h。

保温完毕，各加 15％三氯乙酸溶液 2 mL，摇匀，静置 15 min，过滤，收集滤液。

（3）另将 3 个 50～100 mL 锥形瓶编以 Ⅰ、Ⅱ、Ⅲ 号，并按下表加入试剂：

瓶号	滤液 1	滤液 2	蒸馏水	0.05 mol/L 碘液	10％ NaOH 溶液
Ⅰ（样品）	5.0 mL	—	—	5.0 mL	5.0 mL
Ⅱ（对照）	—	5.0 mL	—	5.0 mL	5.0 mL
Ⅲ（空白）	—	—	5.0 mL	5.0 mL	5.0 mL

加毕摇匀，放置 10 min，使碘仿反应完成。加入 10％盐酸 5.0 mL 及 0.5％淀粉液 5 滴，立即用 0.15 mol/L $Na_2S_2O_3$ 标准溶液滴定至淡黄色（随加随滴定，不可全加完再一一滴定）。

五、结果

Ⅱ、Ⅲ两瓶所消耗 $0.15\ mol/L\ Na_2S_2O_3$ 标准溶液之差不应大于Ⅰ、Ⅱ两瓶所消耗之差。

由实验原理可知：与等量碘反应，$Na_2S_2O_3$ 的物质的量(mol)是丙酮物质的量(mol)的 6 倍，因此可用下式计算Ⅰ号瓶(样品)中的丙酮总含量(mg)：

$$X=(B-A)\times Na_2S_2O_3\ 溶液实际浓度\times 丙酮相对分子质量/6$$

式中：B 为滴定对照管所消耗的 $0.15\ mol/L\ Na_2S_2O_3$ 标准溶液体积，mL；A 为滴定样品管所消耗的 $0.15\ mol/L\ Na_2S_2O_3$ 标准溶液体积，mL。

六、思考题

(1) 实验操作过程中，哪一步是在进行脂肪酸的 β-氧化？写出反应方程式。

(2) 实验操作过程中的第(3)步加的淀粉液起什么作用？

(3) 本实验利用 $Na_2S_2O_3$ 标准溶液进行滴定，与测定脂肪碘值时有什么异同？

第四章　氨基酸的检测与分析

实验 15　纸层析法分离鉴定氨基酸

一、目的与要求

了解纸层析法的原理,掌握纸层析法分离鉴定混合氨基酸的操作方法。

二、原理

纸层析法(paper chromatography)是一种液-液分配层析。当一种溶质(如氨基酸)在两种不互溶的或几乎不互溶的溶剂中分配,在一定的温度下达到平衡时,它在两相中的浓度比值与在这两种溶剂中的溶解度的比值相等,这一规律称为分配定律,这个比值是一个常数,称为分配系数,其计算式为

$$分配系数 = \frac{溶质在溶剂 A 中的浓度}{溶质在溶剂 B 中的浓度}$$

纸层析以滤纸做惰性支持物,以滤纸纤维所吸附的水为固定相,以水饱和的有机溶剂为移动相。将氨基酸的混合样品点于滤纸上,当移动相经过样品时,混合物中的各种氨基酸就在移动相和固定相中分配,不同氨基酸的极性和结构不同,它们在固定相与流动相中的分配系数不同,随流动相的移动进行连续和动态的不断分配,各种氨基酸随流动相移动的速率也就不同,经过一定的时间后,各种氨基酸就可以彼此分开了。物质在层析过程中移动速率的相对大小可用比移值(R_f)表示:

$$R_f = \frac{原点到层析点中心的距离}{原点到溶剂前沿的距离}$$

各种物质在特定组成的溶剂系统中的比移值是一定的,借此可进行物质的鉴定。比移值越大,说明该物质移动越快,在流动相(有机相)中的溶解度越大。氨基酸的层析效果除与层析条件包括展层的溶剂系统、pH 值和展层的温度等有关外,更取决于氨基酸本身的结构和极性。

混合物的展层方式根据有机溶剂(流动相)在纸上扩展的方向可分为上行法、下行法和环行法。上行法是让溶剂自下而上渗透的展层方式,最为常用;下行法是让溶剂由纸的上端向下渗透的展层方式,其特点是渗透速度快,展开距离可达很长,有利于分离值相差较小的组分;环行法则相对比较复杂,它是在圆形滤纸上进行层析,从边缘至圆心剪下一条宽 2~3 mm 的纸条,裁成合适长度,使其浸入盛有溶剂的培养

皿中,样品可点于圆心,溶剂从圆心向四周扩散,物质则在一定距离的半径上形成同心圆。展层的方式还有单向展层和双向展层之分。

对无色物质来说,可以通过适当的显色方法得到展层图谱。通常的显色方法有以下几种:①化学法,常用喷雾方式将合适的显色剂均匀喷于纸上,使之与待分析组分起反应形成有色或荧光物质,如茚三酮显色法;②物理法,利用某些物质能吸收紫外线的性质,将其置于紫外灯下观察或产生暗斑,或产生荧光;③微生物法,利用有些化合物对某种微生物的生长产生抑制作用来鉴定其存在与否;④同位素及放射自显影方法。

三、试剂与仪器

(一)试剂

(1) 0.1%(g/mL)茚三酮-丙酮溶液。

(2) 溶剂系统(展层剂):正丁醇、88%甲酸、水按 15:3:2(体积比)混合。

(3) 标准氨基酸溶液:缬氨酸、苯丙氨酸、脯氨酸、丙氨酸、天冬氨酸各 100 mg 溶于 50 mL 0.01 mol/L 盐酸中。

(4) 未知混合氨基酸溶液。

(二)仪器

层析缸(ϕ25 cm×40 cm)、培养皿(15 cm)、喷雾器、毛细管(内径 0.1 cm)、电吹风、烘箱、层析滤纸(13 cm×13 cm)。

四、操作方法

1.点样

取层析滤纸一张(13 cm×13 cm),在距纸边 2.0 cm 处画一基线。在基线上每隔 1.5 cm 标记一个点作为点样的位置。以毛细管吸取混合氨基酸溶液以及标准氨基酸溶液点样,样点的直径控制在 2 mm 左右,不可过大。待样品干燥后再点一次。滤纸上点样斑点干燥后,把滤纸卷成圆筒形,纸的两边以线缝好,注意缝线处的滤纸两边不能接触重叠。

2.展层

在层析缸中平稳地放入装有第一相层析溶剂的培养皿。将圆筒形滤纸放入,点样的一端接触溶剂,以样点不浸入溶剂为准。溶剂自下而上均匀展开,约 2 h 后,溶剂前沿到达距滤纸边约 0.5 cm 处时取出滤纸,室温下悬挂,用电吹风充分吹尽溶剂。

3.显色

用喷雾器将茚三酮-丙酮溶液均匀地喷在滤纸上,然后悬滤纸于 65 ℃烘箱内,烘干约 30 min 取出(或者用电吹风吹干),即可看到紫红色氨基酸斑点,将图谱上的斑点边缘用铅笔圈出。

五、结果

用直尺量出各斑点中心与原点的距离以及溶剂前沿与原点的距离,求出各氨基酸的 R_f 值。将混合氨基酸溶液中各显色斑点的 R_f 值与标准氨基酸的 R_f 值比较,通过比移值 R_f 的比较确定该氨基酸混合溶液中可能含有哪几种氨基酸。

六、注意事项

(1) 烘箱加热温度不可过高,且不可有氨的干扰,否则图谱背景会泛红。

(2) 溶剂最好在使用前按比例混合,否则会引起酯化,影响层析效果。

七、思考题

(1) 整个操作过程中应注意哪些事项?

(2) 为什么展层时要用两种溶剂系统?

(3) 通过比移植(R_f)测定,该混合物中含有哪几种氨基酸? 不含哪几种氨基酸?

实验 16　甲醛滴定法测定氨基氮含量

一、目的与要求

(1) 掌握蛋白质氨基酸含量的甲醛滴定法测定原理。

(2) 熟悉滴定操作的要点。

二、原理

氨基酸是两性电解质,在水溶液中有如下解离平衡:

$$\text{R—CH—C} \underset{\text{NH}_3^+}{\overset{O}{\|}} \text{O}^- \rightleftharpoons \text{R—CH—C} \underset{\text{NH}_2}{\overset{O}{\|}} \text{O}^- + \text{H}^+$$

—NH_3^+ 是弱酸,完全解离时 pH 值为 11～12 或更高,若用碱滴定所释放的 H^+ 来测量氨基酸,一般指示剂变色域小于 10,很难准确指示终点。

常温下,甲醛能迅速与氨基酸的氨基结合,生成羟甲基化合物,使上述平衡右移,促使—NH_3^+ 释放 H^+,使溶液的酸度增加,滴定终点移至酚酞的变色范围内(pH 值为 9.0 左右)。因此,可用酚酞做指示剂,用氢氧化钠标准溶液滴定。

$$R—CH—COO^- \rightleftharpoons R—CH—COO^- \quad +H^+ \xrightarrow{OH^-} 中和$$
$$\underset{NH_3^+}{|} \qquad\qquad \underset{NH_2}{|}$$

$$\downarrow HCHO$$

$$R—CH—COO^- \quad 羟甲基氨基酸$$
$$\underset{NHCH_2OH}{|}$$

$$\downarrow HCHO$$

$$R—CH—COO^- \quad 二羟甲基氨基酸$$
$$\underset{N(CH_2OH)_2}{|}$$

　　如样品为一种已知的氨基酸,从甲醛滴定的结果可算出氨基氮的含量。如样品是多种氨基酸的混合物如蛋白水解液,则滴定结果不能作为氨基酸的定量依据。但此法简便快捷,常用来测定蛋白质的水解程度,随水解程度的增加滴定值增加,当滴定值不再增加时,则表示水解作用已完全。

三、试剂与仪器

(一)试剂

　　(1) 0.1 mol/L 甘氨酸标准溶液:准确称取 750 mg 甘氨酸,溶解后定容至 100 mL。

　　(2) 0.1 mol/L 氢氧化钠标准溶液。

　　(3) 酚酞指示剂:用 50% 的乙醇溶液配制 0.5% 的酚酞溶液。

　　(4) 中性甲醛溶液:在 50 mL 36%~37% 分析纯甲醛溶液中加入 1 mL 0.1% 酚酞乙醇水溶液,用 0.1 mol/L 氢氧化钠溶液滴定到呈微红色,盛于密闭的玻璃瓶中,此试剂在临用前配制。如已放置一段时间,则使用前需重新中和。

(二)仪器

　　25 mL 锥形瓶、5 mL 微量滴定管、吸量管。

四、操作方法

　　取 3 个 25 mL 锥形瓶,编号。向第 1、2 号瓶内各加入 0.1 mol/L 甘氨酸标准溶液 2 mL 和水 5 mL,混匀。向 3 号瓶内加入 7 mL 水。然后向 3 个锥形瓶中各加入 5 滴酚酞指示剂,混匀后各加 2 mL 甲醛溶液再混匀,分别用 0.1 mol/L 氢氧化钠标准溶液滴定至溶液显微红色。

　　重复以上实验 3 次,记录每次每瓶消耗氢氧化钠标准溶液的体积(mL)的平均值,用于计算甘氨酸氨基氮的回收率。

取未知浓度的甘氨酸溶液 2 mL,依上述方法进行测定,进行 3 次,取平均值,用于计算每毫升甘氨酸溶液中氨基氮的含量(mg)。

五、结果

甘氨酸氨基氮的回收率计算式:

$$甘氨酸氨基氮回收率 = \frac{实际测得量}{加入理论量} \times 100\%$$

公式中实际测得量为滴定第 1 和 2 号瓶耗用的氢氧化钠标准溶液的体积(mL)的平均值与第 3 号瓶耗用的氢氧化钠标准溶液体积(mL)之差乘以氢氧化钠标准溶液的浓度(mol/L),再乘以 14.008。甘氨酸标准溶液体积(2 mL)乘以甘氨酸标准溶液的浓度(mol/L)再乘以 14.008 即为加入理论量(mg)。

每毫升甘氨酸溶液中氨基氮含量计算式:

$$氨基氮含量(mg/mL) = \frac{(V_1 - V_2) \times c_{NaOH} \times 14.008}{2}$$

式中:V_1 为滴定待测液耗用氢氧化钠标准溶液的体积,mL;V_2 为滴定对照液(3 号瓶)耗用氢氧化钠标准溶液的体积,mL;c_{NaOH} 为氢氧化钠标准溶液的浓度,mol/L。

六、思考题

(1) 甲醛法测定氨基酸含量的原理是什么?

(2) 为什么氢氧化钠溶液滴定氨基酸的—NH_3^+ 上的 H^+,不能用一般的酸碱指示剂?

实验 17　瓦氏呼吸仪法测定 L-谷氨酸的含量

一、目的与要求

(1) 了解用瓦氏呼吸仪测定气体变化的原理。

(2) 掌握用瓦氏呼吸仪测定气体变化的具体操作。

二、原理

瓦氏呼吸仪法是在密闭的、定温定体积的系统中进行的,主要是对样品气体的变化进行测定。当气体被吸收时,反应瓶中气体分子减少,压力降低;反之,产生气体时,压力则上升,此压力的变化可在测压计上表现出来,由此可利用气体定律计算出产生 CO_2 或吸收 O_2 的量。此法可用于细胞、线粒体等耗氧速率和发酵作用的测定,

也可进行有关 O_2 和 CO_2 气体交换的反应,如呼吸作用、光合作用、脱羧酶和氧化酶的活性等。

大肠杆菌菌体内含有 L-谷氨酸脱羧酶,能专一地催化 L-谷氨酸脱羧,释放出 CO_2。利用瓦氏呼吸仪测定并计算出 CO_2 含量后,可进一步求出 L-谷氨酸的含量。

三、试剂与仪器

(一)试剂

(1)乙酸-乙酸钠缓冲液(pH 值为 5.0,加入反应瓶主管)。A 液:3 mol/L 乙酸钠溶液。称取 $CH_3COONa \cdot 3H_2O$(相对分子质量为 136.09)40.8 g 溶于蒸馏水中,然后定容至 100 mL。B 液:2 mol/L 乙酸溶液。称取 12 g 乙酸,加蒸馏水定容至 100 mL。将 A、B 两液按 7∶3(体积比)混合即得所需溶液,使用时事先用 pH 计校正。

(2)0.5 mol/L 乙酸-乙酸钠缓冲液(pH 值为 5.0):称取 30 g 冰乙酸,加入 12 g $CH_3COONa \cdot 3H_2O$,溶解后放入 100 mL 容量瓶中,用蒸馏水稀释至刻度,也可用 3 mol/L乙酸缓冲液稀释制得。

(3)2%大肠杆菌-脱羧酶液:称取 2 g 大肠杆菌-脱羧酶-丙酮粉,用 pH 值为5.0 的 0.5 mol/L 乙酸缓冲液定容至 100 mL。

(4)0.05 mol/L L-谷氨酸溶液:准确称取 L-谷氨酸 0.736 g,用蒸馏水溶解并定容至 100 mL。

(5)检压液(或称布洛氏溶液):称取 NaCl 23 g、牛胆酸钠 5 g、伊文氏蓝0.1 g(相对分子质量为 960.83。如没有,可以用 0.1 g 甲基蓝或酸性品红代替)。混合后再加麝香草酚蓝酒精溶液(防腐。1 g 麝香草酚蓝溶于 100 mL 40%酒精中)数滴,用蒸馏水定容至 500 mL,相对密度为 1.033,使用前需校正,当相对密度高于1.033时用蒸馏水调制,低时用 NaCl 调制。

(6)大肠杆菌-丙酮粉的制备:将大肠杆菌由试管斜面培养基接种到 10 支 200 mL 茄形瓶培养基上,于 37 ℃下培养 16～18 h。

培养基的配方如下:蛋白 10 g、牛肉膏浓缩液 5 g、琼脂 20 g,加蒸馏水至 1 000 mL。

每一茄形瓶中加入少量 0.9%氯化钠溶液,洗下菌体(可洗 2 次),菌体悬液离心(2 500 r/min),弃去上清液,沉淀(菌体)悬浮于少量生理盐水中,置于冰箱中冷却至 －20 ℃。向已冷却的菌体悬液中加入 10 倍体积的冷丙酮(－10 ℃),边加边搅拌 10 min,静置,待菌体沉淀后,倾去上清液,菌体用布氏漏斗抽滤,并用冷丙酮洗菌体 1～2 次,滤液置于干燥器内减压干燥,所得大肠杆菌-丙酮粉装于密封瓶内,冰箱内保存,数日内有效(现制的要放入冰箱 40 h 后才能取出备用)。

(二)仪器

刻度吸量管(2 mL、0.5 mL、0.2 mL、0.1 mL)、注射器(2 mL)、瓦氏呼吸仪1套。

四、操作方法

（1）将测压管固定于铁架上，放松螺旋压板，用注射器在橡皮管内加入检压液至 50 mm 刻度处。

（2）按下表在反应瓶中加入各试剂。反应瓶侧管瓶塞和压力计三通塞均涂以凡士林后塞紧。压力计口也涂上凡士林并和反应瓶连接，轻轻转动反应瓶，使封口凡士林呈透明状，然后用橡皮筋将反应瓶固定在压力计上。

编号	项目	反应瓶主管			反应瓶侧管
		乙酸-乙酸钠缓冲液	0.05 mol/L L-谷氨酸溶液	蒸馏水	酶液
1	对照	0.2 mL	0	2 mL	0.3 mL
2	样品	0.2 mL	0.1	1.9 mL	0.3 mL

（3）在水箱内加入温水至水箱上部 6 cm 处，调节水银触点温度计至 37 ℃。打开电源开关和加热开关，升温至酶反应温度（37 ℃）。

（4）将两个压力计固定在水槽上，使反应瓶进入水浴。保温振荡 10 min（120 r/min），当反应瓶内温度与水槽温度平衡后，关闭三通活塞，调节螺旋夹，使左、右两侧检测液面高度不同（左侧开口端液面约在 230 mm 处），记录液面高度，10 min 后检查液面是否发生变化。如无变化，表示测压计不漏气，可以开始测定。

（5）转动三通活塞，使之与大气相通，调节螺旋夹，使右侧（闭管，但此时与大气相通）管内液面在 150 mm 处（参比点），记录左侧（开口端）液面高度，此为反应前读数，关闭三通活塞。

（6）用左手食指堵住测压管左侧口，取出测压装置，将反应瓶侧管中的酶液倾入主管中，摇匀（注意勿使液体堵住气体出口），立即放回水槽中，并放开食指，将右管液面调节在 150 mm 处。

（7）开始振荡 15 min 后，将压力计的右管液面调至 150 mm 处，记录测压计左管液面高度，再振荡几分钟，重复将压力计的右管液面调至 150 mm 处，记录测压计左管液面高度，当读数不再变化时的读数为终读数。

（8）测量完成后应先打开压力计的三通活塞，再取下压力计和反应瓶，关闭仪器的各个开关。

五、结果

$$L\text{-谷氨酸含量（mg/mL）} = \frac{\Delta V \times 147\ 130}{22\ 400\ 000} \times 10 \times n = \frac{\Delta V}{15.2} \times n$$

式中：$\Delta V = \Delta h_2 \times K_2 - \Delta h_1 \times K_1$；$\Delta h_2 = h_2 - h_1$，$\Delta h_1 = h_2' - h_1'$；$h_1$ 为样品瓶初读数，mm 液柱；h_2 为样品瓶终读数，mm 液柱；h_1' 为对照瓶初读数，mm 液柱；h_2' 为对照瓶终读数，mm 液柱；K_1、K_2 为样品反应瓶常数，$\mu L/$ mm 液柱；n 为样品

稀释倍数;数值 147 130 为谷氨酸的摩尔质量,mg/mol;数值 10 为 0.1 mL 样品换算成 1 mL;数值 22 400 000 为 1 mol 谷氨酸脱羧酶放出 CO_2 气体的体积(标准情况下),μL。

六、注意事项

检压液注射时要避免液柱内产生气泡。反应瓶与测压管是配套的,使用时勿弄错。

七、思考题

(1) 瓦氏呼吸仪的工作原理是什么?

(2) 实验过程中为减少实验误差需注意哪些操作?

第五章 蛋白质的分离制备与分析

实验 18 蛋白质的两性反应与等电点的测定

一、目的与要求

（1）了解蛋白质的两性解离性质。

（2）掌握一种通过沉淀测定蛋白质等电点的方法。

二、实验原理

蛋白质和氨基酸一样，是两性电解质。蛋白质分子中除了含有游离的末端羧基和氨基外，可解离基团主要来自某些氨基酸残基侧链上的官能团，如酚基、巯基、胍基和咪唑基等。

调节溶液的 pH 值使蛋白质分子的正、负电荷数目相等，此时溶液的 pH 值称为该蛋白质的等电点（pI）。在等电点时，蛋白质净电荷为零，由于不存在净电斥力，其溶解度最小，溶液的混浊度最大。当 pH＝pI 时，蛋白质在电场中既不向阴极移动，也不向阳极移动。

当 pH＞pI 时，蛋白质解离成为带负电荷的阴离子。反之，当 pH＜pI 时，蛋白质解离成为带正电荷的阳离子。

不同蛋白质各有其特定的等电点，这主要是和它所含的氨基酸的种类和数量有关。如果蛋白质分子中含碱性氨基酸较多，其等电点偏碱性（例如核糖核酸酶等电点为 9.5）；反之则偏酸性，如胃蛋白酶含有 37 个氨基酸残基，而碱性氨基酸仅 6 个，其等电点为 1.0 左右。对于含酸性和碱性氨基酸残基数目相近的蛋白质，其等电点多接近于中性，略偏酸性。

本实验借观察酪蛋白在连续不同 pH 值的溶液中的溶解状态以测定其等电点。以乙酸和酪蛋白溶液中的乙酸钠构成各种不同的 pH 缓冲液。在某种缓冲液中，酪蛋白的溶解度最小时，该缓冲液的 pH 值就是酪蛋白的等电点。

三、试剂和仪器

（一）试剂

（1）0.01 mol/L 氢氧化钠溶液：称取 0.2 g 氢氧化钠，用蒸馏水溶解并定容至

500 mL。

(2) 0.5％酪蛋白溶液:称取酪蛋白 2.5 g,用 0.01 mol/L 氢氧化钠溶液溶解并定容至 500 mL。

(3) 0.01％溴甲酚绿指示剂:称取溴甲酚绿 0.02 g,用 95％乙醇溶解并定容至 200 mL。

(4) 0.02 mol/L 盐酸:吸取 37.2％(相对密度为 1.19)的盐酸 0.834 mL,加蒸馏水定容至 500 mL。

(5) 0.02 mol/L 氢氧化钠溶液:称取 0.8 g 氢氧化钠,用蒸馏水溶解后定容至 1 000 mL。

(6) 0.5％酪蛋白-乙酸钠溶液:称取纯酪蛋白 0.25 g,放入 50 mL 容量瓶中,加蒸馏水 20 mL,再准确加入 1.00 mol/L 氢氧化钠溶液 5 mL,摇荡使酪蛋白溶解。然后准确加入 1.00 mol/L 乙酸 5 mL,最后加蒸馏水定容至 50 mL,充分摇匀。结果酪蛋白溶于 0.1 mol/L 乙酸钠溶液中,浓度为 0.5％。

(7) 1.00 mol/L 乙酸溶液:吸取 99.5％乙酸(相对密度为 1.05)2.875 mL,加蒸馏水至 50 mL。

(8) 0.10 mol/L 乙酸溶液:吸取 1.00 mol/L 乙酸溶液 5 mL,加蒸馏水定容至 50 mL。

(9) 0.01 mol/L 乙酸溶液:吸取 0.10 mol/L 乙酸溶液 5 mL,加蒸馏水定容至 50 mL。

(二) 仪器

试管、试管架、刻度吸量管(1 mL、2 mL、10 mL)、滴管、容量瓶。

四、操作方法

1.蛋白质的两性反应

(1) 取 1 支试管,加入 0.5％酪蛋白溶液 1 mL,再加溴甲酚绿指示剂 5～7 滴,混匀,观察溶液的颜色,并说明原因。

(2) 用胶头滴管缓慢加入 0.02 mol/L 盐酸,边滴边摇,直至有大量沉淀生成,此时溶液的 pH 值接近于酪蛋白的等电点。观察溶液颜色的变化。

(3) 继续滴入 0.02 mol/L 盐酸,观察沉淀和溶液颜色的变化,并说明其原因。

(4) 再滴入 0.02 mol/L 氢氧化钠溶液进行中和,观察是否出现沉淀,解释其原因。继续加入 0.02 mol/L 氢氧化钠溶液,为什么沉淀又会溶解?观察溶液颜色的变化。

2.酪蛋白等电点的测定

(1) 取 9 支规格相同的试管,编号后按下表的顺序精确地加入各种试剂并混匀:

试管号	1	2	3	4	5	6	7	8	9
1.00 mol/L 乙酸溶液/mL	1.6	0.8	—	—	—	—	—	—	—
0.10 mol/L 乙酸溶液/mL	—	—	4.0	2.0	1.0	0.5	—	—	—
0.01 mol/L 乙酸溶液/mL	—	—	—	—	—	—	2.5	1.25	0.62
蒸馏水/mL	2.4	3.2	—	2.0	3.0	3.5	1.5	2.75	3.38
0.5%酪蛋白-乙酸钠溶液	1.0	1.0	1.0	1.0	1.0	1.0	1.0	1.0	1.0
溶液的最终 pH 值	3.5	3.8	4.1	4.4	4.7	5.0	5.3	5.6	5.9
沉淀观察									

（2）室温下静置约 20 min,观察各管沉淀出现情况,并以"－""＋""＋＋""＋＋＋""＋＋＋＋"等符号记录沉淀的多少。

五、结果

根据混浊度判断酪蛋白的等电点,混浊显著或静置后沉淀最多,上部溶液变得最清亮的试管对应的 pH 值,即为酪蛋白的等电点。

六、注意事项

在测定等电点的实验中,要求缓冲液的 pH 值必须准确,各种试剂的浓度和加入量严格精确。

七、思考题

（1）说出蛋白质两性反应中颜色及沉淀变化的原因。

（2）是否所有蛋白质都可用此方法测定其等电点? 试设计出其他等电点测定方法。

（3）在分离蛋白质时等电点有何实用意义?

实验 19　蛋白质的沉淀反应、颜色反应及电荷的测定

一、目的与要求

（1）熟悉蛋白质的沉淀反应和颜色反应及其原理。

（2）熟悉蛋白质电荷的测定方法及其原理。

二、原理

1.蛋白质的沉淀反应原理

蛋白质的水溶液是一种比较稳定的亲水胶体,这是因为蛋白质颗粒表面带有很

多极性基团(如—NH$_3^+$、—COO$^-$、—SH、—CONH$_2$等),和水有高度亲和性,当蛋白质与水相遇时,水就很容易被蛋白质吸住,在蛋白质颗粒外面形成一层水膜(又称水化层)。水膜的存在使蛋白质颗粒相互分开,颗粒之间不会碰撞而聚成大颗粒。因此,蛋白质在溶液中比较稳定而不会沉淀。

蛋白质由于带有电荷和水膜,因此在水溶液中形成稳定的胶体。当某些物理化学因素破坏了蛋白质的水膜或中和了蛋白质的电荷,则蛋白质胶体溶液就不稳定而出现沉淀现象。蛋白质可因加入下列几类试剂而产生沉淀。

(1)加盐类(如硫酸铵、硫酸钠、氯化钠等)可以破坏蛋白质胶体周围的水膜,同时又中和了蛋白质分子的电荷,因此使蛋白质产生沉淀,这种加盐使蛋白质沉淀析出的现象称为盐析。盐析法是分离制备蛋白质的常用方法,不同蛋白质盐析时所需的盐浓度不同,因此调节盐浓度可使混合蛋白质溶液中的几种蛋白质分段析出,这种方法称为分段盐析。但中性盐并不破坏蛋白质的分子结构和性质,因此,若除去或降低盐的浓度,蛋白质就会重新溶解。

(2)加有机溶剂(如乙醇、丙酮等)可使蛋白质沉淀,这是由于这些有机溶剂和水有较强的作用,破坏了蛋白质分子周围的水膜,因此发生沉淀。若及时将蛋白质沉淀与丙酮或乙醇分离,则蛋白质沉淀可重新溶解于水中。

(3)加重金属盐(如氯化汞、硝酸银、乙酸铅及三氯化铁等)可使蛋白质沉淀。因为蛋白质在碱性溶液中带负离子,可与这些重金属的正离子作用而生成不易溶解的盐而沉淀。

(4)加某些酸类(如苦味酸、鞣酸、三氯乙酸等),因为它们能和蛋白质化合成不溶解的蛋白质盐而沉淀。

用盐析法或低温下加入丙酮、乙醇使蛋白质沉淀,以及利用等电点的沉淀反应时,虽然蛋白质已经沉淀析出,然而其分子内部结构并没有发生明显的改变,仍保持原有的生物活性。如除去沉淀因素,蛋白质可重新溶解在原来的溶液中。因此,这种沉淀作用称为可逆沉淀作用。但如在温度较高的情况下加入有机溶剂来沉淀分离蛋白质,或已用有机溶剂沉淀分离得到的蛋白质没有及时与有机溶剂分开,都会引起蛋白质的性质发生改变。

2.蛋白质的颜色反应原理

蛋白质分子中的某些基团与显色剂作用,可产生特定的颜色反应,不同蛋白质所含氨基酸不完全相同,颜色反应也不同。颜色反应不是蛋白质的专一反应,一些非蛋白质也可产生相同的颜色反应,因此不能仅根据颜色反应的结果确定被测物是否是蛋白质。颜色反应是一些常用的蛋白质定量测定的依据。重要的颜色反应有以下几种。

(1)双缩脲反应:将尿素加热到180 ℃,则两分子尿素缩合而成一分子双缩脲,并放出一分子氨。

双缩脲在碱性溶液中能与硫酸铜反应产生红紫色配合物,此反应称为双缩脲反应。蛋白质分子中含有许多和双缩脲结构相似的肽键,因此也能起双缩脲反应,形成红紫色配合物。通常可用此反应来定性鉴定蛋白质,也可根据反应产生的颜色在540 nm 波长处比色,定量测定蛋白质。

(2) 蛋白质的黄色反应:这是含有芳香族氨基酸,特别是含有酪氨酸和色氨酸的蛋白质所特有的呈色反应。蛋白质溶液遇到硝酸后,先产生白色沉淀。加热后白色沉淀变成黄色,再加碱颜色加深呈橙黄色,这是因为硝酸将蛋白质分子中的苯环硝化,产生了黄色硝基苯衍生物。例如皮肤、指甲和毛发等遇到浓硝酸会变成黄色。

(3) 米隆反应:米隆试剂为硝酸汞、亚硝酸汞、硝酸和亚硝酸的混合物,蛋白质溶液加入米隆试剂后即产生白色沉淀,加热后沉淀变成红色。酚类化合物有此反应,酪氨酸含有酚基,故酪氨酸及含有酪氨酸的蛋白质都有此反应。

(4) 茚三酮反应:蛋白质与茚三酮共热,则产生蓝紫色的还原茚三酮、茚三酮和氨的缩合物。此反应为一切氨基酸所共有。含有氨基的其他物质也呈此反应。

(5) 乙醛酸反应:在蛋白质溶液中加入乙醛酸,并沿着管壁慢慢注入浓硫酸,在两液层之间就会出现紫色环,凡含有吲哚基的化合物都有这一反应。色氨酸及含有色氨酸的蛋白质有此反应,不含色氨酸的白明胶则无此反应。

(6) 坂口反应:精氨酸分子中含有胍基,能与次氯酸钠(或次溴酸钠)及 α-萘酚在氢氧化钠溶液中产生红色产物。此反应可以用来鉴定含有精氨酸的蛋白质,也可以用来定量测定精氨酸的含量。

(7) Folin-酚试剂(酚试剂、Folin 试剂)反应:蛋白质分子一般含有酪氨酸,而酪氨酸中的酚基能将 Folin 试剂中的磷钼酸及磷钨酸还原成蓝色化合物(即钼蓝和钨蓝的混合物)。这一反应可用来定量测定蛋白质含量。

三、试剂和仪器

(一) 蛋白质的沉淀反应

1. 试剂

(1) 蛋白质-氯化钠溶液:取 20 mL 卵清,加蒸馏水 200 mL 和饱和氯化钠溶液100 mL,充分搅匀后用纱布滤去不溶物(加氯化钠的目的是溶解球蛋白)。

(2) 蛋白质溶液:取 5 mL 卵清,用蒸馏水稀释至 100 mL,搅拌均匀后,用纱布过滤。

(3) 饱和硫酸铵溶液:称取硫酸铵 850 g,加入 1 000 mL 蒸馏水中,在 70~80 ℃下搅拌促溶,室温中放置过夜,瓶底析出白色结晶,上清液即为饱和硫酸铵溶液。

(4) 饱和苦味酸溶液:称取 2 g 苦味酸,放入锥形瓶中,加蒸馏水 100 mL,放入80℃水浴约 10 min 使之完全溶解,于室温下冷却后瓶底析出黄色结晶,上清液即为饱和苦味酸溶液,此溶液可存放数年。

(5) 1％乙酸溶液、1％乙酸铅溶液、1％硫酸铜溶液、1％三氯乙酸溶液。

(6) 0.5%磺基水杨酸溶液。

(7) 5%鞣酸溶液。

(8) 硫酸铵粉末。

2.仪器

试管、试管架、吸管、量筒、抽滤瓶、布氏漏斗。

(二)蛋白质的颜色反应

1.试剂

(1) 卵清蛋白液:将鸡(鸭)蛋白用蒸馏水稀释 20~40 倍,经 2~3 层纱布过滤,滤液冷藏备用。

(2) 0.5%苯酚溶液:取苯酚 0.5 mL,加蒸馏水稀释至 100 mL。

(3) 结晶尿素。

(4) 米隆试剂:将 40 g 汞溶于 60 mL 浓硝酸(相对密度为 1.42)中,水浴加热助溶,溶解后加 2 倍体积蒸馏水,混匀,静置澄清,取上清液备用。此试剂可长期保存。

(5) 0.1%茚三酮溶液:将 0.1 g 茚三酮溶于 95%乙醇中,并稀释至 100 mL。

(6) 浓硝酸:相对密度为 1.42。

(7) 1%硫酸铜溶液:1 g 硫酸铜溶于蒸馏水中,稀释至 100 mL。

(8) 10%NaOH 溶液。

(9) 白明胶。

2.仪器

试管、试管架、滴管、水浴锅、酒精灯或电炉、量筒、滤纸片、烘箱。

四、操作方法

1.蛋白质的沉淀反应

(1) 盐析作用:取 1 支试管,加入 3 mL 蛋白质-氯化钠溶液和 3 mL 饱和硫酸铵溶液,混匀,静置约 10 min,球蛋白沉淀析出。过滤后向滤液中加入硫酸铵粉末,边加边用玻棒搅拌,直至粉末不再溶解达到饱和状态为止,析出的沉淀为清蛋白,再加水稀释,观察沉淀是否溶解。

(2) 乙醇沉淀蛋白质:取 1 支试管,放入蛋白质溶液 1 mL,加晶体氯化钠少许(加速沉淀并使沉淀完全),待溶解后再加入 95%乙醇 2 mL,混匀,观察有无沉淀析出。

(3) 有机酸沉淀蛋白质:取 2 支试管,各加入蛋白质溶液约 0.5 mL,然后分别滴加 1%三氯乙酸溶液和 0.5%磺基水杨酸溶液数滴,观察蛋白质沉淀。

(4) 重金属盐沉淀蛋白质:取 2 支试管,各加蛋白质溶液 2 mL,1 支试管中滴加 1%乙酸铅溶液,另 1 支试管内滴加 1%硫酸铜溶液,观察蛋白质沉淀生成情况。

(5) 生物碱试剂沉淀蛋白质:取 2 支试管,各加蛋白质溶液 2 mL 及 1%乙酸溶液 4~5 滴,其中 1 个试管滴加 5%鞣酸溶液,另 1 支试管滴加饱和苦味酸溶液,观察沉淀的形成。

2. 蛋白质的颜色反应

(1) 双缩脲反应。

① 取少许结晶尿素放在干燥试管中,微火加热,尿素熔化并形成双缩脲,释放出的氨可用湿润的红色石蕊试纸检验,至试管内有白色固体出现,停止加热,冷却,然后加 10%NaOH 溶液 1 mL,混匀,观察有无紫色出现。

② 另取 1 支试管,加蛋白质溶液 10 滴,再加 10%NaOH 溶液 10 滴及 1%硫酸铜溶液 4 滴,混匀,观察是否出现紫玫瑰色。

注意事项:硫酸铜不能多加,否则将产生蓝色的 $Cu(OH)_2$ 沉淀。此外,在碱溶液中氨或铵盐与铜盐作用生成深蓝色的配合物($[Cu(NH_3)_4]^{2+}$),干扰此颜色反应的观察。

(2) 蛋白质的黄色反应:在 1 支试管内,加蛋白质溶液 10 滴及浓硝酸 3~4 滴,加热,冷却后再加 10%NaOH 溶液 5 滴,观察颜色变化。

(3) 米隆反应。

① 用苯酚做实验:取 0.5%苯酚溶液 1 mL,置于试管中,加米隆试剂约 0.5 mL(米隆试剂含有硝酸,如加入量过多,能使蛋白质呈黄色,加入量不超过试液体积的 1/4),小心加热,溶液即出现玫瑰红色。

② 用蛋白质溶液做实验:取 2 mL 蛋白质溶液,加 0.5 mL 米隆试剂,此时出现蛋白质的沉淀(因试剂含汞盐及硝酸),小心加热,凝固的蛋白质出现红色。

注意事项:蛋白质溶液中如含有大量无机盐,可与汞产生沉淀从而使试剂失去作用,因而不能测定尿中的蛋白质。另外,试液中还不能含有 H_2O_2、醇或碱,因为它们能使试剂中的汞变成氧化汞沉淀。有碱时必须先中和,但不能用盐酸中和。

(4) 茚三酮反应:取 1 mL 蛋白质溶液,置于试管中,加 2 滴茚三酮试剂,加热至沸,即有蓝紫色出现。(注意:此反应必须在 pH 值为 5~7 时进行。)

五、思考题

(1) 蛋白质分子中哪些基团可以与重金属离子作用使蛋白质沉淀?哪些基团与有机酸、无机酸作用使蛋白质沉淀?哪些基团与生物碱试剂作用使蛋白质沉淀?

(2) 为什么鸡卵清可用作铅、汞中毒的解毒剂?

(3) 能否用茚三酮反应可靠地鉴定蛋白质的存在?说明原因。

实验 20　蛋白质含量测定(一)
——微量凯氏定氮法

一、目的与要求

学习微量凯氏定氮法的原理,掌握微量凯氏定氮法的实验操作方法。

二、原理

生物材料中含有许多含氮有机物,如蛋白质、核酸、氨基酸等,故含氮量的测定在生物化学研究中具有重要的意义。测定了含氮量,就可以推知蛋白质的含量,还可以根据氮磷比值的高低检验核酸的纯度。含氮量的测定通常采用微量凯氏定氮法,它适合于测定 $0.2\sim2.0$ mg 的氮,具有测定准确度高、可测定各种不同形态样品两大优点,被公认为是测定食品、饲料、种子、生物制品和药品中蛋白质含量的标准分析方法。

有机物与浓硫酸共热,有机氮转变为无机氮(氨),氨与硫酸作用生成硫酸铵,后者与强碱作用释放出氨,借蒸汽将氨蒸至过量酸液中,根据此过量酸液被中和的程度,即可计算出样品的含氮量。以甘氨酸为例,反应式如下:

$$H_2NCH_2COOH + 3H_2SO_4 \longrightarrow 2CO_2 + 3SO_2 + 4H_2O + NH_3$$

$$2NH_3 + H_2SO_4 \longrightarrow (NH_4)_2SO_4$$

$$(NH_4)_2SO_4 + 2NaOH \longrightarrow 2NH_4OH + Na_2SO_4$$

$$NH_4OH \longrightarrow H_2O + NH_3$$

$$NH_3 + HCl \longrightarrow NH_4Cl$$

中和程度用滴定法来判断,分回滴法和直接法两种。

1. 回滴法

用过量的标准酸吸收氨,其剩余的酸可用 NaOH 标准溶液滴定,由标准酸量减去滴定所耗 NaOH 的量即为被吸收的氨的量。此法采用甲基红做指示剂。

2. 直接法

将硼酸作为氨的吸收溶液,结果使溶液中的氢离子浓度降低,混合指示剂(pH值为 $4.3\sim5.4$)由黑紫色变为绿色,再用盐酸来滴定,使硼酸恢复到原来的氢离子浓度为止,当指示剂变为淡紫色即达终点,此时所耗的 HCl 物质的量即为氨的物质的量。

$$NH_3 + H_3BO_4 \longrightarrow NH_4H_2BO_4$$

$$NH_4H_2BO_4 + HCl \longrightarrow NH_4Cl + H_3BO_4$$

为了加速消化,可加入硫酸铜做催化剂,硫酸钾或硫酸钠可提高溶液的沸点。此外,硒汞混合物或钼酸钠也可作为催化剂,且可缩短消化时间,H_2O_2 也可加速反应。

三、试剂与仪器

(一) 试剂

(1) 浓硫酸(98%,分析纯)。

(2) 硫酸钾和硫酸铜的混合物:硫酸钾和硫酸铜按 3∶1～4∶1(质量比)混匀,研成粉末。

（3）30％氢氧化钠溶液：30 g 氢氧化钠溶于蒸馏水，稀释至 100 mL。

（4）2％硼酸溶液：2 g 硼酸溶于蒸馏水，稀释至 100 mL。

（5）混合指示剂：称取 0.099 g 溴甲酚绿、0.066 g 甲基红，研碎后溶解于 95％乙醇中，并定容至 100 mL，即配制成混合指示剂。使用时，取 20 mL 混合指示剂加入 1 000 mL 2％硼酸溶液中，此溶液在 pH5.2 时显紫红色，pH5.6 时显绿色。

（6）0.01 mol/L 盐酸：用恒沸的盐酸准确稀释。

（7）待测样液：1 g 卵清蛋白溶于 0.9％ NaCl 溶液中，并稀释至 100 mL。如有不溶物，离心取上清液备用。

（二）仪器

微量凯氏定氮仪、移液管、滴定管、烧杯、量筒、锥形瓶、凯氏烧瓶、漏斗、电炉、通风橱、分析天平。

四、操作方法

1. 消化

取两个凯氏烧瓶并编号，一个加 5 mL 蒸馏水作为空白对照，另一个加 5 mL 样液。各加硫酸钾和硫酸铜混合物约 100 mg、浓硫酸 10 mL。烧瓶口插一漏斗（冷凝用），烧瓶置于通风橱内的消化架或电炉上加热消化。开始时应注意控制火力，以免瓶内液体冲至瓶颈。待瓶内水汽蒸完，硫酸开始分解生成 SO_2 白烟时，适当加强火力，直至消化液透明并呈淡绿色为止（2～3 h），用木夹取出，冷却，准备蒸馏。

2. 蒸馏

取 50～100 mL 锥形瓶 3 个，先按一般方法洗净，再用蒸汽洗涤数分钟，冷却。用移液管各加入 2％硼酸溶液 5.0 mL 和指示剂 4 滴。如瓶内液体呈葡萄紫色，可再加硼酸溶液 5.0 mL，盖好备用。如锥形瓶内液体呈绿色，需用蒸汽重新洗涤。

微量凯氏蒸馏装置（见图 5-1）实际上是一套蒸汽装置，蒸汽发生器内盛放有滴加数滴 H_2SO_4 的蒸馏水和数粒沸石。加热后，产生的蒸汽经储液管、反应室至冷凝管，冷凝后的液体流入接受瓶。每次使用前，需用蒸汽洗涤 10 min 左右（此时可用小烧杯盛接冷凝的水）。然后将一只盛有硼酸溶液和指示剂的锥形瓶放置在冷凝管下端，并使冷凝管的管口插入酸液面下，继续蒸馏 1～2 min，如硼酸溶液颜色不变，表明仪器已洗净，否则需再洗。移去酸液，蒸馏 1 min，用水冲洗冷凝管口，吸去反应室残液。

将消化好的消化液由小漏斗加入反应室，用蒸馏水洗涤凯氏烧瓶 2 次（每次约 2 mL），洗涤液均经小漏斗加入反应室，再在冷凝管下置一盛有硼酸溶液和指示剂的锥形瓶，并使冷凝管的管口插入酸液面下 0.5 cm 处（10 mL 酸液置于 50～100 mL 锥形瓶内，液体深度不大，可将锥形瓶斜放。冷凝管的管口必须插在液面下，但也不

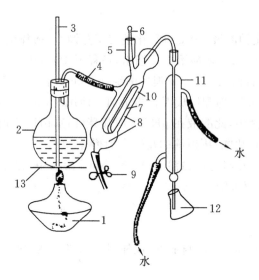

图 5-1　微量凯氏蒸馏装置示意图

1—热源；2—烧瓶；3—玻璃管；4—橡皮管；5—玻璃杯；6—棒状玻塞；7—反应室；
8—反应室外壳；9—夹子；10—反应室中插管；11—冷凝管；12—锥形瓶；13—石棉网

宜太深,这样,万一发生倒吸现象,硼酸溶液也不致被吸入反应室内)。

用小量筒取 10~15 mL 30% NaOH 溶液,倒入小漏斗,放松弹簧夹,让 NaOH 溶液缓缓流入反应室,当小漏斗内剩下少量 NaOH 溶液时,夹紧夹子,再加入约 3 mL 蒸馏水于小漏斗内,同样缓慢放入反应室,并留少量水在漏斗内做水封,即可蒸馏。

开始蒸馏后,即应注意硼酸溶液颜色变化。当酸液由葡萄紫色变成绿色后,再蒸馏约 3 min,然后降低锥形瓶,使冷凝管的管口离开酸液面约 1 cm,再蒸馏 1 min,用少量蒸馏水冲洗冷凝管的管口,移去锥形瓶,盖好,准备滴定。

3. 凯氏定氮仪的洗涤

每次使用凯氏定氮仪后必须先把反应室内的残液吸去,再洗净。如用煤气灯加热,熄灭煤气灯,还可用冷湿抹布包在蒸汽发生器外,降低烧瓶内的温度,使反应室内的残液倒吸至储液管内;用电炉加热时,即使切断电源,电炉余温仍较高,倒吸效果不好,为此在蒸汽发生器和储液管间加一个三通活塞,蒸馏时可使蒸汽发生器仅与储液管相通,蒸汽进入反应室。需倒吸时,转动三通活塞使蒸汽外逸(进入大气),不进入储液管,此时由于储液管温度突然下降,即可将反应室残液吸至储液管。

4. 滴定

用 0.01 mol/L 盐酸滴定锥形瓶中的硼酸溶液至浅葡萄紫色,记录所耗盐酸量。

五、结果

$$样品含氮量(mg/mL) = \frac{(A-B) \times M \times 14.008}{V}$$

$$样品中蛋白质含量(mg/mL) = \frac{(A-B) \times M \times 14.008 \times 6.25}{V}$$

式中:A 为滴定样品用去的盐酸体积,mL;B 为滴定空白用去的盐酸体积,mL;V 为相当于未稀释样品的体积,mL;M 为盐酸的浓度,mol/L;数值 14.008 为氮的相对原子质量;数值 6.25 为换算系数(16%的倒数)。

六、注意事项

(1) 必须仔细检查凯氏定氮仪的各连接处,保证不漏气。

(2) 凯氏定氮仪必须事先反复清洗,保证洁净。

(3) 小心加样,切勿使样品沾污口部、颈部。

(4) 消化时,须斜放凯氏烧瓶(45°左右)。火力先小后大,避免黑色消化物溅到瓶口、瓶颈壁上。

(5) 蒸馏时,小心加入消化液,加样时最好将火力拧小或撤去。蒸馏时,切忌火力不稳,否则将发生倒吸现象。

(6) 蒸馏后应及时清洗凯氏定氮仪。

七、思考题

(1) 如何证明蒸馏器已洗涤干净?

(2) 在实验中加入硫酸钾和硫酸铜混合物的作用是什么?

(3) 微量凯氏定氮法的测定结果通常会高于样品蛋白质的实际含量,为什么?

实验 21　蛋白质含量测定(二)

Ⅰ　双　缩　脲　法

一、目的与要求

学习双缩脲法测定蛋白质的原理和方法。

二、原理

具有两个或两个以上肽键的化合物皆有双缩脲反应。在碱性溶液中双缩脲与铜离子结合会形成复杂的紫红色复合物。蛋白质及多肽的肽键与双缩脲的结构类似,

也能与 Cu^{2+} 形成紫红色配合物(见图 5-2),其最大光吸收在 540 nm 波长处,其颜色深浅与蛋白质浓度成正比,而与蛋白质的相对分子质量和氨基酸的组成无关,该法测定蛋白质的浓度范围为 1～10 mg/mL。双缩脲法常用于蛋白质的快速测定,也可用于蛋白质水解过程中水解程度的检测。

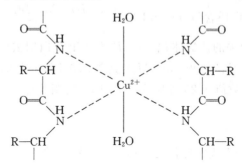

图 5-2　Cu^{2+} 与肽键形成的局部结构

三、试剂与仪器

(一) 试剂

1. 双缩脲试剂

取 1.5 g 硫酸铜($CuSO_4 \cdot 5H_2O$)和 6.0 g 酒石酸钾钠($NaKC_4H_4O_6 \cdot 4H_2O$),溶于 500 mL 蒸馏水中,边搅拌边加入 300 mL 10% NaOH 溶液(可另加 1 g KI 以防止 Cu^{2+} 自动还原成 Cu^+,生成 Cu_2O 沉淀),用水稀释至 1 000 mL。此试剂可长期保存。如果有黑色沉淀产生应重配。

2. 蛋白质标准溶液

10.0 mg/mL 结晶牛血清白蛋白溶液或相同浓度的酪蛋白溶液(用 0.05 mol/L 氢氧化钠溶液配制,配制过程中可适当加热助溶或放置过夜)。作为标准用的蛋白质要预先用微量凯氏定氮法测定蛋白质含量,确定纯度,根据纯度和体积称取相应质量配制成标准溶液。

3. 待测蛋白质溶液

可选用人血清(稀释 10 倍)或其他血清样品等。测试其他蛋白质样品时应适当稀释,使稀释后的浓度在标准曲线测试范围内。

(二) 仪器

试管(10 mL)、试管架、刻度吸量管、恒温水浴锅、可见光分光光度计。

四、操作方法

1.标准曲线的制作

取 12 支试管分成两组,按下表平行操作:

	试 管 号					
	0	1	2	3	4	5
蛋白质标准溶液体积/mL	0	0.2	0.4	0.6	0.8	1.0
蛋白质质量/mg	0	2.0	4.0	6.0	8.0	10.0
蒸馏水体积/mL	1.0	0.8	0.6	0.4	0.2	0.0
双缩脲试剂体积/mL	4.0	4.0	4.0	4.0	4.0	4.0
充分混匀后,室温下(20~25℃)放置 15 min						
A_{540}						

取两组测定的 A_{540} 值的平均值,以 A_{540} 为纵坐标,蛋白质质量为横坐标,绘制标准曲线。

2.样品测定

取 4 支试管分成两组,按下表平行操作:

	试 管 号	
	0	1
血清稀释液体积/mL	0	0.5
蒸馏水体积/mL	1.0	0.5
双缩脲试剂体积/mL	4.0	4.0
充分混匀后,室温下(20~25℃)放置 15 min		
A_{540}		

五、结果

取两组样品测定的平均值计算:

$$血清样品蛋白质含量(mg/mL) = \frac{Y \times N}{V}$$

$$固体样品蛋白质质量分数 = \frac{Y \times N}{m} \times 100\%$$

式中:Y 为根据样品的 A_{540} 平均值查得的蛋白质质量,mg;N 为样品的稀释倍数;V 为所取血清样品的体积,mL;m 为固体样品的质量,mg。

六、注意事项

(1)须于显色后 30 min 内比色测定,且各管由显色到比色的时间应尽可能一致,即先显色的管先测定 A_{540} 值。30 min 后可有雾状沉淀产生。

（2）样品中如果有大量脂肪性物质同时存在,会产生混浊的反应混合物,这时可用石油醚使溶液澄清后离心,取上清液测定。测定固体样品蛋白质质量分数时,样品经溶解、稀释后,应离心取上清液测定。

七、思考题

（1）干扰本实验的因素有哪些？

（2）本法能否用于含不溶性蛋白质样品的测定？

Ⅱ　考马斯亮蓝 G-250 法（Bradford 法）

一、目的与要求

掌握考马斯(Coomassie)亮蓝 G-250 法测定蛋白质浓度的原理和方法。

二、原理

考马斯亮蓝 G-250 是一种染料。考马斯亮蓝 G-250 在酸性溶液中为棕红色,当它与蛋白质通过范德华力结合后,变为蓝色,最大吸收峰(λ_{max})由 465 nm 变为 595 nm,在蛋白质浓度为 $0.01\sim1.0$ mg/mL 范围内,吸光度与蛋白质浓度符合比尔定律,故可在 595 nm 波长下比色测定。考马斯亮蓝 G-250 主要是与蛋白质中的碱性氨基酸(特别是精氨酸)和芳香族氨基酸残基相结合,考马斯亮蓝 G-250 的蛋白质复合物在 $2\sim5$ min 内即呈最大光吸收,颜色在 1 h 内保持稳定。考马斯亮蓝 G-250 法测定蛋白质含量具有简便快速、灵敏度高和干扰物质少等特点。

三、试剂与仪器

（一）试剂

（1）考马斯亮蓝试剂:考马斯亮蓝 G-250 100 mg 溶于 50 mL 95％乙醇中,加入 100 mL 85％磷酸溶液,用蒸馏水稀释至 1 000 mL。该试剂可保存数月,如果不用水稀释可长期保存,一般在使用前稀释。

（2）蛋白质标准溶液:用结晶牛血清蛋白配制蛋白质标准溶液。结晶牛血清蛋白经微量凯氏定氮法测定蛋白质含量后,根据其纯度用 0.15 mol/L NaCl 溶液配制成 1.0 mg/mL 牛血清蛋白溶液。

（3）待测蛋白质溶液:人血清,使用前用 0.15 mol/L NaCl 溶液稀释 200 倍,备用。

（二）仪器

试管(10 mL)、试管架、刻度吸量管、恒温水浴锅、可见光分光光度计。

四、操作方法

1.绘制标准曲线

取 7 支试管,按下表做平行实验:

	试　管　号						
	0	1	2	3	4	5	6
蛋白质标准溶液/mL	0.00	0.05	0.10	0.15	0.20	0.25	0.30
0.15 mol/L NaCl 溶液/mL	0.30	0.25	0.20	0.15	0.10	0.05	0.00
考马斯亮蓝试剂/mL	—	—	—	5	—	—	—
摇匀,5 min 后以 0 号管为空白对照,在 595 nm 波长处比色							
A_{595}							

以 A_{595} 为纵坐标,标准蛋白质质量为横坐标,在坐标纸上绘制标准曲线。

2.样品蛋白质浓度测定

取 0.3 mL 未知浓度的蛋白质溶液同上述测定。根据所测定的 A_{595} 值,在标准曲线上查出其相当于标准蛋白质的量,计算出未知样品的蛋白质浓度(mg/mL)。

五、结果

根据标准曲线查出(或计算)样品的蛋白质浓度。

六、注意事项

(1)在加入试剂后的 5~20 min 内测定吸光度,因为在这段时间内颜色是最稳定的。

(2)测定中,蛋白-染料复合物会有少部分吸附于比色皿壁,测定完后用乙醇将比色皿洗干净。

(3)由于各种蛋白质中的精氨酸和芳香族氨基酸的含量不同,因此考马斯亮蓝染色法用于不同蛋白质测定时有较大的偏差,在制作标准曲线时通常选用 G-球蛋白为标准蛋白质,以减少这方面的偏差。

(4)考马斯亮蓝 G-250 法测定蛋白质含量虽然干扰物质少,但仍有一些物质会干扰测定,主要的干扰物质有去污剂,如 Triton X-100、十二烷基硫酸钠(SDS)等。

七、思考题

(1)用考马斯亮蓝 G-250 法测定蛋白质含量时,应注意哪些事项?

(2)试比较考马斯亮蓝 G-250 法与其他几种常用的蛋白质测定方法的优、缺点。

Ⅲ　Folin 试剂法

一、目的与要求

掌握 Folin 试剂法测定蛋白质含量的原理和方法,熟悉分光光度计的操作方法。

二、原理

Folin 试剂法又称为 Lowry 法,包括两步反应:第一步是在碱性条件下,蛋白质与铜作用生成蛋白质-铜配合物;第二步是此配合物将磷钼酸-磷钨酸试剂(Folin 试剂)还原,产生深蓝色(磷钼蓝和磷钨蓝混合物),颜色深浅与蛋白质含量成正比。此法操作简便,灵敏度比双缩脲法高 100 倍,定量范围为 $5\sim100$ μg 蛋白质。Folin 试剂显色反应由酪氨酸、色氨酸和半胱氨酸引起,因此样品中若含有酚类、柠檬酸和巯基化合物均有干扰作用。此外,不同蛋白质因酪氨酸、色氨酸含量不同而使显色强度稍有不同。

三、试剂与仪器

(一) 试剂

(1) 0.5 mol/L NaOH 溶液。

(2) 0.02 mol/L 磷酸盐缓冲液(pH 值为 7.6)。

(3) 试剂甲(碱性铜试剂)。

① 称取 10 g Na_2CO_3、2 g NaOH 和 0.25 g 酒石酸钾钠,溶解后用蒸馏水定容至 500 mL。

② 称取 0.5 g $CuSO_4$ · $5H_2O$,溶解后用蒸馏水定容至 100 mL。

每次使用前将①液 50 份与②液 1 份混合,即为试剂甲,其有效期为 1 天,过期失效。

(4) 试剂乙(Folin 试剂):在 2 L 容积的磨口回流器中加入 100 g 钨酸钠(Na_2WO_4 · $2H_2O$)、25 g 钼酸钠(Na_2MoO_4 · $2H_2O$)和 700 mL 蒸馏水,再加 50 mL 85%磷酸溶液和 100 mL 浓盐酸充分混合,接上回流冷凝管,以小火回流 10 h。回流结束后,加入 150 g 硫酸锂和 50 mL 蒸馏水及数滴液体溴,开口继续沸腾 15 min,驱除过量的溴,冷却后溶液呈黄色(若仍呈绿色,须再滴加数滴液体溴,继续沸腾 15 min)。然后稀释至 1 L,过滤,滤液保存于棕色试剂瓶中。使用时大约加水 1 倍,使最终浓度相当于 1 mol/L 盐酸。

(二) 仪器

721 型分光光度计、离心机、分析天平、容量瓶(50 mL)、量筒、刻度吸量管

(1 mL、5 mL)。

四、操作方法

1. 标准曲线的绘制

(1) 取结晶酪蛋白,准确配制成 100 mL 1 mg/mL 母液。(准确称取 100 mg 结晶酪蛋白,用少量 0.5 mol/L NaOH 溶液润湿,加入少量的 0.02 mol/L 磷酸盐缓冲液(pH 值为 7.6),在沸水浴中保温,不断搅拌,待全部溶解后,用缓冲液定容至 100 mL。)

用上述母液稀释成浓度分别为 0.04 mg/mL、0.08 mg/mL、0.12 mg/mL、0.16 mg/mL、0.20 mg/mL 的系列标准溶液各 25 mL,用 0.5 mol/L NaOH 溶液稀释。

(2) 取 6 支试管,前 5 支分别准确取上述蛋白质系列标准溶液各 1 mL,第 6 支试管内用 1 mL 蒸馏水做对照,向各管内加入 5 mL 碱性铜试剂,室温下放置 10 min。再各加 0.5 mL Folin 试剂,立即混匀(这一步速度要快,否则会使显色程度减弱)。在 30℃ 恒温水浴中保温 15 min,以不含蛋白质的试管为对照,用 721 型分光光度计于 750 nm 波长下测定各管中溶液的吸光度值并记录结果。

(3) 以酪蛋白含量为横坐标,吸光度为纵坐标,绘制标准曲线。

2. 样品的提取及测定

(1) 准确称取绿豆芽下胚轴 1 g,放入研钵中,加蒸馏水 2 mL,研磨匀浆。将匀浆转入离心管,并用 6 mL 蒸馏水分次将研钵中的残渣洗入离心管,离心(4 000 r/min)20 min。将上清液转入 50 mL 容量瓶中,用蒸馏水定容,作为待测液备用。

(2) 取普通试管 2 支,各加入待测溶液 1 mL,再分别加入试剂甲 5 mL,混匀后放置 10 min,再各加入试剂乙 0.5 mL,迅速混匀,室温放置 30 min,于 750 nm 波长下测定吸光度,并记录结果。

五、结果

计算出两重复样品吸光度的平均值,从标准曲线中查出相对应的蛋白质含量 X(mg),再按下列公式计算样品中蛋白质的质量分数:

$$样品中蛋白质的质量分数 = \frac{X(mg) \times 10^{-3} \times 稀释倍数}{样品质量(g)} \times 100\%$$

六、注意事项

(1) 进行测定时,加 Folin 试剂要特别小心,因为 Folin 试剂仅在酸性条件下稳定,但此实验的反应是在 pH 值为 10 的情况下发生的,所以当加试剂乙(Folin 试剂)时,必须立即混匀,以便在磷钼酸-磷钨酸试剂被破坏之前即能发生还原反应,否则会使显色程度减弱。

(2) 本法也可用于游离酪氨酸和色氨酸含量的测定。

Ⅳ　BCA 法

一、目的与要求

学习和掌握 BCA(bicinchonininc acid)法测定蛋白质浓度的原理和方法。

二、原理

BCA 是由含二价铜离子的硫酸铜等与其他试剂组成的混合试剂,其工作液呈苹果绿色。在碱性条件下,BCA 与蛋白质结合时,蛋白质将 Cu^{2+} 还原为 Cu^+,一个 Cu^+ 螯合两个 BCA 分子,工作试剂由原来的苹果绿色变成紫色,最大光吸收强度与蛋白质浓度成正比。

三、试剂与仪器

(一)试剂

(1)试剂 A:1％BCA 二钠盐、2％无水碳酸钠、0.16％酒石酸钠、0.4％氢氧化钠、0.95％碳酸氢钠,混合,调 pH 值至 11.25。

(2)试剂 B:4％硫酸铜溶液。

(3)BCA 工作液:试剂 A 100 mL 和试剂 B 2 mL 混合。

(4)蛋白质标准溶液:用结晶牛血清蛋白根据其纯度用生理盐水配制成 1.5 mg/mL 的蛋白质标准溶液(纯度可经凯氏定氮法测定蛋白质含量而确定)。

(5)待测样品:血清 0.1 mL 用生理盐水稀释至 100 mL。

(二)仪器

722 型分光光度计、恒温水浴箱、试管、移液器、刻度吸量管(2 mL)。

四、操作方法

标准曲线的绘制:取试管 7 支,编号,按下表操作:

试　　剂	试　管　号						
	1	2	3	4	5	空白管	测定管
蛋白质标准溶液(1.5 mg/mL)/μL	20	40	60	80	100	—	—
双蒸水/μL	80	60	40	20	0	100	—
待测样品/μL							100
BCA 工作液/mL	2	2	2	2	2	2	2
摇匀,37℃下保温 30 min,在 562 nm 波长处比色,测定吸光度值							

五、结果

（1）绘制标准曲线。

（2）以测定管的吸光度值，从标准曲线查找出相应的浓度值，求出待测血清中蛋白质浓度（mg/mL）。

（3）再从标准管中选择一管与测定管吸光度相接近者，求出待测血清中蛋白质浓度（mg/mL）。

六、优点

（1）操作简单，快速，45 min 内完成测定，比经典的 Folin 试剂法快 4 倍且更加方便。

（2）准确灵敏，试剂稳定性好，BCA 试剂的蛋白质测定范围是 20～200 μg/mL，微量 BCA 测定范围在 0.5～10 μg/mL。

（3）经济实用，除试管外，测定可在微板孔中进行，大大节约样品和试剂用量。

（4）抗试剂干扰能力比较强，如去垢剂、尿素等均无影响。

V　紫外(UV)吸收测定法

一、目的与要求

（1）了解紫外吸收法测定蛋白质含量的原理。

（2）了解紫外分光光度计的构造和工作原理，掌握它的使用方法。

二、原理

由于蛋白质分子中酪氨酸和色氨酸残基的苯环含有共轭双键，因此蛋白质有吸收紫外线的性质，吸收峰在 280 nm 波长处。在此波长处，蛋白质溶液的吸光度值（A_{280}）与其含量成正比，可用于定量测定。

由于核酸在 280 nm 波长处也有光吸收，对蛋白质的测定有干扰作用，但核酸的最大吸收峰在260 nm 波长处，如同时测定 260 nm 波长处的光吸收，通过计算可消除其对蛋白质测定的影响。

利用紫外线吸收法测定蛋白质含量的优点是迅速、简便、不消耗样品、低浓度盐类不干扰测定。因此，在蛋白质和酶的生化制备中（特别是在柱层析分离中）广泛使用。此法的缺点：①对于测定那些与标准蛋白质中酪氨酸和色氨酸含量差异较大的蛋白质，有一定的误差；②若样品中含有嘌呤、嘧啶等吸收紫外线的物质，会出现较大的干扰。

不同的蛋白质和核酸的紫外线吸光度是不同的，即使经过校正，测定结果也会存在一定的误差。但是可作为初步定量的依据。

三、试剂与仪器

（一）试剂

（1）蛋白质标准溶液:准确称取标准蛋白质,配制成浓度为 1 mg/mL 的溶液。
（2）待测蛋白质溶液:配制成浓度约 1 mg/mL 的溶液。

（二）仪器

紫外分光光度计、试管、试管架、刻度吸量管。

四、操作方法

1. 标准曲线法

（1）标准曲线的绘制。

按下表分别向每支试管内加入各种试剂,摇匀。选用 1 cm 石英比色皿,在 280 nm 波长处分别测定各管溶液的 A_{280} 值。以 A_{280} 值为纵坐标,蛋白质浓度为横坐标,绘制标准曲线。

	试　管　号							
	1	2	3	4	5	6	7	8
蛋白质标准溶液体积/mL	0	0.5	1.0	1.5	2.0	2.5	3.0	4.0
蒸馏水体积/mL	4.0	3.5	3.0	2.5	2.0	1.5	1.0	0
蛋白质浓度/(mg/mL)	0	0.125	0.250	0.375	0.500	0.625	0.750	1.00
A_{280}								

（2）样品测定。

取待测蛋白质溶液 1 mL,加入蒸馏水 3 mL,摇匀,按上述方法在 280 nm 波长处测定吸光度值,并从标准曲线上查出待测蛋白质溶液的浓度。

2. 其他方法

（1）将待测蛋白质溶液适当稀释,在 260 nm 和 280 nm 波长处分别测定 A 值,然后利用 280 nm 及 260 nm 波长处的吸光度值的差,求出蛋白质浓度。

计算公式:　　　蛋白质浓度(mg/mL)$=1.45A_{280}-0.74A_{260}$

式中:A_{280} 和 A_{260} 分别为该溶液在 280 nm 和 260 nm 波长处测得的吸光度值。

此外,也可计算出 A_{280}/A_{260} 值后,从表 5-1 中查出校正因子(F)值,同时可查出样品中混杂的核酸的质量分数,将 F 值代入,再由下述经验公式直接计算出该溶液的蛋白质浓度:

$$蛋白质浓度(mg/mL)=F\times\frac{1}{d}\times A_{280}\times N$$

式中:A_{280} 为该溶液在 280 nm 波长处测得的吸光度值;d 为石英比色皿的厚度;N 为

溶液的稀释倍数。

表 5-1　紫外吸收法测定蛋白质含量的校正因子

A_{280}/A_{260}	核酸质量分数/(%)	校正因子(F)	A_{280}/A_{260}	核酸质量分数/(%)	校正因子(F)
1.75	0.00	1.116	0.846	5.50	0.656
1.63	0.25	1.081	0.822	6.00	0.632
1.52	0.50	1.054	0.804	6.50	0.627
1.40	0.75	1.023	0.784	7.00	0.585
1.36	1.00	0.994	0.767	7.50	0.565
1.30	1.25	0.970	0.753	8.00	0.545
1.25	1.50	0.944	0.730	9.00	0.508
1.16	2.00	0.899	0.705	10.00	0.478
1.09	2.50	0.852	0.671	12.00	0.422
1.03	3.00	0.814	0.644	14.00	0.377
0.979	3.50	0.776	0.615	17.00	0.322
0.939	4.00	0.743	0.595	20.00	0.278
0.874	5.00	0.682	—	—	—

注：一般纯蛋白质的吸光度比值（A_{280}/A_{260}）约为 1.8，而纯核酸的比值约为 0.5。

（2）对于稀蛋白质溶液，还可用 215 nm 和 255 nm 波长处的吸光度差来测定浓度。从吸光度差 ΔA 与蛋白质含量的标准曲线即可求出浓度。

吸光度差：
$$\Delta A = A_{215} - A_{225}$$

式中：A_{215} 和 A_{225} 分别为蛋白质溶液在 215 nm 和 225 nm 波长处测得的吸光度值。

此法在蛋白质含量为 20～100 $\mu g/mL$ 的范围内，是服从比尔定律的。氯化钠、硫酸铵以及 0.1 mol/L 磷酸、硼酸和三羟甲基氨基甲烷等缓冲液都无显著干扰作用。但是，0.1 mol/L 乙酸、琥珀酸、邻苯二甲酸以及巴比妥等缓冲液在 215 nm 波长处的吸收较大，不能应用，必须降至 0.015 mol/L 才无显著影响。由于蛋白质的紫外吸收峰常因 pH 值的改变而有变化，故应用紫外吸收法时要注意溶液的 pH 值，最好与标准曲线测定的 pH 值一致。

（3）如果已知某一蛋白质在 280 nm 波长处的百分吸收系数 $A_{1cm}^{1\%}$（浓度为 1% 的溶液在 1 cm 光程中的吸光度值），则取该蛋白质溶液于 280 nm 波长处测定其吸光度值，便可直接求出蛋白质的浓度。

五、思考题

（1）本法与其他测定蛋白质含量的方法相比，有哪些优点？

（2）若样品中含有干扰测定的杂质，应该如何校正实验结果？

实验 22　酪蛋白的制备

一、目的与要求

学习从牛乳制备酪蛋白的原理和方法。

二、原理

酪蛋白是牛乳中的主要蛋白质,含量约为 35 mg/mL。酪蛋白是一些含磷蛋白质的混合物,其等电点为 4.7。利用等电点时溶解度最低的原理,可将牛乳的 pH 值调至 4.7,使酪蛋白沉淀出来。酪蛋白不溶于乙醇、乙醚,因此可用乙醇、乙醚洗涤沉淀物,除去脂类等杂质后,便可得到纯的酪蛋白。

三、试剂与仪器

(一) 材料与试剂

(1) 牛奶 100 mL。

(2) 95% 乙醇 40 mL。

(3) 无水乙醚 40 mL。

(4) 乙醇-乙醚混合液 40 mL(乙醇与乙醚体积比为 1∶1)。

(5) 0.2 mol/L pH 值为 4.6 的乙酸缓冲液 100 mL:取 0.2 mol/L 乙酸钠溶液 147 mL 与 0.2 mol/L 乙酸溶液(将冰乙酸 2.34 mL 定容至 200 mL)153 mL 混合即得。

(二) 仪器

离心机或滤布、抽滤装置,电炉,温度计,精密 pH 试纸或 pH 计,烧杯。

四、操作方法

(1) 将 100 mL 牛奶和 100 mL pH 值为 4.6 的乙酸缓冲液加热至 40～45 ℃,在搅拌下将乙酸缓冲液加至牛奶中,直到 pH 值达到 4.7,可用精密 pH 试纸或 pH 计检查,此过程中应保持温度在 40～45 ℃。

将上述悬浊液冷却至室温。用滤布过滤或离心(3 000 r/min)15 min;弃去上清液,得酪蛋白粗制品。

(2) 用少量水(约 10 mL)洗涤沉淀 3 次,用滤布过滤或离心(3 000 r/min)10 min,尽量将水挤干。

(3) 在沉淀中加入 30 mL 乙醇,搅拌片刻,将全部悬浊液转移至布氏漏斗中抽滤;用乙醇-乙醚混合液洗涤沉淀 2 次,然后用乙醚洗涤沉淀 2 次(每次加洗涤液 10～20 mL,加洗涤液时将抽气系统断开),抽干。

(4) 将沉淀摊开在表面皿上,风干后得酪蛋白纯品。准确称重,计算含量和获得率。

五、结果

以 35 mg/mL 为理论含量计算酪蛋白的获得率。

$$获得率=\frac{制备含量}{理论含量}\times100\%$$

六、思考题

(1) 操作方法的第(2)步中能否用大量的水洗涤? 为什么?

(2) 用乙醇、乙醇-乙醚混合液及乙醚洗涤的目的是什么? 能否颠倒顺序?

实验 23　凝胶层析法分离蛋白质

一、目的与要求

(1) 了解生物化学领域中凝胶层析法分离纯化生物大分子的原理。

(2) 通过血红蛋白脱盐实验,初步掌握凝胶层析技术,并进一步掌握离子交换柱层析、亲和层析及吸附层析等其他分离纯化的方法。

二、原理

凝胶层析又称凝胶排阻层析、凝胶过滤、分子筛层析和凝胶渗透层析,是一种按分子大小分离物质的层析方法,广泛应用于蛋白质、核酸、多糖等生物大分子的分离和纯化。该方法是把样品加到充满凝胶颗粒的层析柱中,然后用缓冲液洗脱。大分子无法进入凝胶颗粒中的固定相中,只能存在于凝胶颗粒之间的流动相中,因而以较快的速度流出层析柱,而小分子则能自由出入凝胶颗粒中,并很快在流动相和固定相之间形成动态平衡,因此就要花费较长的时间流经柱床,从而使不同大小的分子得以分离。

凝胶层析所用的基质是具有立体网状结构、筛孔直径一致,且呈珠状的颗粒物质。这种物质可以完全或部分排阻某些大分子化合物于筛孔之外,而对某些小分子化合物则不能排阻,但可让其在筛孔中自由扩散、渗透。

凝胶过滤不仅常用于物质的分离,还可以根据需要用某种试剂非常方便地处理某种物质,当该物质流经试剂区带时,因为可连续接触新鲜试剂,因而可以充分发生反应,最后经过洗脱,再与过量的试剂分开。本实验就是通过凝胶过滤,用还原剂

$FeSO_4$ 处理血红蛋白。即首先在层析柱中加入含有还原剂的溶液,使之形成一个还原区带,当血红蛋白样品(血红蛋白与铁氰化钾的混合液)流经还原区带时,褐色的高铁血红蛋白立即生成紫色的还原型血红蛋白,随着还原型血红蛋白继续下移,与缓冲液中的氧分子结合又形成了鲜红的血红蛋白。铁氰化钾则因相对分子质量小,在层析柱中呈现其本来的黄色带而远远地落在血红蛋白的后边。

　　本实验操作简便,直观性强,趣味性浓,通过肉眼观察即可检验分离效果。

三、试剂与仪器

(一) 试剂

　　(1) 20 mmol/L 磷酸氢二钠溶液和 20 mmol/L 磷酸二氢钠溶液。

　　(2) pH 值为 7.0 的 20 mmol/L 磷酸盐缓冲液:将(1)中两溶液按 61：29 的体积比混合。

　　(3) 40 mmol/L $FeSO_4$ 溶液(用时现配)。

　　(4) 0.2 mol/L Na_2HPO_4、80 mmol/L Na_2EDTA 混合溶液。

　　(5) 抗凝血(哺乳动物血样,以 1：6(体积比)的比例加入 2.5% 柠檬酸钠溶液,置于 4 ℃ 冰箱中保存。储存期以不超过 3 个月为宜)。

　　(6) 葡聚糖凝胶:Sephadex G-25。

　　(7) 固体铁氰化钾。

(二) 仪器

　　层析柱(ϕ10 mm×200 mm)、恒流泵(500 mL、250 mL)、试剂瓶(50 mL)、烧杯、医用镊子、刻度吸量管(5 mL)、圆形滤纸。

四、操作方法

　　1. 葡聚糖凝胶的预处理

　　取 3 g 葡聚糖凝胶(Sephadex G-25)干粉,浸泡于 50 mL 蒸馏水中充分溶胀(室温,12 h),然后反复倾斜除去表面的悬浮微粒,再加入 pH 值为 7.0 的磷酸盐缓冲液,置于沸水浴中 2~3 h 去除颗粒内部空气,最后加入 pH 值为 7.0 的磷酸盐缓冲液浸泡过夜备用。

　　2. 装柱

　　(1) 将层析柱垂直固定在铁架台上,注意上下不要颠倒。

　　(2) 将层析柱下端的止水螺丝旋紧,向柱中加入 1~2 cm 高的缓冲液,把溶胀好的糊状凝胶边搅拌边倒入柱中,最好一次连续装完。若分次装入,需用玻棒轻轻搅动柱床上层凝胶,以免出现界面。装柱长度至少 8 cm,自然沉降 20 min,最后放入略小于层析柱内径的圆形滤纸,以防止将来加样时凝胶被冲起。

3.平衡

以恒流泵控制流速为每 5 s 1 滴,用磷酸盐缓冲液洗脱平衡 10 min。注意在任何时候不要使液面低于凝胶表面,否则可能有气泡混入,影响液体在柱内的流动与最终生物大分子物质的分离效果。

4.血红蛋白样品的制备

取 1 mL 抗凝血于烧杯中,加入 10 mL pH 值为 7.0 的 20 mmol/L 磷酸盐缓冲液,再加入固体铁氰化钾,使浓度达到 5 mg/mL。

5.层析柱还原层的形成

取 1 mL 40 mmol/L $FeSO_4$ 溶液于小烧杯中,加入 1 mL 0.2 mol/L Na_2HPO_4、80 mmol/L Na_2EDTA 混合溶液搅拌均匀。待层析柱上缓冲液几乎全部进入凝胶时,速取该混合溶液 0.4 mL 加入层析柱中,待混合溶液完全进入柱床后加入0.7 mL 缓冲液(还原剂的混合溶液要新鲜配制,应尽可能缩短在空气中暴露的时间)。

6.上样

将柱中多余的液体从底部放出后关闭止水螺钉,取前面制备好的血红蛋白样品 0.5 mL,将样品溶液小心加到凝胶柱上,打开止水螺钉,使样品溶液流入柱内。

7.洗脱

用缓冲液进行洗脱,控制缓冲液以约每 5 s 1 滴的流速洗脱,观察并记录实验现象。

8.清洗

待所有色带流出层析柱后,加快流速,继续清洗层析柱 2 min。回收凝胶,以备再用。

五、思考题

(1)在向凝胶柱加入样品时,为什么必须保持胶面平整? 上样体积为什么不能太大?

(2)为什么在洗脱样品时,流速不能太快或者太慢?

(3)某样品中含有 1 mg A 蛋白(相对分子质量为 10 000)、1 mg B 蛋白(相对分子质量为30 000)、4 mg C 蛋白(相对分子质量为 60 000)、1 mg D 蛋白(相对分子质量为 90 000)和 1 mg E 蛋白(相对分子质量为 120 000),采用 Sephadex G-75(排阻范围为 3 000~70 000)凝胶柱层析,请指出各蛋白的洗脱顺序。

实验 24　血红蛋白的凝胶过滤

一、目的与要求

学习并掌握凝胶过滤的基本操作技术、分离原理及其应用。

二、原理

凝胶过滤（gelf iltration）色谱，又称为分子筛色谱（molecular sieve chromatography)或排阻色谱(exclusion chromatography)。凝胶过滤色谱所用的介质载体由具有一定孔径的多孔亲水性凝胶颗粒组成。当分子大小不同的混合物通过这种凝胶柱时，如图 5-3 所示，直径大于孔径的分子将不能进入凝胶内部，直接沿凝胶颗粒的间隙流出，称为全排出。较小的分子则容纳在它的空隙内，自由出入，从而在柱内保留时间较长。这样，较大的分子先被洗脱下来，而较小的分子后被洗脱下来，从而达到相互分离的目的。

洗脱时峰的位置和该物质相对分子质量有直接的定量关系。在一根凝胶柱中，颗粒间自由空间所含溶液的体积称为外水体积(V_o)，不能进入凝胶孔径的那些大分子，当洗脱体积为 V_o 时，出现洗脱峰。凝胶颗粒内部孔穴的总体积称为内水体积(V_i)，能全部透入凝胶的那些小分子，当洗脱体积为 V_o+V_i 时出现洗脱峰，位于其间的分子将在洗脱体积为 V_o+V_e 时，出现洗脱峰(见图 5-4)。

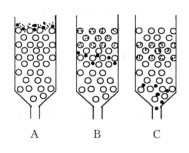

图 5-3　凝胶色谱原理

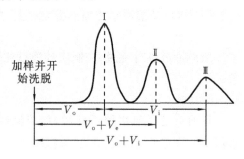

图 5-4　凝胶色谱中洗脱的三种峰

分子筛分配系数 $K=V_e/V_i$，对于球形大分子，洗脱体积(V_o+V_e)与相对分子质量(M_r)相关，$K=-blgM_r+c$，对特定的柱来讲，当洗脱条件相同时，b、c 及 V_i 都为常数，即 V_e 与 K 相关，所以洗脱体积与被分离物质的相对分子质量(M_r)的对数之间呈线性关系，该柱的相对分子质量标准曲线可用已知相对分子质量的一些蛋白质测出。这就是凝胶过滤分离大分子及用于测定蛋白质相对分子质量的原理。凝胶过滤既可用于分离大分子，又可用于样品的脱盐操作。

本实验利用凝胶过滤的特点，用葡聚糖凝胶(dextran gel，商品名 Sephadex)对血红蛋白与硫酸铜混合液进行分离。混合液中血红蛋白(呈红色)相对分子质量大，不能进入凝胶颗粒中的静止相，只能留在凝胶颗粒之间的流动相中，因而以较快的速度流过层析柱；硫酸铜(呈蓝绿色)相对分子质量小，能自由地出入凝胶颗粒，因而通过凝胶床的速度较慢。因此，对混合液进行洗脱时，红色的血红蛋白色带在前，而蓝绿色的硫酸铜色带则远远地落在后边，形成鲜明的两条色带，从而可形象、直观地观察到凝胶过滤的分离效果。

由于凝胶过滤具有设备简单、操作条件温和、分离效果好、重现性强、凝胶柱可反复使用等优点,所以被广泛地使用于蛋白质等大分子的分离纯化、相对分子质量测定、浓缩、脱盐等操作中。

三、试剂与仪器

(一)试剂

(1)葡聚糖凝胶:Sephadex G-25。

(2)铜盐溶液:取 3.73 g $CuSO_4 \cdot 5H_2O$,溶于 10 mL 热的蒸馏水中,冷却后稀释至 15 mL;另取柠檬酸钠 17.3 g 和 $Na_2CO_3 \cdot 2H_2O$ 10 g,溶于 60 mL 热蒸馏水中,冷却后稀释至 85 mL,最后把硫酸铜溶液慢慢倒入柠檬酸钠-碳酸钠溶液中,混匀,若有沉淀,则过滤除去。

(3)洗脱液:蒸馏水。

(4)抗凝血试剂(10~20 mL)。

(二)仪器

层析柱(ϕ10 mm×150 mm)、真空泵、真空干燥器、抽滤瓶、铁架台及固定夹、恒流泵、刻度吸量管、胶头滴管等。

四、操作方法

1. 凝胶溶胀

取 5 g Sephadex G-25,加 200 mL 蒸馏水充分溶胀(在室温下约需 6 h 或在沸水浴中溶胀 5 h)。待溶胀平衡后,用倾泻法除去细小颗粒,在真空干燥器中减压除气,准备装柱。

2. 装柱

将层析柱垂直固定,旋紧柱下端的螺旋夹,把处理好的凝胶连同适当体积的蒸馏水用玻棒搅匀,然后边搅拌边倒入柱中。最好一次连续装完所需的凝胶,若分次装入,需用玻棒轻轻搅动柱床上层凝胶,以免出现界面而影响分离效果。装柱后形成的凝胶床至少长 8 cm,最后放入略小于层析柱内径的滤纸片保护凝胶床面。注意:整个操作过程中凝胶必须处于溶液中,不得暴露于空气中,否则将出现气泡和断层。

3. 平衡

用蒸馏水洗脱,调整流量,使胶床表面保持 2 cm 液层,平衡 20 min。

4. 样品制备

取 2 mL 抗凝血试剂放入试管中,加入等体积的铜盐溶液,混匀待用。

5. 上样

当胶床表面仅留约 1 mm 液层时,吸取 0.5 mL 血红蛋白与铜盐混合样品溶液,小心地注入层析柱胶床面中央,注意切勿冲动胶床,慢慢打开螺旋夹,待大部分样品进入胶床,且床面上仅有 1 mm 液层时,用胶头滴管加入少量蒸馏水,使剩余样品进入胶床,然后再用胶头滴管小心加入 3~5 cm 高的洗脱蒸馏水。

6.洗脱

继续用蒸馏水洗脱,调整流速,使上下流速同步保持每分钟约 6 滴,观察并记录实验现象。最后用洗脱液把柱内有色物质洗脱干净,保留凝胶柱重复使用或回收凝胶。

五、结果

描述并解释实验现象,讨论凝胶过滤的效果。

六、思考题

(1) 凝胶过滤又称为分子筛,大小不同的分子经过凝胶过滤被洗脱出来的次序与一般普通过滤有什么不同? 为什么?

(2) 凝胶过滤在生物化学实验研究中有哪些用途?

实验 25　蛋白质相对分子质量的测定
——SDS-聚丙烯酰胺凝胶电泳法

一、目的与要求

学习 SDS-聚丙烯酰胺凝胶电泳技术,并用于蛋白质相对分子质量的测定。

二、原理

蛋白质在聚丙烯酰胺凝胶中电泳时,它的迁移率取决于它所带的净电荷以及分子的大小和形状等因素。1967 年 Shapiro 等人发现,如果在聚丙烯酰胺凝胶系统中加入十二烷基硫酸钠(SDS),则蛋白质分子的电泳迁移率主要取决于它的相对分子质量(M_r),而与所带电荷及分子形状无关。在一定条件下,蛋白质的相对分子质量与电泳迁移率间的关系可用下式表示:

$$M_r = K \times 10^{-bm}$$
$$\lg M_r = \lg K - bm = K_1 - bm$$

式中:M_r 为蛋白质的相对分子质量;K、K_1 为常数;b 为斜率;m 为电泳迁移率。

因此,要测定某蛋白质的相对分子质量,只需比较它和一系列已知相对分子质量的蛋白质在 SDS-聚丙烯酰胺凝胶电泳时的迁移率就可以了。后来,Weber 等人按 Shapiro 的方法对近 40 种蛋白质进行了研究,实验证明,在相对分子质量为 1.5 万~20 万时,电泳迁移率与相对分子质量的对数呈线性关系。使用此法与用其他方法测得的相对分子质量相比,误差一般在 10% 以内,进一步证明了这个方法的可行性。SDS-聚丙烯酰胺凝胶电泳测定相对分子质量的方法,不仅对球蛋白效果好,对某些高螺旋构型的杆状分子,如肌球蛋白、副肌球蛋白、原球蛋白等进行测定,也得到较好的结果。

用 SDS-聚丙烯酰胺凝胶电泳法测定蛋白质相对分子质量的原理:SDS 是一种阴离子表面活性剂,在蛋白质溶液里加入 SDS 和巯基乙醇后,巯基乙醇能使蛋白质分子中的二硫键还原;SDS 能使蛋白质分子中的氢键、疏水键打开并结合到蛋白质分子上,形成蛋白质-SDS 复合物。在一定条件下,SDS 与大多数蛋白质的结合比例为 1.4 g:1 g。由于十二烷基硫酸根带负电荷,使各种蛋白质-SDS 复合物都带上相同密度的负电荷,它大大超过了蛋白质原有的电荷量,因而掩盖了不同种类蛋白质间原有的电荷差别。SDS 与蛋白质结合后,还引起了蛋白质构象的改变,蛋白质-SDS 复合物的流体力学和光学性质表明,它们在水溶液中的形状,近似于雪茄烟形的长椭圆棒,不同蛋白质-SDS 复合物的短轴长度都一样,约为 1.8 nm,而长轴长度则与蛋白质的相对分子质量成正比。基于上述原因,蛋白质-SDS 复合物在凝胶电泳中的迁移率不再受蛋白质原有电荷及分子形状的影响,而只是“椭圆棒”的长度(即蛋白质相对分子质量)的函数。

用 SDS-聚丙烯酰胺凝胶电泳法测定蛋白质的相对分子质量,具有设备简单、操作方便、样品用量少、耗时少、分辨率高、重复性好等优点,因此得到广泛应用和迅速发展。

SDS-聚丙烯酰胺凝胶电泳分为连续体系和不连续体系两种,这两种体系有各自的样品溶解液及缓冲液,但加样方式、电泳过程及固定、染色与脱色方法完全相同。SDS-聚丙烯酰胺凝胶电泳可采用垂直柱型,也可采用垂直板型。垂直板型电泳操作方便,样品泳动的起点一致,便于对样品的分离情况进行比较;垂直柱型电泳加样量较大,对于纯化样品和鉴定样品纯度较为方便。

三、试剂与仪器

(一)试剂

1.连续体系 SDS-PAGE 有关试剂

(1) 0.2 mol/L pH 值为 7.2 的磷酸盐缓冲液:称取 25.63 g 分析纯磷酸氢二钠 ($Na_2HPO_4 \cdot 2H_2O$)(或 51.58 g $Na_2HPO_4 \cdot 12H_2O$)和 7.73 g 分析纯磷酸二氢钠 ($NaH_2PO_4 \cdot H_2O$)(或 8.74 g $NaH_2PO_4 \cdot 2H_2O$),溶于双蒸水中,定容至 1 000 mL。

(2) 样品溶解液:按表 5-2 所示配制而成,终溶液中含有 1%SDS、1%巯基乙醇、10%甘油及 0.02%溴酚蓝。样品溶解液主要用于溶解蛋白质标准物和待测固体蛋白质样品。

表 5-2 连续体系样品溶解液的配制

SDS	巯基乙醇	甘油	溴酚蓝	0.2 mol/L pH 值为 7.2 的磷酸盐缓冲液	总体积(加双蒸水)
100 mg	0.1 mL	1 mL	2 mg	0.5 mL	10 mL

样品如果是液体,则应该使用 2 倍浓度的样品溶解液,然后与液体样品等体积混合。

(3) 凝胶储液:称取 30 g 丙烯酰胺(Acr)和 0.8 g 甲叉双丙烯酰胺(Bis),加双蒸水至 100 mL,过滤后置于棕色瓶内,于 4℃下储存,可用 1～2 个月。

(4) 凝胶缓冲液:称取 0.2 g SDS,加入 0.2 mol/L pH 值为 7.2 的磷酸盐缓冲液至 100 mL,于 4℃下储存,使用前稍加热使 SDS 溶解。

(5) 1%N,N,N′,N′-四甲基乙二胺(TEMED)溶液:取 TEMED 1 mL,加双蒸水至 100 mL,置于棕色瓶内,于 4℃下储存。

(6) 10%过硫酸铵(AP)溶液:称取 1 g AP,加双蒸水至 10 mL,使之溶解,置于棕色瓶内,于 4℃下储存(此液应每周新配)。

(7) 电极缓冲液(0.1%SDS 与 0.1 mol/L pH 值为 7.2 的磷酸盐缓冲液):称取 1 g SDS,加入 500 mL 0.2 mol/L pH 值为 7.2 的磷酸盐缓冲液,再用蒸馏水定容至 1 000 mL。

(8) 1%琼脂(糖):称取 1 g 琼脂(糖),加入 100 mL 上述电极缓冲液中,使其溶解,于 4℃下储存。

2. 不连续体系 SDS-PAGE 有关试剂

(1) 100 g/L SDS 溶液:称取 5 g SDS,加双蒸水至 50 mL,微热使其溶解,置于试剂瓶内,于 4 ℃下储存。SDS 在低温下易析出结晶,使用前应微热使其完全溶解。

(2) 1%(体积分数)TEMED 溶液:量取 1 mL TEMED,加双蒸水稀释至 100 mL,置于棕色瓶内,于 4 ℃下储存。

(3) 100 g/L AP 溶液:称取 1 g AP,加双蒸水溶解至 10 mL。最好临用前配制。

(4) 样品溶解液(内含 2% SDS、5%巯基乙醇、40%蔗糖(或 10%甘油)、0.02%溴酚蓝的 0.01 mol/L pH 值为 8.0 的 Tris-HCl 缓冲液)。先配制 0.05 mol/L pH 值为 8.0 的 Tris-HCl 缓冲液:称取 0.6 g Tris,加入 50 mL 双蒸水,再加入约 3 mL 1 mol/L 盐酸,调整 pH 值至 8.0,最后用双蒸水定容至 100 mL。

再按表 5-3 添加各组分。

表 5-3 不连续体系样品溶解液的配制

SDS	巯基乙醇	蔗糖	溴酚蓝	0.05 mol/L Tris-HCl 缓冲液	总体积(加双蒸水)
200 mg	0.5 mL	4 g	2 mg	2 mL	10 mL

(5) 凝胶储液。① 30%分离胶储液:配制方法与连续体系相同,称取 30 g Acr

及 0.8 g Bis,溶于双蒸水中,定容至 100 mL,过滤后置于棕色瓶内,于 4℃下储存;
② 10%浓缩胶储液:称取 10 g Acr 及 0.5 g Bis,溶于双蒸水中,最后定容至 100 mL,
过滤后置于棕色瓶中,于 4℃下储存。

(6)凝胶缓冲液。① 分离胶缓冲液(3.0 mol/L pH 值为 8.9 的 Tris-HCl 缓冲
液):称取 36.3 g Tris,加少许双蒸水使其溶解,再加 1 mol/L 盐酸约 48 mL,调整
pH 值至 8.9,最后用双蒸水定容至 100 mL,于 4℃下储存;② 浓缩胶缓冲液(0.5
mol/L pH 值为 6.7 的 Tris-HCl 缓冲液):称取 6.0 g Tris,加少许双蒸水使其溶解,
再加 1 mol/L 盐酸约 48 mL,调整 pH 值至 6.7,最后用双蒸水定容至 100 mL,于
4℃下储存。

(7)电极缓冲液(内含 0.1% SDS 的 pH 值为 8.3 的 Tris(0.05 mol/L)-甘氨酸
(0.384 mol/L)缓冲液):称取 6.0 g Tris 和 28.8 g 甘氨酸,加入 10 mL 10% SDS 溶
液,再加蒸馏水使其溶解,最后定容至 1 000 mL。

(8)1%琼脂(糖)溶液:称取 1 g 琼脂(糖),加 100 mL 电极缓冲液,加热使其溶
解,于 4℃下储存备用。

3.固定液

取 454 mL 50%甲醇溶液和 46 mL 冰乙酸,混匀。

4.染色液

称取 0.125 g 考马斯亮蓝 G-250,加 250 mL 上述固定液,过滤后备用。

5.脱色液

取 75 mL 冰乙酸和 50 mL 甲醇,加蒸馏水定容至 1 000 mL。

(二)仪器

夹心式垂直板电泳槽、直流稳压电源(电压 300～600 V,电流 50～100 mA)、刻
度吸量管(1 mL、5 mL、10 mL)、烧杯(25 mL、50 mL、100 mL)、细长头滴管、1 mL 注
射器及 6 号长针头、微量注射器(10 μL 或 50 μL)、水泵或油泵、真空干燥器。

四、操作方法

(一)安装夹心式垂直板电泳槽

夹心式垂直板电泳槽操作简单,不易渗漏,其装置如图 5-5 所示。这种电泳槽两
侧为有机玻璃制成的电极槽,两个电极中间夹有一个凝胶模,该凝胶模由凹形硅胶
框、长玻璃板、短玻璃板及样品槽模板(梳子)组成。电泳槽由上储槽(白金电极在上
或面对短玻璃板)、下储槽(白金电极在下或面对长玻璃板)及回纹状冷凝管组成。两
个电极槽与凝胶模间靠螺丝固定,各部分依下列顺序组装:

(1)装上储槽和固定螺丝销钉,仰放在桌面上。

(2)将长、短玻璃板分别插到硅胶框的凹形槽中。注意勿用手接触灌胶面,以保

持玻璃洁净。

（3）将已插好玻璃板的凝胶模平放在储槽上,短玻璃板应面对上储槽。

（4）将下储槽的销孔对准已装好螺丝销钉的上储槽,双手以对角线的方式旋紧螺丝帽。竖置电泳槽,用细长头滴管吸取已熔化的1％琼脂(糖)溶液,封住长玻璃板下端与硅胶模间的缝隙。加琼脂(糖)溶液时,应防止气泡进入。琼脂(糖)溶液用连续体系或不连续体系电极缓冲液配制。

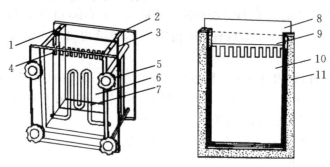

图 5-5　夹心式垂直板电泳槽示意图

1—有机玻璃槽板；2、6—电极槽；3—凝胶模；4—样品槽；5—螺丝销；

7—冷凝管；8—梳子；9—长玻璃板；10—短玻璃板；11—硅胶框

（二）配胶及凝胶板的制备

1.配胶

配胶应根据所测蛋白质相对分子质量范围选择适宜的分离胶浓度。由于 SDS-PAGE 有连续体系和不连续体系两种,两者各有不同的缓冲体系,因而有不同的配制方法。

2.凝胶板的制备

（1）SDS-不连续体系凝胶板的制备。

① 分离胶的制备。按表 5-4 配制 20 mL 10％聚丙烯酰胺(PAA)溶液,混匀后用细长头滴管将凝胶液加至长、短玻璃板间的缝隙内,约 8 cm 高,用 1 mL 注射器取少许蒸馏水,沿长玻璃板壁缓慢注入,3～4 mm 高,以进行水封。30 min 后,凝胶与水封层间出现折射率不同的界线,则表示凝胶完全聚合。倾去水封层的蒸馏水,再用滤纸条吸去多余水分。

② 浓缩胶的制备。按表 5-4 配制 10 mL 3％ PAA 溶液,混匀后用细长头滴管将浓缩胶加到已聚合的分离胶上方,直至距离玻璃板上缘约 0.5 cm 处,轻轻将样品槽模板插入浓缩胶内,约 30 min 后凝胶聚合,再放置 20～30 min,使凝胶"老化"。小心拔去样品槽模板,将 pH 值为 8.3 的 Tris-甘氨酸缓冲液倒入上、下储槽中,应没过短玻璃板 0.5 cm 以上,即可准备加样。

电极缓冲液即 pH 值为 8.3 的 Tris-甘氨酸缓冲液,内含 0.1％的 SDS。

表 5-4　SDS-不连续体系凝胶配制　　　　　　（单位：mL）

试 剂 名 称	配制 20 mL 不同浓度的分离胶所需各种试剂的用量					配制 10 mL 浓缩胶所需各种试剂的用量
	5％	7.5％	10％	12.5％	15％	3％
分离胶储液 (Acr(30％)-Bis(0.8％))	3.33	5	6.66	8.33	10	
分离胶缓冲液 (pH 值为 8.9 的 Tris-HCl)	2.5	2.5	2.5	2.5	2.5	
浓缩胶储液 (Acr(10％)-Bis(0.5％))						3.0
浓缩胶缓冲液 (pH 值为 6.7 的 Tris-HCl)						1.25
10％SDS 溶液	0.2	0.2	0.2	0.2	0.2	0.1
1％TEMED 溶液	2.0	2.0	2.0	2.0	2.0	1.0
双蒸水	11.87	10.20	8.54	6.87	3.20	4.60
混匀后，置真空干燥器中，抽气 10 min						
10％AP 溶液	0.10	0.10	0.10	0.10	0.10	0.05

（2）SDS-连续体系凝胶板的制备。按表 5-5 配制 20 mL 所需浓度的 PAA 溶液，用细长头滴管将分离胶混合液加到两块玻璃板的缝隙内直至距离短玻璃板上缘 0.5 cm 处，插入样品槽模板。为防止渗漏，可在上、下电极槽中加入蒸馏水，但不能超过短玻璃板，以防凝胶被稀释。凝胶聚合约 30 min，继续放置 20～30 min，倒去上、下电极槽中的蒸馏水，小心拔出梳形样品槽模板，用窄条滤纸吸去残余水分，注意不要弄破凹形加样槽的底面。倒入电极缓冲液即可进行预电泳或准备加样。

表 5-5　SDS-连续体系凝胶配制　　　　　　（单位：mL）

试 剂 名 称	配制 20 mL 不同浓度的分离胶所需各种试剂的用量		
	5％	7.5％	10％
凝胶储液 (Acr(30％)-Bis(0.8％))	3.33	5.00	6.66
0.2 mol/L pH 值为 7.2 的磷酸盐缓冲液（内含 0.2％SDS）	10.00	10.00	10.00
1％ TEMED 溶液	2.00	2.00	2.00
双蒸水	4.57	2.90	1.23
混匀后，置真空干燥器中，抽气 10 min			
10％AP 溶液	0.10	0.10	0.10

电极缓冲液为 0.1 mol/L 且 pH 值为 7.2 的磷酸盐缓冲液,内含 0.1％的 SDS。

(三) 样品的处理与加样

1. 样品的处理

商品化的相对分子质量标准试剂,按操作指南处理。自己配制的标准及未知样品,按每 0.5～1 mg 蛋白质加 1 mL 样品溶解液处理,溶解后,在沸水浴中保温 3 min,取出冷却后取样电泳。如处理好的样品暂时不用,可放在 −20℃冰箱内保存,使用前在沸水中加热 3 min,以除去亚稳态聚合物。

2. 加样

一般每个凹形样品槽内,只加一种样品或已知相对分子质量的混合标准蛋白质,加样体积要根据凝胶厚度及样品浓度灵活掌握,一般加样体积为 10～15 μL(即 2～10 μg 蛋白);如样品较稀,加样体积可达 100 μL。如样品槽中有气泡,可用注射器针头挑除。加样时,将微量注射器的针头穿过电极缓冲液伸入加样槽内,应尽量接近底部,轻轻推动微量注射器,注意针头勿碰破凹形槽胶面。由于样品溶解液中含有相对密度较大的蔗糖或甘油,因此,样品溶液会自动沉降在凝胶表面而形成样品层。

(四) 电泳

分离胶聚合后是否进行预电泳,应根据需要而定。SDS-连续体系预电泳时,应在 30 mA 的电流下,电泳 60～120 min。

1. 连续体系

在电极槽中倒入 0.1％SDS 溶液(pH 值为 7.2)和 0.1 mol/L 的磷酸盐缓冲液,连接电泳仪与电泳槽(上槽接负极,下槽接正极),打开电源,将电流调至 20 mA;待样品进入分离胶后,将电流调至 50 mA;待染料前沿迁移至距硅胶框底边 1～1.5 cm 处,停止电泳,一般需 5～6 h。

2. 不连续体系

在电极槽中倒入 pH 值为 8.3 的 Tris-HCl 电极缓冲液(内含 0.1％的 SDS)即可进行电泳。在制备浓缩胶后,不能进行预电泳,因预电泳会破坏胶中的酸碱性环境,预电泳只能在分离胶聚合后进行,应采用分离胶缓冲液。预电泳后,将分离胶面冲洗干净,然后才能制备浓缩胶。电泳条件也不同于 SDS-连续系统:开始时电流为 10 mA 左右;待样品进入分离胶后,改为 20～30 mA;当染料前沿距硅胶框底边 1.5 cm 时,停止电泳,关闭电源。

(五) 凝胶板的剥离与固定

电泳结束后,取下凝胶模,卸下硅胶框,用不锈钢药铲或镊子撬开短玻璃板,并切下凝胶板的一角作为加样标志。在两侧溴酚蓝染料区带中心,插入细铜丝作为前沿标记。将凝胶板放在大培养皿内,加入固定液,固定过夜。

（六）染色与脱色

将染色液倒入培养皿中,染色 1 h 左右,用蒸馏水漂洗数次,再用脱色液脱色,直到蛋白质区带清晰,即可计算相对迁移率。

（七）绘制标准曲线

将大培养皿放在一张坐标纸上,量出溴酚蓝区带中心距加样端的距离(cm)以及各蛋白质样品区带中心与加样端的距离(cm),按下式计算相对迁移率(m_R):

$$相对迁移率(m_R) = \frac{蛋白质样品区带中心与加样端的距离(cm)}{溴酚蓝区带中心与加样端的距离(cm)}$$

以标准蛋白质的相对迁移率为横坐标,标准蛋白质相对分子质量为纵坐标,在半对数坐标纸上作图,可得到一条标准曲线。根据未知蛋白质样品的相对迁移率,可直接在标准曲线上查出其相对分子质量。

五、注意事项

(1) SDS 的纯度。SDS-PAGE 体系,需要高纯度的 SDS,市售的 SDS(A. R.)需重结晶一次或两次方可使用。重结晶的方法是:称取 20 g SDS 放在圆底烧瓶中,加 300 mL 无水乙醇及半牛角匙活性炭,在烧瓶上接 1 个冷凝管,在水浴中加热至乙醇微沸,回流 10 min,用热的布氏漏斗趁热过滤;滤液应透明,冷却至室温后,移至 −20℃冰箱中过夜;次日用预冷的布氏漏斗抽滤,再用少量−20℃预冷的无水乙醇洗涤白色沉淀 3 次,尽量抽干;将白色结晶置真空干燥器中干燥或置 40℃以下的烘箱中烘干。

(2) SDS 与蛋白质的结合量。当 SDS 单体浓度在 1 mmol/L 时,1 g 蛋白质与 1.4 gSDS 结合才能生成 SDS-蛋白复合物,而巯基乙醇可使蛋白质间的二硫键还原,使 SDS 易与蛋白质结合。样品溶解液中,SDS 的浓度至少要比蛋白质的量高 3 倍,低于这个比例,可能影响样品的迁移率,因此,SDS 的用量应为样品量的 10 倍以上。此外,样品溶解液应采用低离子强度,最高不超过 0.26,以保证在样品溶解液中有较多的 SDS 单体。在处理蛋白质样品时,每次都应在沸水浴中保温 3~5 min,以免有亚稳聚合物存在。

(3) 凝胶浓度。应根据未知样品估计相对分子质量,选择适当的凝胶浓度:相对分子质量在 2.5 万~20 万的蛋白质,应选用终浓度为 5% 的凝胶;相对分子质量在 1 万~7 万的蛋白质,应选用终浓度为 10% 的凝胶;相对分子质量在 1 万~5 万的蛋白质,应选用终浓度为 15% 的凝胶,在此范围内样品相对分子质量的对数与迁移率呈线性关系。以上各种凝胶其交联度都应是 2.6%。

最好通过选择凝胶浓度控制标准蛋白质的相对迁移率在 0.2~0.8 范围内均匀分布。值得指出的是,每次测定未知物相对分子质量时,都应同时用标准蛋白质制备标准曲线,而不是利用过去的标准曲线。

（4）多亚基蛋白的相对分子质量。有许多蛋白质是由亚基(如血红蛋白)或两条以上肽链(如胰凝乳蛋白酶)组成的,它们在 SDS 和巯基乙醇的作用下,解离成亚基或单条肽链。因此,对于这一类蛋白质,SDS 凝胶电泳测定的只是它们的亚基或单条肽链的相对分子质量,而不是完整分子的相对分子质量。为了得到更全面的资料,还必须用其他方法测定其相对分子质量及分子中肽链的数目等,与 SDS-聚丙烯酰胺凝胶电泳的结果相互参照。此法对球蛋白及单体蛋白的相对分子质量测定较准确,对精蛋白、胶原蛋白等相对分子质量测定的差异较大。

（5）特殊蛋白质的相对分子质量。不是所有的蛋白质都能用 SDS-聚丙烯酰胺凝胶电泳法测定其相对分子质量,已发现电荷异常或构象异常的蛋白、带有较大辅基的蛋白质(如某些糖蛋白)以及一些结构蛋白(如胶原蛋白等)用这种方法测定出的相对分子质量是不可靠的。例如,组蛋白 F1,它本身带有大量正电荷,尽管结合了正常量的 SDS,仍不能完全掩盖其原有电荷的影响,它的相对分子质量是 2.1 万,但 SDS 凝胶电泳测定的结果是 3.5 万。因此,要确定某种蛋白质的相对分子质量时,最好用两种方法互相验证,才更为可靠。

（6）对样品的要求。在实验中应采纳低离子强度的样品,若样品中离子强度高,则应透析或经离子交换除盐。加样时,应保持胶面平直。加样量以 $10\sim15\ \mu L$ 为宜,若样品为较稀的液体,则为了保证区带清晰,可增加加样量,同时应将样品的浓度提高两倍或更高。

六、思考题

（1）简述 SDS-PAGE 测定蛋白质相对分子质量的原理。

（2）做好本实验的关键是什么?

（3）比较 DNA 琼脂糖凝胶电泳与聚丙烯酰胺凝胶电泳的区别。

实验 26　血清蛋白质乙酸纤维素薄膜电泳

一、目的与要求

（1）掌握乙酸纤维素薄膜电泳的原理及方法。

（2）熟悉血液的特性及血清的制备技术。

二、原理

采用乙酸纤维素薄膜为支持物的电泳方法,叫做乙酸纤维素薄膜电泳。乙酸纤维素,是纤维素的羟基乙酰化形成的纤维素乙酸酯。将它溶于有机溶剂(如丙酮、氯仿、乙酸乙酯等)后,涂成均匀的薄膜,待溶剂蒸发后则成为乙酸纤维素薄膜。该膜具有均一的泡沫状结构,有强渗透性,其厚度约为 120 μm。

乙酸纤维素薄膜电泳是近几年来推广的一种新技术。它具有微量、快速、简便、分辨力高、对样品无拖尾和吸附现象等优点。目前已广泛应用于血清蛋白、血红蛋白、糖蛋白、脂蛋白、结合球蛋白、同工酶的分离和测定等方面。

本实验以动物血清为材料,乙酸纤维素薄膜为支持物来分离血清中的蛋白质,并测定每种蛋白质的相对含量。

三、试剂与仪器

（一）材料与试剂

（1）新鲜血清（制备时要无溶血现象）。

（2）巴比妥钠缓冲液（pH 值为 8.6,0.075 mol/L,离子强度为 0.06）:称取巴比妥 1.66 g 和巴比妥钠 12.76 g,溶于少量蒸馏水后定容至 1 000 mL。

（3）染色液:称取氨基黑 10B 0.5 g,加入蒸馏水 40 mL、甲醇 50 mL 和冰乙酸 10 mL,混匀,储存于试剂瓶中。

（4）漂洗液:取 95％乙醇 45 mL、冰乙酸 5 mL 和蒸馏水 50 mL,混匀。

（5）透明液。

　　甲液:取冰乙酸 15 mL 和无水乙醇 85 mL,混匀。

　　乙液:取冰乙酸 25 mL 和无水乙醇 75 mL,混匀。

（6）0.4 mol/L NaOH 溶液:称取 16 g NaOH,用少量蒸馏水溶解后定容至 1 000 mL。

（二）仪器

电泳仪、电泳槽、乙酸纤维素薄膜（8 cm×2 cm）。

四、操作方法

1. 仪器和薄膜的准备

（1）乙酸纤维素薄膜的润湿和选择。将薄膜裁成 8 cm× 2 cm 条状,使其漂在缓冲液液面上,若迅速润湿,整条薄膜颜色一致而无白色斑点,则表明薄膜质地均匀（实验中应选择质地均匀的膜）。然后用竹夹轻轻将薄膜完全浸入缓冲液中,待膜完全浸透后使用。

（2）制作电桥。将电泳缓冲液倒入电泳槽两边并用虹吸管平衡两边液面。根据电泳槽的纵向尺寸,在两电极槽中各放入四层纱布,一端浸入缓冲液中,另一端贴附在电泳槽支架上。它们是联系薄膜与两电极缓冲液的“桥梁”。

2. 点样

取出浸透的薄膜,平放在滤纸上（无光泽面朝上）,轻轻吸去多余的缓冲液。取血

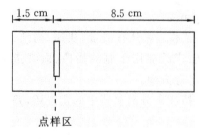

图 5-6　点样示意图

清 0.1 mL 放于洁净载玻片上,再加 0.05 mL 0.03%溴酚蓝溶液,混匀。用点样器蘸一下(2～3 μL),再"印"在薄膜的点样区(见图 5-6)。注意,应使血清均匀分布在点样区。这是获得清晰区带的电泳图谱的重要环节之一。

3.电泳

将点好样的薄膜(无光泽面朝上)两端紧贴在支架的纱布上。平衡 10 min,接通电源(负极靠点样端),调节电流为 0.4～0.6 mA/cm(宽),电压为 10～12 V/cm(长),电泳 45～60 min。

4.染色

电泳完毕,关闭电源,立即取出薄膜,直接浸入染色液中 5 min。然后用漂洗液漂洗,每隔 10 min 左右换一次漂洗液,连续 3 次,使背景颜色退去,夹在滤纸中吸干。

5.结果判断

一般经漂洗后,薄膜上可呈现清晰的 5 条区带,由正极端起,依次为清蛋白、α_1-球蛋白、α_2-球蛋白、β-球蛋白和 γ-球蛋白。

6.透明

将用滤纸吸干的薄膜,浸入透明液的甲液中,2 min 后立即取出,并浸入透明液的乙液中,1 min(要准确)后迅速取出,紧贴在载物片上,赶走气泡。2～3 min 内薄膜完全透明,待干后置于切片盒中,可长期保存。

五、结果与分析

可利用洗脱法或吸光度扫描法,测得各蛋白质组分的相对百分含量。

1.洗脱法

将未透明的电泳图谱的各区带剪下,并剪一段无蛋白质区带的薄膜,分别浸于盛有 0.4 mol/L NaOH 溶液的试管中(清蛋白管为 4 mL,其余各管均为 2 mL),摇匀。放入 37℃恒温水浴中浸泡 30 min,每隔 10 min 摇动一次,然后在 620 nm 波长处比色,以无蛋白区带的试管为空白调零,分别测得各管吸光度值为 $A_清$、A_{α_1}、A_{α_2}、A_β、A_γ。按下列方法计算血清中各种蛋白质所占的百分率。

(1) 先计算吸光度值总和(T)。
$$T = 2 \times A_清 + A_{\alpha_1} + A_{\alpha_2} + A_\beta + A_\gamma$$

(2) 再计算血清中各种蛋白质所占百分率。

清蛋白所占百分率 = $(2 \times A_清)/T \times 100\%$;

α_1-球蛋白所占百分率 = $A_{\alpha_1}/T \times 100\%$;

α_2-球蛋白所占百分率 = $A_{\alpha_2}/T \times 100\%$;

β-球蛋白所占百分率 = $A_\beta/T \times 100\%$;

γ-球蛋白所占百分率 = $A_\gamma/T \times 100\%$。

2.吸光度扫描法

将已透明好的薄膜电泳图谱放入自动扫描吸光度计内。在记录仪上自动绘出血清蛋白质各组分曲线图,横坐标为薄膜长度,纵坐标为吸光度值,每个峰代表一种蛋白质组分,然后用求积仪测量出各峰的面积。或者剪下各峰,称其质量,按下式计算出血清中各蛋白质的相对百分含量:

清蛋白的相对百分含量$=m_清/m_总\times100\%$;

α_1-球蛋白的相对百分含量$=m_{\alpha_1}/m_总\times100\%$;

α_2-球蛋白的相对百分含量$=m_{\alpha_2}/m_总\times100\%$;

β-球蛋白的相对百分含量$=m_\beta/m_总\times100\%$;

γ-球蛋白的相对百分含量$=m_\gamma/m_总\times100\%$。

式中:$m_总$为5种蛋白质的峰面积或质量之和,$m_清$、m_{α_1}、m_{α_2}、m_β和m_γ分别代表清蛋白、α_1-球蛋白、α_2-球蛋白、β-球蛋白和γ-球蛋白的峰面积或质量。

六、思考题

(1)电泳的原理是什么?为什么血清蛋白质可以用电泳法分离?

(2)引起溶血的因素有哪些?血清蛋白电泳图谱中各种蛋白质怎样确定?

第六章 酶的分离制备与分析

实验 27　酶的特性
——底物专一性

一、目的与要求

(1) 了解酶的专一性。
(2) 掌握检查酶专一性的原理和方法。

二、原理

酶的专一性是指一种酶只能对一种底物或一类底物起催化作用,对其他底物无催化作用。

本实验以唾液淀粉酶对淀粉和蔗糖的作用为例,来说明酶的专一性。淀粉和蔗糖无还原性,唾液淀粉酶水解淀粉可生成有还原性的二糖——麦芽糖,但不能催化蔗糖的水解。用 Benedict 试剂检查糖的还原性。Benedict 试剂为碱性硫酸铜,能氧化具有还原性的糖,生成砖红色沉淀氧化亚铜。

三、试剂与仪器

(一) 材料与试剂

(1) 2% 蔗糖溶液。
(2) 1% 淀粉溶液(含 0.3% 氯化钠)。
(3) Benedict 试剂:溶解 173 g 柠檬酸钠和 100 g 无水碳酸钠于 600 mL 蒸馏水中;另溶 8.5 g 无水硫酸铜于 100 mL 热水中。将冷却的硫酸铜溶液缓缓倾入柠檬酸钠-碳酸钠溶液中,边加边搅匀,如有沉淀可过滤除去,此试剂可长期保存。
(4) 唾液淀粉酶溶液:先用蒸馏水漱口,再含 10 mL 左右蒸馏水,轻轻漱动,约 2 min 后吐出收集在烧杯中,即得清澈的唾液淀粉酶原液,根据酶活性高低稀释 50～100 倍,即为唾液淀粉酶溶液。
(5) 蔗糖酶溶液:取 1 g 干酵母放入研钵中,加入少量石英沙和水研磨,加 50 mL 蒸馏水,静置片刻,过滤即得。

（二）仪器

试管、试管架、烧杯、量筒、玻璃漏斗、石英沙、研钵、水浴锅。

四、操作方法

1. 检查试剂

取 3 支试管,编号,按下表操作:

试剂	试 管 号		
	1	2	3
1%淀粉溶液/mL	3	—	—
2%蔗糖溶液/mL	—	3	—
蒸馏水/mL	—	—	3
Benedict 试剂/mL	2	2	2
沸水浴煮沸 2~3 min			
记录结果			

2. 淀粉酶的专一性

取 3 支试管,编号,按下表操作:

试剂	试 管 号		
	1	2	3
唾液淀粉酶溶液/mL	1	1	1
1%淀粉溶液/mL	3	—	—
2%蔗糖溶液/mL	—	3	—
蒸馏水/mL	—	—	3
摇匀,置 37℃水浴保温 15 min			
Benedict 试剂/mL	2	2	2
沸水浴煮沸 2~3 min			
记录结果			

3. 蔗糖酶的专一性

取 3 支试管,编号,按下表操作:

试剂	试 管 号		
	1	2	3
蔗糖酶溶液/mL	1	1	1
1%淀粉溶液/mL	3	—	—
2%蔗糖溶液/mL	—	3	—
蒸馏水/mL	—	—	3
摇匀,置 37℃水浴保温 15 min			
Benedict 试剂/mL	2	2	2
沸水浴煮沸 2~3 min			
记录结果			

五、结果

解释三个小实验各试管中观察到的现象。

六、思考题

(1) 作为一种生物催化剂,酶有哪些催化特性?

(2) 酶作用的底物专一性有哪些类型?

实验 28　　pH 值对酶活性的影响

一、目的与要求

(1) 了解 pH 值对酶活性的影响。

(2) 掌握 pH 值对酶活性影响的原理及方法。

二、原理

酶的活性受环境的 pH 值的影响极为显著,通常只在一定的 pH 值范围内才表现出它的活性。一种酶活性表现最高时的 pH 值为该酶的最适宜 pH 值,低于或高于最适宜 pH 值时,酶的活性渐渐降低。不同酶的最适宜 pH 值不同。本实验以枯草杆菌 α-淀粉酶来说明 pH 值对酶活性的影响。

三、试剂与仪器

(一) 试剂

(1) 0.5%可溶性淀粉溶液:新鲜配制。

(2) α-淀粉酶稀释液。

(3) 0.2 mol/L 磷酸氢二钠溶液:称取 $Na_2HPO_4 \cdot 2H_2O$ 35.51 g,溶于水,定容至 100 mL。

(4) 0.1 mol/L 柠檬酸溶液:称取 $C_6H_8O_7 \cdot H_2O$ 21.01 g,溶于水,定容至 1 000 mL。

(5) 碘-碘化钾溶液。

(二) 仪器

试管及试管架、恒温水浴锅、刻度吸量管(10 mL、5 mL、2 mL)、白瓷调色板。

四、操作方法

(1) 取 8 支试管,编号,按下表制备 pH 值为 4.4~7.2 的缓冲液:

试管号	0.2 mol/L 磷酸氢二钠溶液/mL	0.1 mol/L 柠檬酸溶液/mL	pH 值
1	4.41	5.59	4.4
2	4.93	5.07	4.8
3	5.36	4.64	5.2
4	5.80	4.20	5.6
5	6.32	3.68	6.0
6	6.93	3.07	6.4
7	7.73	2.27	6.8
8	8.70	1.30	7.2

（2）取 9 支试管，编号，将上述 8 种缓冲液分别吸取 3 mL，加入相应编号的试管中（第 1～8 号）。第 9 号试管中加入 pH 值为 5.6 的缓冲液 3 mL，然后向各试管中添加 0.5％可溶性淀粉溶液 2 mL。将 9 支试管放入 37 ℃恒温水浴中预热 5～10 min。

（3）向第 9 号试管添加 α-淀粉酶稀释液 2 mL，摇匀，仍在 37℃恒温水浴中保温。1 min 后，每隔 15 s 自第 9 号试管中取出一滴混合液，置于白瓷调色板空穴中，以碘-碘化钾溶液检验淀粉水解的程度，待结果呈橙黄色时，取出试管记下酶作用的时间（自加入酶液时开始）。注意：掌握第 9 号试管的水解程度是本实验成败的关键。

（4）以上 1 min 的间隔，依次向第 1～8 号试管中加入 α-淀粉酶稀释液 2 mL，摇匀，并仍在 37℃恒温水浴中保温。然后，按照第 9 号试管酶作用的时间，依次将各试管取出，并依次加入碘-碘化钾溶液 2 滴，观察各试管呈现的颜色，并解释。

五、思考题

（1）试述 pH 值对酶活性影响的机理。

（2）试述 pH 值对酶活性影响的实验方法。

（3）如果要定量测定 pH 值对酶活性的影响，如何设计方案？

实验 29　温度对酶活性的影响

一、目的与要求

（1）了解温度对酶活性的影响。

（2）掌握实验温度对酶活性影响的原理及方法。

二、原理

酶的催化活性受温度的影响很大,温度对酶催化的反应有双重效应:一方面,温度升高可以使反应加快;另一方面,温度升高又可使酶因变性而失活。

本实验以枯草杆菌 α-淀粉酶和蔗糖酶为例,说明温度对酶活性的影响。

三、试剂与仪器

(一)试剂

(1) 0.5%可溶性淀粉溶液:新鲜配制。

(2) 2%蔗糖溶液。

(3) 碘-碘化钾溶液:将碘化钾 20 g 及碘 10 g 溶于 100 mL 水中,使用前稀释 10 倍。

(4) Benedict 试剂:将硫酸铜 17.3 g 溶于 100 mL 热蒸馏水中。冷却后,稀释至 150 mL。取柠檬酸钠 173 g 及碳酸钠($NaCO_3 \cdot H_2O$)100 g,加水 600 mL,加热使之溶解,冷却后,稀释至 850 mL。最后,把硫酸铜溶液缓缓倾入柠檬酸钠-碳酸钠溶液中。混匀后,用细口瓶储存。

(5) α-淀粉酶稀释液。

(6) 蔗糖酶液。

(二)仪器

试管及试管架、恒温水浴锅、刻度吸量管(5 mL、2 mL、1 mL)。

四、操作方法

1. 温度对 α-淀粉酶活性的影响

取 3 支试管,编号,各加入 0.5%可溶性淀粉溶液 3 mL,分别置于冰水浴、37℃水浴及沸水浴中,保温 5 min,各缓缓加入 1 mL α-淀粉酶稀释液(试管勿从水浴中取出),继续保温 5 min,取出 37℃水浴及沸水浴中试管置于冰水浴中冷却后,各加入碘-碘化钾溶液约 1 mL,比较各管颜色,并解释。

2. 温度对蔗糖酶活性的影响

取 3 支试管,编号,各加入 2%蔗糖溶液 3 mL,分别置于冰水浴、37℃水浴及沸水浴中,保温 5 min 后,各加入 1 mL 蔗糖酶液,继续保温 10 min,取出后各加入 2 mL Benedict 试剂,置于沸水浴中煮 2 min,比较各管颜色,并解释。

五、思考题

(1) 试述温度对酶活性的影响机理。

(2) 试述温度对酶活性影响的一般实验方法。

(3) 如果要定量测定温度对酶活性的影响,实验方案应如何设计?

实验30 脲酶米氏常数的测定

一、目的与要求

(1) 加深对米氏方程的理解,学习米氏常数的测定方法。

(2) 了解米氏常数在酶动力学研究中的意义。

二、原理

当环境的温度、pH 值和酶浓度等条件恒定时,酶反应的初速率(v)随底物浓度 [S]增高而加快,呈矩形双曲线关系。当底物浓度增大到一定程度时,酶促反应初速率达到极限,即最大速率(v_m)。米-曼(Michaelis-Menten)根据底物浓度与酶促反应初速率的这种关系推导出如下关系式(称为米氏方程):

$$v = \frac{v_m[S]}{K_m + [S]}$$

当 $v = \frac{1}{2}v_m$ 时,$K_m = [S]$。式中,K_m 称为米氏常数。K_m 是反应速率等于最大速率的一半($v = \frac{1}{2}v_m$)时的底物浓度。K_m 是酶的特征性常数,测定 K_m 是研究酶的一种重要方法。

脲酶能特异性地促使脲水解而释放出氨和二氧化碳。氨和二氧化碳进一步反应生成碳酸铵,后者在碱性环境中能与纳氏(Nessler)试剂作用生成橙黄色的碘化双汞铵。在一定范围内,呈色深浅与碳酸铵含量成正比,可通过测定氨的释放速率得知酶催化脲水解的速率。反应式如下:

$$\begin{array}{c} H_2N \\ \diagdown \\ \diagup \\ H_2N \end{array} C{=}O + H_2O \longrightarrow 2NH_3 + CO_2$$

$$2NH_3 + CO_2 + H_2O \longrightarrow (NH_4)_2CO_3$$

$$(NH_4)_2CO_3 + 8NaOH + 2[(KI)_2HgI_2] \longrightarrow 2\left[O\underset{Hg}{\overset{Hg}{\diagup\diagdown}}NH_2\right]I + 6NaI + Na_2CO_3 + 6H_2O$$

对于 K_m 值的测定,通常采用 Lineweaver-Burk 作图法,即双倒数作图法。具体做法如下:

由
$$v = \frac{v_m[S]}{K_m + [S]}$$

得米氏方程倒数形式:

$$\frac{1}{v} = \frac{K_m}{v_m} \times \frac{1}{[S]} + \frac{1}{v_m}$$

若以 $\dfrac{1}{v}$ 对 $\dfrac{1}{[S]}$ 作图,即可得图 6-1 中的曲线,通过计算横轴截距的负倒数,就可以求得 K_m 值。

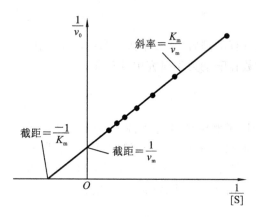

图 6-1　双倒数作图法

三、试剂与仪器

(一)试剂

(1)脲酶的提取:称取新鲜黄豆粉 2.0 g,置于 100 mL 锥形瓶中,加入 30% 乙醇 50 mL,振摇 15 min。冰箱中放置过夜。多层纱布过滤,收集滤液备用。

(2)脲酶应用液的配制:取 3 支试管,每管加 0.1 mL 不同浓度的酶(用提取液分别稀释到原来浓度的 1/4、1/5、1/6),再按操作方法中 4 号管数据操作。在 450 nm 波长处测其吸光度,以吸光度为 0.4~0.6 所对应的酶浓度为脲酶应用液浓度。

(3)1/15 mol/L 磷酸盐缓冲液(pH 值为 6.8,无氨):取 1/15 mol/L Na_2HPO_4 溶液 49.6 mL 和 1/15 mol/L NaH_2PO_4 溶液 50.4 mL,混合即成。

(4)0.05 mol/L 乙二胺四乙酸二钠(Na_2EDTA)溶液(pH 值为 6.8,无氨):称取 Na_2 EDTA 1.86 g,加水约 50 mL,用 0.4 mol/L NaOH 溶液调 pH 值为 6.8,加水至 100 mL。

(5)硫酸铵标准储存液(2 mg/mL,以 N 计):准确称取干燥硫酸铵 943.32 mg,以蒸馏水溶解后稀释至 100 mL。

(6)硫酸铵标准应用液(0.07 mg/mL,以 N 计):取硫酸铵标准储存液(2 mg/mL,以 N 计)3.5 mL,用蒸馏水溶解后稀释至 100 mL。

(7)0.25 mol/L 脲溶液(pH 值为 6.8,无氨):称取脲 1.5 g,加水溶解并稀释至 100 mL。

（8）纳氏试剂：

① 储存液：称取碘化钾 150 g、碘 110 g、汞 150 g，置于 500 mL 锥形瓶中，加入蒸馏水 100 mL，振荡 15 min，将锥形瓶放入冷水中继续振荡至棕红色的碘变成带绿色的碘化钾汞溶液为止。将上清液倾入 2000 mL 量筒中，用蒸馏水洗涤锥形瓶内壁数次，将洗液一并倒入量筒中，加蒸馏水至 2000 mL。

② 应用液：取储存液 150 mL，加无碳酸钠的 2.5 mol/L NaOH 溶液 700 mL，加蒸馏水至 1000 mL，混匀，静置数日，取上清液，置于有橡皮塞的棕色瓶中备用。此试剂的酸碱度：可取 1 mol/L 盐酸 20 mL，加酚酞试剂 2 滴，再用此纳氏试剂滴定至终点。纳氏试剂最适消耗量应在 11.0～11.5 mL。若低于 9.5 mL，则碱性太强，显色时易产生红色沉淀；若高于 11.5 mL，则酸性太强，显色时颜色太浅。

③ 无碳酸钠的 2.5 mol/L 氢氧化钠溶液：称取氢氧化钠 550 g，置于大烧瓶内，加入蒸馏水 500 mL，混匀，放置数日，取上清液（此为氢氧化钠饱和溶液）稀释 10 倍，用 1.0 mol/L 盐酸滴定，并计算出氢氧化钠饱和溶液的浓度，然后稀释至 2.5 mol/L。

（二）仪器

试管及试管架、吸量管、恒温水浴箱、722 型分光光度计。

四、操作方法

取试管 6 支，编号，按下表顺序操作：

（单位：mL）

试　　剂	试　管　号					
	1	2	3	4	空白	标准
1/15 mol/L 磷酸盐缓冲液(pH 值为 6.8)	0.40	0.40	0.40	0.40	0.40	—
0.05 mol/L Na_2EDTA 溶液(pH 值为 6.8)	0.10	0.10	0.10	0.10	0.10	—
0.25 mol/L 脲溶液(pH 值为 6.8)	0.05	0.10	0.20	0.40	—	—
蒸馏水	0.35	0.30	0.20	—	—	—
30 ℃保温 3 min						
脲酶溶液	0.10	0.10	0.10	0.10	—	—
立即摇匀，30 ℃精确保温 10 min						
硫酸铵标准溶液(0.07 mg/mL，以 N 计)	—	—	—	—	—	0.5
蒸馏水	8.5	8.5	8.5	8.5	9.0	9.0
纳氏试剂	1.0	1.0	1.0	1.0	1.0	1.0
混匀，用空白管调零点，在 450 nm 波长处测定各管吸光度						
A_{450}						
[S]						
v						
1/[S]						
$1/v$						

五、结果

计算各管的底物浓度[S]和反应速率 v,并求它们的倒数。

①
$$[S]=\frac{0.025\ mol/L\times 底物脲体积(mL)}{反应体系总体积(mL)}$$

②
$$v(mmol/min)=\frac{脲分解量}{10\ min}=\frac{A_{测}}{A_{标}}\times 0.00125\times \frac{1}{10}$$

式中的 0.00125:由脲的水解可知,1 mol 脲水解生成 2 mol NH_3,等于 2×14000 mgN。标准管中加入 0.07 mg/mL(以 N 计)硫酸铵溶液 0.5 mL,实际加入 0.035 mgN,相当于 0.00125 mmol 脲被彻底水解释放的 NH_3 中 N 的含量。

用双倒数作图法求 K_m 值。

六、思考题

(1) 测定酶的 K_m 值有何意义?

(2) 影响酶促反应速率的因素有哪些? 本实验进行过程中应注意些什么?

实验 31　糖化型淀粉酶活性的测定

一、目的与要求

(1) 学习利用碘量法测定糖化型淀粉酶活性。

(2) 了解测定糖化型淀粉酶活性大小对工艺生产的指导意义。

二、原理

糖化型淀粉酶即 α-1,4-葡萄糖苷酶,俗称 γ-淀粉酶或糖化酶,它可以催化淀粉水解生成葡萄糖。糖化酶是一种外切酶,该酶能水解淀粉的 α-1,4-葡萄糖苷键和 α-1,6-葡萄糖苷键。其作用方式是从淀粉链的非还原末端开始,依次水解它的 α-1,4-葡萄糖苷键,将葡萄糖一个一个水解下来;对于支链淀粉,当水解到分支点时,一般先将 α-1,6-葡萄糖苷键断开,然后继续水解,所以能将支链淀粉全部水解成葡萄糖。

本实验在一定条件下用一定量的糖化型淀粉酶作用于淀粉,反应生成的葡萄糖用碘量法定量测定,以表示糖化型淀粉酶的活性。

碘量法原理:淀粉经糖化酶水解生成葡萄糖,葡萄糖具有还原性,其醛基易被弱氧化剂次碘酸钠所氧化。反应式为

$$I_2+2NaOH\longrightarrow NaIO+NaI+H_2O$$

$$\begin{matrix} & & O & & \\ & & \| & & COOH \\ & HC & & & \\ NaIO+ & (CHOH)_4 & \longrightarrow & (CHOH)_4 & + NaI \\ & CH_2OH & & CH_2OH & \end{matrix}$$

体系中加入过量的碘,氧化反应完成后,用硫代硫酸钠标准溶液滴定过量的碘,则可计算出酶的活性。反应式为

$$I_2 + 2Na_2S_2O_3 \longrightarrow Na_2S_4O_6 + 2NaI$$

三、试剂与仪器

(一)试剂

(1) 2%可溶性淀粉溶液:准确称取 2 g 可溶性淀粉(预先于 100～105 ℃烘约 2 h 至恒重),用少量蒸馏水调匀,徐徐倾入 80 mL 左右的沸蒸馏水中,继续煮沸至透明,冷却后用水定容至 100 mL,此溶液需当天配制。

(2) 1 mol/L pH 值为 4.5 的乙酸-乙酸钠缓冲液:称取 8.204 g 无水乙酸钠 (CH₃COONa),用少量蒸馏水溶解,定容至 1 000 mL。取分析纯冰乙酸 (CH₃COOH)5.78 mL,定容至 1 000 mL。以上两种溶液按体积比为 22∶25 混匀,缓冲液以 pH 计或精密试纸校正 pH 值。

(3) 0.1 mol/L 碘液:称取 25 g 碘化钾和 12.7 g 碘,置于研钵中,加少量水研磨至完全溶解后,用水定容至 1 000 mL,储存于棕色瓶中。

(4) 0.1 mol/L 氢氧化钠溶液:称取 4 g 氢氧化钠,加蒸馏水溶解并定容至 1 000 mL。

(5) 2 mol/L 硫酸溶液:量取浓硫酸 55.5 mL,慢慢加入 944.5 mL 蒸馏水中并定容至 1 000 mL,摇匀。

(6) 0.05 mol/L 硫代硫酸钠溶液:称取结晶硫代硫酸钠(Na₂S₂O₃·5H₂O)26 g 和碳酸钠约 0.4 g(硫代硫酸钠溶液在 pH9～10 时最稳定),溶于煮沸后冷却的蒸馏水中并定容至 2 000 mL,即得。在棕色瓶中密封保存,配制后应放置一周后标定使用。

(二)仪器

吸量管(25 mL、10 mL、5 mL、2 mL)、碘瓶、碱式滴定管、恒温水浴锅、分析天平、烧杯。

四、操作方法

1. 待测酶液的制备

取发酵液的滤液,用 pH 值为 4.5 的乙酸-乙酸钠缓冲液适当稀释,供测定用。

２．酶活性的测定

在甲、乙两支试管中,分别加入 2% 可溶性淀粉溶液 25 mL 及 pH 值为 4.5 的乙酸-乙酸钠缓冲液 5 mL,摇匀,在 40 ℃ 恒温水浴中预热 5～10 min。在甲管中加入待测酶液 2 mL,在乙管中加 2 mL 蒸馏水做对照,摇匀,立即开始计时。准确反应 1 h 后,取出并各加 4 滴 20% 氢氧化钠溶液终止酶反应,冷却至室温。

取上述反应液 5 mL 放入碘瓶中,准确加入 0.1 mol/L 碘液 10 mL,再加入 0.1 mol/L 氢氧化钠溶液 10 mL,摇匀后于暗处静置反应 15 min。加入 2 mol/L 硫酸溶液 2 mL,用 0.05 mol/L 硫代硫酸钠溶液滴定至无色为终点。反应液与空白消耗硫代硫酸钠溶液的体积的差值应控制在 4～6 mL,否则要适当调整酶液的稀释倍数。

五、结果

糖化酶活性的定义:在 40 ℃、pH 值为 4.6 的条件下,1 h 水解可溶性淀粉产生 1 mg 葡萄糖所需的酶量为一个糖化酶活性单位。

$$\text{糖化酶活性} = (V_A - V_B) \times c \times 90.05 \times \frac{1}{2} \times \frac{32.2}{5} \times n$$

式中:V_A 为空白所消耗的硫代硫酸钠溶液的体积,mL;V_B 为样品所消耗的硫代硫酸钠溶液的体积,mL;c 为硫代硫酸钠溶液的浓度,mol/L;90.05 为 1 mL 1 mol/L 硫代硫酸钠溶液所相当的葡萄糖质量,mg;$\frac{1}{2}$ 为折算成 1 mL 酶液的量;32.2 为反应液总体积,mL;5 为吸取反应液样品的体积,mL;n 为酶液稀释倍数。

六、注意事项

(1) NaIO 作为氧化剂,其氧化能力较弱,仅适用于醛糖的测定,与酮糖不起反应。

(2) 配制碘液时先将碘和碘化钾溶解,溶解完全后再稀释。

(3) 暗反应后需酸化再滴定,滴定时开始轻摇(碘挥发),后再摇(淀粉吸附碘)。

七、思考题

比较 3,5-二硝基水杨酸比色法、费林试剂热滴定法与定碘法三种测定糖含量方法的特点。

实验 32　脂肪酶活性测定

一、目的与要求

(1) 了解脂肪酶活性测定原理,并掌握测定技术。

（2）通过实验加深对酶活性和比活性含义的理解。

二、原理

脂肪酶催化脂肪水解，生成脂肪酸和甘油，产生的脂肪酸可以用标准碱液滴定，从而进行定量测定。

$$C_{17}H_{33}COOH + NaOH \longrightarrow C_{17}H_{33}COONa + H_2O$$

三、试剂与仪器

（一）试剂

（1）25％聚乙烯醇橄榄油乳化液。

（2）0.025 mol/L 磷酸盐缓冲液。

（3）0.048 mol/L 氢氧化钠标准溶液。

（4）95％乙醇、酚酞指示剂。

（5）脂肪酶溶液：称取 100 mg 酶粉，加少许水调匀成糊状，再加水至 25 mL，即稀释成 250 倍的酶液，使用前摇匀。

（二）仪器

锥形瓶（100 mL）、吸量管、恒温水浴锅、秒表、碱式滴定管、高速组织捣碎机。

四、操作方法

（1）取发酵液于离心管中，离心 15 min。取出上清液待用。

（2）取 100 mL 锥形瓶 2 个，每瓶中分别加入 5 mL 0.025 mol/L 磷酸盐缓冲液和 4 mL 聚乙烯醇橄榄油乳化液（乳化液在用之前，一定要重新乳化两遍），置于 40℃水浴中保温 5 min。

（3）在其中一个锥形瓶中加入 1 mL 酶液，从加入酶液开始精确计时，继续保温 15 min。

（4）取出后立即加入 95％乙醇 15 mL，以停止酶反应（2 个锥形瓶都要加乙醇）。再向没有加酶液的瓶中加入 1 mL 酶液，作为空白对照。分别加入酚酞指示剂 3 滴，用 0.05 mol/L 氢氧化钠标准溶液滴定。

五、结果

本实验规定，1 mL 酶液在 40℃下作用于聚乙烯醇橄榄油乳化液 15 min，最后消耗 1 mL 0.05 mol/L 氢氧化钠溶液，作为 100 个酶活性单位（U）。

$$1 \text{ mL 酶液活性单位(U)} = (V_{样} - V_{空}) \times 100 \times 稀释倍数$$

酶的比活性规定：每分钟分解底物释放 1 μmol 游离的脂肪酸所需的酶量定义为

1 个脂肪酶活性单位。

$$酶的比活性 = (V_样 - V_空) \times 1000 \times N/15$$

式中：N 为所用氢氧化钠溶液的浓度，mol/L；数值 15 为反应时间，min；酶的比活性单位为 $\mu mol/min$。

六、思考题

(1) 试述酶活性和酶的比活性的定义。

(2) 如何理解 1 mL 0.05 mol/L 氢氧化钠溶液可中和 14.14 mg 油酸？

实验 33　乳酸脱氢酶活性的测定

一、目的与要求

(1) 掌握乳酸脱氢酶活性测定原理。

(2) 学习用比色法测定酶活性的方法。

二、原理

乳酸脱氢酶(lactate dehydrogenase，简称 LDH，EC. 1. 1. 1. 27，L-乳酸：NAD+氧化还原酶)广泛存在于生物体内，是糖代谢酵解途径的关键酶之一，可催化下列可逆反应：

$$
\begin{array}{c}
CH_3 \\
| \\
C{=}O \quad + NADH + H^+ \xrightarrow[]{乳酸脱氢酶} \quad CHOH + NAD^+ \\
| \\
COO^-
\end{array}
\qquad
\begin{array}{c}
CH_3 \\
| \\
\\
| \\
COO^-
\end{array}
$$

LDH 可溶于水或稀盐溶液。组织中 LDH 含量的测定方法很多，其中紫外分光光度法最为简单、快速。NADH 和 NAD+ 分别在 340 nm 和 260 nm 波长处有最大吸收峰，因此通过测定 NADH 的 340 nm 波长处吸光度值的变化，可定量测定酶的含量。

本实验中测定 LDH 活性时，基质液中最初含丙酮酸及 NADH，在一定条件下，加入一定量酶液，观察 NADH 在反应过程中 340 nm 波长处吸光度减少值，减少得越多，则 LDH 活性越高。其活性单位定义是：在 25 ℃，pH7.5 条件下 A_{340} 每分钟下降值为 1.0 的酶量为 1 个单位。可定量测定每克湿重组织中 LDH 活性。

三、试剂与仪器

(一) 材料与试剂

(1) 新鲜瘦猪肉(或兔肉)。

（2）50 mmol/L pH 值为 6.5 的磷酸盐缓冲液母液。

A:50 mmol/L K_2HPO_4 溶液:称取 K_2HPO_4 1.74 g,加蒸馏水溶解后定容至 200 mL。

B:50 mmol/L KH_2PO_4 溶液:称取 KH_2PO_4 3.40 g,加蒸馏水溶解后定容至 500 mL。

取溶液 A 31.5 mL、溶液 B 68.5 mL,调节 pH 值至 6.5。置于 4 ℃ 冰箱中备用。

（3）10 mmol/L pH 值为 6.5 的磷酸盐缓冲液:用上述母液稀释得到。现用现配。

（4）0.1 mol/L pH 值为 7.5 的磷酸盐缓冲液:用上述母液稀释得到。现用现配。

（5）NADH 溶液:称取 3.5 mg 纯 NADH,置于试管中,加 0.1 mol/L pH 值为 7.5 的磷酸盐缓冲液 1 mL,使其完全溶解。现用现配。

（6）丙酮酸钠溶液:称取 2.5 mg 丙酮酸钠,加 0.1 mol/L pH 值为 7.5 的磷酸盐缓冲液 29 mL,使其完全溶解。现用现配。

（二）仪器

组织捣碎机、紫外分光光度计、恒温水浴锅、移液管、微量注射器(10 μL)。

四、操作方法

1. 制备肌肉匀浆

取新鲜瘦猪肉(或兔肉)一块,除去脂肪及筋膜等,称取 20 g,加入 80 mL 4 ℃ 预冷的 10 mmol/L pH 值为 6.5 的磷酸盐缓冲液,用组织捣碎机捣碎,每次 10 s,连续 3 次。将匀浆液倒至烧杯,置于 4 ℃ 冰箱中提取过夜,过滤得组织提取液,测量总体积。

2. LDH 活性测定

（1）将丙酮酸溶液及 NADH 溶液于 25 ℃ 水浴预热。

（2）取 2 只比色皿,在 1 只比色皿中加入 0.1 mol/L pH 值为 7.5 的磷酸盐缓冲液,在 340 nm 波长处将吸光度调节至零;另 1 只比色皿中依次加入丙酮酸钠溶液 2.9 mL、NADH 溶液 0.1 mL,加盖摇匀后,测定 340 nm 波长处吸光度值。取出比色皿,加入经稀释(20 倍)的酶液 10 μL,立即计时,摇匀后,每隔 0.5 min 测 A_{340},连续测定 3 min。以吸光度对时间作图,取最初线性部分,计算 $\Delta A_{340}/\Delta t$。加入酶液的稀释度(或加入量)应控制每分钟 A_{340} 下降值在 0.1～0.2。

五、结果

计算每毫升组织提取液 LDH 活性:

$$每毫升组织提取液\ LDH\ 活性(U/mL)=\frac{\dfrac{\Delta A_{340}}{\Delta t}\times 稀释倍数}{酶液加入量(\mu L)}\times 1000$$

组织提取液中 LDH 总活性＝每毫升组织提取液 LDH 活性×组织提取液总体积

六、思考题

(1) 简述用紫外分光光度计测定以 NAD$^+$ 为辅酶的各种脱氢酶的原理。

(2) 测定乳酸脱氢酶活性有何意义?

实验 34　大麦萌发前后淀粉酶活性的测定

一、目的与要求

(1) 学习分光光度计的工作原理和使用方法。

(2) 掌握淀粉酶活性测定的一般方法。

(3) 了解大麦萌发前后淀粉酶活性的变化。

二、原理

几乎所有植物中都存在淀粉酶,尤其是萌发的禾谷类种子,淀粉酶活性最强。种子萌发时,淀粉酶活性随萌发时间迅速增加,将淀粉分解成小分子糖类,供幼苗生长。淀粉酶主要包括 α-淀粉酶和 β-淀粉酶两种。α-淀粉酶可随机地作用于淀粉中的 α-1,4-糖苷键,生成大分子的糊精以及葡萄糖、麦芽糖和麦芽三糖等还原糖。β-淀粉酶可从淀粉的非还原性末端进行水解生成麦芽糖。

淀粉酶活性的大小可用淀粉的水解产物麦芽糖及其他还原糖与 3,5-二硝基水杨酸(DNS)的显色反应来测定。还原糖作用于黄色的 3,5-二硝基水杨酸生成棕红色的 3-氨基-5-硝基水杨酸。在一定范围内,其颜色深浅与淀粉酶水解产物的浓度成正比,可用比色法测定生成的麦芽糖(或葡萄糖)等还原糖的量,以单位质量样品在一定时间内所生成的麦芽糖量表示酶活性的大小。

种子中储藏的碳水化合物主要以淀粉的形式存在,通过淀粉酶可使淀粉分解为麦芽糖等还原糖。休眠种子的淀粉酶活性很弱,但经吸胀萌发后,淀粉酶活性逐渐增强,并随着发芽天数的增长而增加。本实验通过测定大麦种子萌发前后的淀粉酶活性,来了解此过程中淀粉酶活性的变化情况。

三、试剂与仪器

(一) 材料与试剂

(1) 麦芽糖标准液(1 mg/mL):准确称取 100 mg 麦芽糖,用蒸馏水溶解并定容至 100 mL。

(2) 0.1 mol/L pH 值为 5.6 的柠檬酸盐缓冲液。

A 液(0.1 mol/L 柠檬酸):称取一水柠檬酸 21.01 g,用蒸馏水溶解并定容至 1 L;

B 液(0.1 mol/L 柠檬酸三钠):称取二水柠檬酸三钠 29.41 g,用蒸馏水溶解并定容至 1 L。

取 A 液 55 mL 与 B 液 145 mL 混匀,即为 0.1 mol/L pH 值为 5.6 的柠檬酸盐缓冲液。

(3) 1%淀粉溶液:称取 1 g 可溶性淀粉,溶于 100 mL 0.1 mol/L pH 值为 5.6 的柠檬酸盐缓冲液中。

(4) 1% 3,5-二硝基水杨酸(DNS)溶液:精确称取 1 g 3,5-二硝基水杨酸,溶于 20 mL 2 mol/L 氢氧化钠溶液中,加入 50 mL 蒸馏水,再加 30 g 酒石酸钾钠,待溶解后用蒸馏水定容至 100 mL,盖紧瓶塞,防止 CO_2 进入。若溶液混浊,可过滤。

(5) 大麦种子。

(二)仪器

电子天平、具塞刻度试管(25 mL)、研钵、容量瓶、离心机、分光光度计、恒温箱、恒温水浴锅、移液管。

四、操作方法

1.种子萌发

大麦种子浸泡 2.5 h 后,放入 25℃恒温箱内或室温下发芽。大麦萌发所需要的时间与品种有关。若难以萌发,可适当延长浸泡时间和发芽时间。

2.酶液提取

称取萌发 3 d 的大麦种子 1.0 g(芽长 1.0~1.5 cm),置于研钵中,加少量石英沙和 2 mL 蒸馏水,研磨成匀浆后转入离心管中,用 8 mL 蒸馏水分次将残渣洗入离心管,提取液在室温下放置提取 15~20 min,每隔数分钟振荡 1 次,使其充分提取。然后以 3 000 r/min 离心 10 min,取上清液倒入 50 mL 容量瓶中,加蒸馏水至刻度,摇匀,即为淀粉酶原液。吸取上述淀粉酶原液 5 mL,放入 50 mL 容量瓶中(稀释程度视酶活性大小而定),用蒸馏水定容,摇匀,即为淀粉酶稀释液,进行酶活性测定。

取干燥种子或浸泡 2.5 h 后的种子 1.0 g 作为对照,按上述步骤进行提取操作。

3.麦芽糖标准曲线制作

取 7 支干净的具塞刻度试管,编号,按下表加入试剂:

试　剂	试　　管　　号						
	1	2	3	4	5	6	7
麦芽糖标准液体积/mL	0	0.2	0.6	1.0	1.4	1.6	2.0
蒸馏水体积/mL	2.0	1.6	1.4	1.0	0.6	0.2	0
麦芽糖含量/mg	0	0.2	0.6	1.0	1.4	1.8	2.0
DNS 溶液体积/mL	2.0	2.0	2.0	2.0	2.0	2.0	2.0

置于沸水浴中加热 5 min。取出冷却,用蒸馏水稀释至 25 mL。混匀后以 1 号管为对照,用分光光度计在 540 nm 波长处进行比色,记录吸光度。以吸光度值为纵坐标,以麦芽糖含量(mg)为横坐标,绘制标准曲线。

4.酶活性测定

取 25 mL 刻度试管 4 支,编号,按下表要求加入试剂(各试剂需在 25℃ 预热 10 min):

(单位:mL)

试剂	试 管 号			
	1	2	3	4
	干燥种子的酶提取液	萌发幼苗的酶提取液	标准管	空白管
酶稀释液	0.5	0.5	—	—
麦芽糖标准液	—	—	0.5	—
1%淀粉溶液	1	1	1	1
蒸馏水	—	—	—	0.5

将各试管混匀,放在 25 ℃水浴中保温 3 min 后,立即向各管中加入 1% 3,5-二硝基水杨酸溶液 2 mL。置于沸水浴中加热 5 min,取出后用流水冷却,加蒸馏水定容至 25 mL。充分摇匀,以空白管为对照,在 540 nm 波长处比色,记录吸光度,从麦芽糖标准曲线中查出麦芽糖含量,用以表示酶活性。

五、结果

溶液的浓度与吸光度成正比,即

$$\frac{A_{标准}}{A_{酶液}} = \frac{C_{标准}}{C_{酶液}}$$

则

$$C_{酶液} = \frac{A_{酶液} \times C_{标准}}{A_{标准}}$$

式中:C 为麦芽糖浓度;A 为吸光度。

酶活性定义:25 ℃时,在每分钟内水解淀粉生成 1 mg 麦芽糖所需的酶量为 1 个酶活性单位。

按下式计算淀粉酶活性:

$$大麦种子或幼苗总的酶活性 = \frac{C_{酶} \times V_T \times n}{V_{酶} \times t}$$

式中:$C_{酶}$ 为淀粉酶水解淀粉生成的麦芽糖量(查标准曲线求值);$V_{酶}$ 为酶反应体系中的酶液体积,mL;t 为酶作用时间,3 min;V_T 为提取酶液的总体积,mL;n 为酶液稀释倍数。

六、注意事项

(1) 在实验中要严格控制时间和温度,以减小误差。

（2）为了确保酶促反应时间的准确性，在进行保温这一步骤时，可以将各试管每隔一定时间依次放入恒温水浴锅，准确记录时间，到达 5 min 时取出试管，再依次立即加入 DNS 溶液，记录吸光度值，以便尽量减小因各试管保温时间不同而引起的误差。

（3）如果条件允许，各实验小组可采用不同材料，例如萌发 1～4 d 的大麦种子，比较测定结果，以了解萌发过程中淀粉酶活性的变化。

（4）样品提取液的定容体积和酶液稀释倍数可根据不同材料酶活性的大小确定。

七、思考题

（1）测定酶活性过程应注意什么问题？

（2）萌发种子和干种子的淀粉酶活性有何差异？这种变化有何生物学意义？

（3）为何要对酶液进行稀释？如何选择稀释的倍数？

实验 35　发色底物测定大曲中 α-1,4-葡萄糖苷酶活性

一、目的与要求

（1）掌握利用发色底物测定 α-葡萄糖苷外切酶活性的基本原理和具体方法。

（2）进一步理解酶活性的定义和计算方法。

二、原理

淀粉酶是水解酶类的一个亚类，是能够分解淀粉糖苷键的一类酶的总称。其酶活性的计算多采用测定产物还原糖含量的方法。但由于淀粉酶包括的四种酶（α-淀粉酶、β-淀粉酶、α-1,4-葡萄糖苷酶、异淀粉酶）水解产物都是还原糖，所以还原法无法准确测定单一酶活性。而发色底物法可以解决这一难题，因为它是在糖苷配基上连接了一个生色基团。α-葡萄糖苷酶（俗称糖化酶）活性的测定如果以无色的对硝基苯酚-α-D-葡萄糖苷（pNPG）做反应底物，经 α-葡萄糖苷酶水解 α-1,4-葡萄糖苷键后释放出对硝基苯酚（pNP），后者在碱性条件下是黄色的，最后通过检测 405 nm 或 410 nm 波长处的 pNP 生成量，以此作为 α-1,4-葡萄糖苷酶活性大小的判定标准。

三、试剂与仪器

（一）材料与试剂

（1）1.25 mol/L 对硝基苯酚-α-D-葡萄糖苷（pNPG）溶液：75.2 mg pNPG 溶于 200 mL 0.05 mol/L 乙酸盐缓冲液（pH 值为 5.6）中。

　　(2) 4 mmol/L 对硝基苯酚(pNP)溶液:111.3 mg pNP 溶于 200 mL 0.05 mol/L 乙酸盐缓冲液(pH 值为 5.6)中。

　　(3) 0.05 mol/L 乙酸盐缓冲液(pH 值为 5.6):16.4 g 无水乙酸钠加 12 mL 乙酸,定容至 1 000 mL。

　　(4) 1 mol/L 碳酸钠溶液。

　　(5) 大曲浸提液。

(二) 仪器

722 型分光光度计、恒温水浴锅、移液管(2 mL)、试管、试管架等。

四、操作方法

　　1. 制作对硝基苯酚(pNP)标准曲线

　　取 6 支具塞试管,按下表分别取不同体积的 4 mmol/L 对硝基苯酚溶液,稀释成一系列浓度,最后定容至 10 mL。摇匀,然后在分光光度计上测定 410 nm 波长处的吸光度,以浓度为横坐标,吸光度为纵坐标作标准曲线。

	试　管　号				
	1(空白)	2	3	4	5	6
pNP 浓度/(μmol/L)	0	0.04	0.12	0.24	0.36	0.60
pNP 溶液加入量/mL	0	0.01	0.03	0.06	0.09	0.15
蒸馏水加入量/mL	1.0	0.99	0.97	0.94	0.91	0.85
碳酸钠溶液加入量/mL	2	2	2	2	2	2
A_{410}						

　　2. α-1,4-葡萄糖苷酶活性的测定

　　将大曲酶液稀释成不同的倍数。取 0.8 mL 1.25 mmol/L 对硝基苯酚-α-D-葡萄糖苷(pNPG)溶液,加入 0.2 mL 稀释后的大曲浸提液,迅速混匀后于 40 ℃水浴中保温 10 min,取出并立即加入 2 mL 1 mol/L 碳酸钠溶液终止反应。冷却,定容至 10 mL,用分光光度计测定 410 nm 波长处的吸光度,在标准曲线上查出相当于对硝基苯酚的量,并计算酶活性。

　　酶活性单位定义为:在上述分析条件下每分钟催化形成 1 μmol pNP 所需要的酶量为一个活性单位。

五、结果

$$酶活性 = \frac{c \times n}{V \times t}$$

式中:c 为 pNP 的浓度,μmol/L;V 为酶液量,mL;n 为酶液稀释倍数;t 为反应时间,

min。

　　如反应进行得太快,应适当减少大曲浸提液的加入量;反之,则增加。

六、思考题

　　(1) 在实验中为什么要做空白测定? 并分析实验误差。

　　(2) 淀粉酶的组分有哪些? 其性质是什么?

第七章 维生素的检测分析

实验 36 维生素 B₁ 的荧光测定

一、目的与要求

学习维生素 B_1 的测定原理和方法及荧光分光光度计的操作方法。

二、原理

硫胺素在碱性铁氰化钾溶液中被氧化成噻嘧色素，在紫外线下，噻嘧色素发出荧光。在给定的条件以及没有其他荧光物质干扰时，此荧光之强度与噻嘧色素量成正比，即与溶液中硫胺素量成正比。如样品中的杂质过多，应用离子交换剂处理，使硫胺素与杂质分离，然后以所得溶液进行测定。本方法的最小检出限为 $0.05~\mu g$。

三、试剂与仪器

（一）试剂

（1）正丁醇：分析纯，需经重蒸馏。

（2）无水硫酸钠（Na_2SO_4）。

（3）淀粉酶和蛋白酶（国产或进口均可）。

（4）0.1 mol/L 盐酸和 0.3 mol/L 盐酸。

（5）2 mol/L 乙酸钠溶液：164 g 无水乙酸钠溶于水中，并稀释至 1 000 mL。

（6）25%氯化钾溶液：250 g 氯化钾溶于水中，并稀释至 1 000 mL。

（7）25%酸性氯化钾溶液：8.5 mL 浓盐酸用 25%氯化钾溶液稀释至 1 000 mL。

（8）15%氢氧化钠溶液：15 g 氢氧化钠溶于水中，并稀释至 100 mL。

（9）1%铁氰化钾溶液：1 g 铁氰化钾溶于水中并稀释至 100 mL，于棕色瓶内保存。

（10）碱性铁氰化钾溶液：取 4 mL 1%铁氰化钾溶液，用 15%氢氧化钠溶液稀释至 60 mL。用时现配，避光使用。

（11）3%乙酸溶液：30 mL 冰乙酸用水稀释至 1 000 mL。

（12）活性人造沸石：称取 200 g 40～60 目的人造沸石，以 10 倍于其体积的热 3%乙酸溶液搅洗 2 次，每次 10 min；再用 5 倍于其体积的热 25%氯化钾溶液搅洗

15 min;然后再用热 3% 乙酸溶液搅洗 10 min;最后用热蒸馏水洗至没有氯离子。在蒸馏水中保存。

（13）0.04% 溴甲酚绿溶液:称取 0.1 g 溴甲酚绿,置于小研钵中,加入 1.4 mL 0.1 mol/L 氢氧化钠溶液研磨片刻,再加入少许水继续研磨至完全溶解,并用水稀释至 250 mL。

（14）硫胺素标准液。硫胺素标准储备液(0.1 mg/mL):准确称取 100 mg 经氯化钙干燥 24 h 的硫胺素,溶于 0.01 mol/L 盐酸中,并稀释至 1 000 mL。于冰箱中避光保存。

将硫胺素标准储备液用 0.01 mol/L 盐酸稀释 10 倍,即配成硫胺素标准中间液(10 μg/mL),冰箱中避光保存。

将硫胺素标准中间液用水稀释 100 倍,即配成硫胺素标准工作液(0.1 μg/mL),用时现配。

（二）仪器

电热恒温培养箱、荧光分光光度计、锥形瓶、高压锅、盐基交换管、匀浆器。

四、操作方法

1.样品制备

采集后用匀浆器打成匀浆于低温冰箱中冷冻保存,用时将其解冻后混匀使用。干燥样品要将其尽量粉碎后备用。

2.提取

（1）精确称取试样(估计其硫胺素含量为 10~30 μg),置于 100 mL 锥形瓶中,加入 50 mL 0.1 mol/L 或 0.3 mol/L 盐酸使其溶解,放入高压锅中加热至 121℃,使其水解 30 min,凉后取出。

（2）用 2 mol/L 乙酸钠溶液调其 pH 值为 4.5(以 0.04% 溴甲酚绿溶液为外指示剂)。

（3）按每克样品加入 20 mg 淀粉酶和 40 mg 蛋白酶的比例加入淀粉酶和蛋白酶。在 45~50℃下保温 16 h。

（4）凉至室温,定容至 100 mL,然后混匀过滤,即为提取液。

3.净化

（1）用少许脱脂棉铺于盐基交换管的交换柱底部,加水将棉纤维中的气泡排出,再加约 1 g 活性人造沸石使之达到交换柱的 1/3 高度。保持盐基交换管中的液面始终高于活性人造沸石。

（2）用移液管加入提取液 20~60 mL(使通过活性人造沸石的硫胺素总量为 2~5 μg)。

（3）加入约 10 mL 热蒸馏水冲洗交换柱,弃去洗液。如此重复 3 次。

（4）加入 25％酸性氯化钾溶液(温度约为 90℃)20 mL,收集此液在 25 mL 刻度试管内,凉至室温,用 25％酸性氯化钾溶液定容至 25 mL,即为样品净化液。

（5）重复上述操作,将 20 mL 硫胺素标准使用液加入盐基交换管代替样品提取液,即得标准净化液。

4. 氧化

将 5 mL 样品净化液分别加入 A、B 两个反应瓶。在避光条件下将 3 mL 15％氢氧化钠溶液加入反应瓶 A,将 3 mL 碱性铁氰化钾溶液加入反应瓶 B,振摇约 15 s,然后加入 10 mL 正丁醇;将 A、B 两个反应瓶同时用力振摇 1.5 min。重复上述操作,用标准净化液代替样品净化液。静置分层后吸去下层碱性溶液,加入 2～3 g 无水硫酸钠使溶液脱水。

5. 测定

（1）荧光测定条件:激发光波长 365 nm;发射光波长 435 nm;激发波狭缝 5 nm;发射波狭缝 5 nm。

（2）依次测定下列荧光强度:① 样品空白荧光强度(样品反应瓶 A);② 标准空白荧光强度(标准反应瓶 A);③ 样品荧光强度(样品反应瓶 B);④ 标准荧光强度(标准反应瓶 B)。

五、结果

$$X=(U-U_b)\times\frac{C\times V}{S-S_b}\times\frac{V_1}{V_2}\times\frac{1}{m}\times\frac{1}{1\ 000}$$

式中:X 为样品中硫胺素含量,mg/g;U 为样品荧光强度;U_b 为样品空白荧光强度;S 为标准荧光强度; S_b 为标准空白荧光强度; C 为硫胺素标准工作液浓度,$\mu g/mL$;V 为用于净化的硫胺素标准工作液体积,mL;V_1 为样品水解后的定容体积,mL;V_2 为样品用于净化的提取液体积,mL;m 为样品质量,g;数值 $\frac{1}{1\ 000}$ 为样品含量由 $\mu g/g$ 换算成 mg/g 的系数。

实验 37　维生素 B₂ 的测定

一、目的与要求

学习维生素 B₂ 测定的原理和方法,熟悉荧光分光光度计的使用。

二、原理

核黄素在 440～500 nm 波长的光照射下发出黄绿色荧光。在稀溶液中其荧光强度与核黄素的浓度成正比。利用硅镁吸附剂对核黄素的吸附作用,去除样品中的干扰荧光测定的杂质,然后洗脱核黄素,测定其荧光强度。试液中加入低亚硫酸钠($Na_2S_2O_4$),将核黄素还原为无荧光的物质,再测定试液中残余荧光杂质的荧光强度,两者之差即为食品中核黄素所产生的荧光强度。

三、试剂与仪器

（一）试剂

以下实验用水为蒸馏水,试剂不加说明者为分析纯试剂。

(1) 硅镁吸附剂:60～100 目。

(2) 2.5 mol/L 乙酸钠溶液。

(3) 10%木瓜蛋白酶:用 2.5 mol/L 乙酸钠溶液配制。使用时现配。

(4) 10%淀粉酶:用 2.5 mol/L 乙酸钠溶液配制。使用时现配。

(5) 0.1 mol/L 盐酸。

(6) 1 mol/L 氢氧化钠溶液。

(7) 0.1 mol/L 氢氧化钠溶液。

(8) 20%(g/mL)低亚硫酸钠溶液:用时现配。

(9) 洗脱液:丙酮、冰乙酸、水的体积比为 5:2:9。

(10) 0.04%溴甲酚绿指示剂。

(11) 3%(g/mL)高锰酸钾溶液。

(12) 3%过氧化氢溶液。

(13) 核黄素标准液的配制。

① 核黄素标准储备液(25 μg/mL):将标准品核黄素粉状结晶置于真空干燥器或盛有硫酸的干燥器中,经过 24 h 后准确称取 50 mg,置于 2 L 容量瓶中,加入 2.4 mL 冰乙酸和 1.5 mL 水。将容量瓶置于温水中摇动,待其溶解,冷却至室温,稀释至 2 L,移至棕色瓶中,加少许甲苯覆盖于溶液表面,在冰箱中保存。

② 核黄素标准使用液:吸取 2.00 mL 核黄素标准储备液,置于 50 mL 的棕色容量瓶中,用水稀释至刻度。避光储存于 4℃冰箱内,可保存一周。此溶液每毫升相当于 1.00 μg 核黄素。

（二）仪器

高压消毒锅、电热恒温培养箱、核黄素吸附柱、荧光分光光度计、瓷坩埚、锥形瓶。

四、操作方法

1.样品提取

(1) 水解。称取 2～10 g 样品(含 10～200 μg 核黄素)于 100 mL 锥形瓶中,加入 50 mL 0.1 mol/L 盐酸,搅拌直到颗粒物分散均匀。用 40 mL 瓷坩埚作为盖扣住瓶口,于 121℃下高压水解样品 30 min。水解液冷却后,滴加 1 mol/L 氢氧化钠溶液,用 0.04%溴甲酚绿做外指示剂调节 pH 值至 4.5。

(2)酶解。

① 含有淀粉的水解液:加入 3 mL 10%淀粉酶溶液,于 37～40℃下保温约 16 h。

② 含高蛋白的水解液:加 3 mL 10%木瓜蛋白酶溶液,于 37～40℃保温约 16 h。

2.过滤

将上述酶解液定容至 100.0 mL,用干滤纸过滤。此提取液在 4℃冰箱内可保存一周。

3.氧化去杂质

视样品中核黄素的含量,取一定体积的样品提取液及核黄素标准使用液(含 1～10 μg 核黄素),分别置于 20 mL 带盖刻度试管中,加水至 15 mL。各管加 0.5 mL 冰乙酸,混匀。加 3%高锰酸钾溶液 0.5 mL,混匀,放置 2 min,使氧化去杂质。滴加 3%过氧化氢溶液数滴,直至高锰酸钾的颜色退去。剧烈振摇此管,使多余的氧气逸出。

4.核黄素的吸附和洗脱

(1)准备核黄素吸附柱。取硅镁吸附剂约 1 g,用湿法装入柱,占柱长 1/2～2/3 (约 5 cm)为宜(吸附柱下端用一团脱脂棉垫上),勿使柱内产生气泡,调节流速使之约为 60 滴/min。

(2)过柱与洗脱。将全部氧化后的样液及标准液通过吸附柱后,用约 20 mL 热水洗去样液中的杂质。然后用 5 mL 洗脱液将样品中的核黄素洗脱并收集在带盖的 10 mL 刻度试管中,再用水洗吸附柱,收集洗出的液体并定容至 10 mL,混匀后待测荧光时用。

5.测定

(1)在激发光波长 440 nm,发射光波长 525 nm 处测量样品管及标准管的荧光值。

(2)待样品及标准的荧光值测量后,在各管的剩余液(5～7 mL)中加 0.1 mL 20%低亚硫酸钠溶液,立即混匀,在 20 s 内测出各管的荧光值,作为各自的空白值。

五、结果

$$X = \frac{(A-B) \times S}{(C-D) \times m} \times f \times \frac{1}{1\,000}$$

式中:X 为样品中含核黄素的量,mg/g;A 为样品管荧光值;B 为样品管空白荧光值;

C 为标准管荧光值;D 为标准管空白荧光值;f 为稀释倍数;m 为样品的质量,

g;S 为标准管中的核黄素含量,μg;数值 $\frac{1}{1\,000}$ 为将样品中的核黄素量由 μg/g

折算成 mg/g 的折算系数。

六、注意事项

（1）标准曲线在核黄素含量 $0.01\sim20~\mu g$ 范围内，呈良好的线性关系，所以每次测定样品的同时，测定与样品含量相近的标准即可。

（2）氧化去杂质时，加入高锰酸钾的量不宜过多，以避免加入过氧化氢的量过大而产生气泡，影响核黄素的吸附及洗脱。

七、思考题

（1）为什么荧光法比一般的比色法具有更高的灵敏度？

（2）荧光比色计与普通分光光度计的原理与结构有什么异同？

实验 38　植物中抗坏血酸含量的测定

一、目的与要求

（1）掌握抗坏血酸含量测定的原理及方法。

（2）熟悉维生素的性质及生理作用。

二、原理

维生素 C 又称为抗坏血酸，一般水果、蔬菜中维生素 C 的含量均较高，不同的水果、蔬菜品种，以及同一品种在不同栽培条件、不同成熟度等情况下，其维生素 C 的含量都有所不同。维生素 C 的含量可以作为果蔬品质的衡量指标之一。

维生素 C 具有很强的还原性，染料 2,6-二氯酚靛酚（2,6-dichlorophenolindophenol）具有较强的氧化性，且在酸性溶液中呈红色，在中性或碱性溶液中呈蓝色。因此当用蓝色的碱性 2,6-二氯酚靛酚溶液滴定含有抗坏血酸的草酸溶液时，其中的抗坏血酸可以将 2,6-二氯酚靛酚还原成无色的还原型结构。但当溶液中的抗坏血酸完全被氧化之后，如再滴 2,6-二氯酚靛酚就会使溶液呈红色。可依此现象来判断滴定的终点。根据滴定用去的标准 2,6-二氯酚靛酚溶液的量，可以计算出被测样品中抗坏血酸的含量。

三、试剂与仪器

（一）材料与试剂

2%草酸溶液、2,6-二氯酚靛酚、水果或蔬菜。

(二) 仪器

蒸发皿、小研钵及杵一套、刻度吸量管、漏斗、滤纸、容量瓶、微量滴定管。

四、操作方法

(1) 称取水果或蔬菜样品 10 g,放在研钵中加入 2‰草酸溶液约 5 mL 研碎。通过漏斗将研碎的样品倒入 100 mL 容量瓶中,研钵及杵用 2‰草酸溶液冲洗,并将洗液一并倒入该容量瓶中,最后用 2‰草酸溶液定容,过滤,滤液备用。

(2) 染料的标定:取 10 mL 标准抗坏血酸溶液至蒸发皿中,以 2,6-二氯酚靛酚溶液滴定呈粉红色,并以在 30 s 内不退色为终点。计算 1 mL 染料溶液相当于抗坏血酸的质量(mg)(重复 3 次,取平均值)。

(3) 取滤液 10 mL 于蒸发皿中,用已标定过的 2,6-二氯酚靛酚溶液滴定至粉红色,并且以在 30 s 内不退色为终点,记下染料的用量(重复 3 次,取平均值)。

五、结果

$$m(\text{mg/g 鲜试样}) = \frac{(y_0 - y_1) \times A \times Z}{B \times X}$$

式中:m 为 1 g 样品中含维生素 C 的质量;y_1 为滴定空白所用染料体积,mL;y_0 为滴定样品所用染料体积,mL;A 为 1 mL 染料溶液相当的抗坏血酸的质量,mg;B 为样品的质量,g;X 为滴定时吸取样品溶液的体积,mL;Z 为样品溶液定容后的总体积,mL。

六、思考题

(1) 维生素是怎样分类的?
(2) 为什么不能直接测定维生素 C 的含量?

实验 39　维生素 A 的测定

一、目的与要求

学习脂溶性维生素的测定方法和操作。

二、原理

在氯仿溶液中,维生素 A 与三氯化锑可相互作用,生成蓝色可溶性配合物,其颜色深浅与溶液中所含维生素 A 的含量成正比。该物质在 620 nm 波长处有最大吸收峰,其吸光度与维生素 A 的含量在一定的范围内成正比,故可比色测定。

本法适用于维生素 A 含量较高的各种样品(含量高于 5 μg/g),对低含量样品,因受其他脂溶性物质的干扰,不易比色测定。该法的主要缺点是生成的蓝色配合物的稳定性差,比色测定必须在 6 s 内完成,否则蓝色会迅速消退,将造成极大误差。

三、试剂与仪器

(一)试剂

(1)无水硫酸钠。

(2)乙酸酐。

(3)无水乙醚:不含过氧化物。

检查方法:取 5 mL 乙醚,加 1 mL 10%碘化钾溶液,振摇 1 min,如含过氧化物则会放出游离碘,水层呈黄色;或加入 4 滴 0.5%淀粉溶液,水层呈蓝色。

去除方法:重蒸乙醚时,瓶内放入少许铁末或纯铁丝,弃去 10%初馏液和 10%残留液。

(4)无水乙醇:含醛类物质。

检查方法:在盛有 2 mL 银氨溶液的小试管中,加入 3～5 滴无水乙醇,摇匀,再加入 100 g/L 氢氧化钠溶液,加热,放置冷却后,若有银镜反应,则表示乙醇中含有醛。

脱醛方法:取 2 g 硝酸银,溶于少量水中,取 4 g 氢氧化钠溶于温热乙醇中,将两者倾入盛有 1 L 乙醇的试剂瓶内,振摇后,暗处放置 2 天(不时摇动,促进反应);取上清液蒸馏,弃去初馏液 50 mL;若乙醇中含醛较多,可适当增加硝酸银用量。

(5)三氯甲烷:不含分解物。

检查方法:三氯甲烷不稳定,放置后易受空气中氧的作用生成氯化氢,检查时,可取少量三氯甲烷置于试管中,加水少许振摇,使氯化氢溶于水中,加几滴硝酸银溶液,若产生白色沉淀,则说明三氯甲烷中含有分解产物氯化氢。

处理方法:置三氯甲烷于分液漏斗中,加水洗涤数次,用无水硫酸钠或氯化钙脱水,然后蒸馏。

(6)250 g/L 三氯化锑-三氯甲烷溶液:将 25 g 干燥的三氯化锑迅速投入装有 100 mL 三氯甲烷的棕色试剂瓶中,振摇,使之溶解,再加入无水硫酸钠 10 g。用时吸取上清液。

(7)50%氢氧化钾溶液:取 50 g 氢氧化钾,溶于 50 g 水中,混匀。

(8)0.5 mol/L 氢氧化钾溶液。

(9)维生素 A 标准溶液:视黄醇(纯度 85%)或视黄醇乙酸酯(纯度 90%)经皂化处理后使用。取脱醛乙醇溶解维生素 A 标准品,使其浓度大约为 1 mg/mL。临用前以紫外分光光度法标定其准确浓度。

(10)酚酞指示剂:用 95%乙醇配制 1%的酚酞溶液。

(二) 仪器

锥形瓶、刻度吸量管(10 mL、5 mL、1 mL)、分液漏斗、量筒、抽滤装置、研钵、容量瓶(10 mL)、胶头滴管、分光光度计。

四、操作方法

1.样品处理

因含有维生素 A 的样品多为脂肪含量高的油脂或动物性食品,故必须首先除去脂肪,把维生素 A 从脂肪中分离出来。常规的去脂方法是皂化法和研磨法。

(1) 皂化法。适用于维生素 A 含量不高的样品,可减少脂溶性物质的干扰,但全部实验过程费时,且易导致维生素 A 的损失。

① 皂化。称取 0.5~5 g 经组织捣碎机捣碎或充分混匀的样品于锥形瓶中,加入 10 mL 50%氢氧化钾溶液及 20~40 mL 乙醇,在电热板上回流 30 min。加入 10 mL 水,稍稍振摇。若无混浊现象,表示皂化完全。

② 提取。将皂化液移入分液漏斗中,先用 30 mL 水分两次冲洗皂化瓶,洗液并入分液漏斗(如有渣子,可用脱脂棉滤入分液漏斗内)。再用 50 mL 乙醚分两次冲洗皂化瓶,所有洗液并入分液漏斗,振摇 2 min(注意放气),提取不皂化部分。静置分层后,水层放入第二分液漏斗。皂化瓶再用 30 mL 乙醚分两次冲洗,洗液倾入第一分液漏斗,振摇后静置分层,将水层放入第三分液漏斗,醚层并入第一分液漏斗。如此重复操作,直至醚层不再使三氯化锑-三氯甲烷溶液呈蓝色为止。

③ 洗涤。在第一分液漏斗中加 30 mL 水,轻轻振摇,静置片刻后,放入水层。再加入 15~20 mL 0.5 mol/L 氢氧化钾溶液,轻轻振摇后,弃去下层碱液(除去醚溶性酸皂),继续用水洗涤,至水洗液不再使酚酞变红为止。醚液静置 10~20 min 后,小心放掉析出的水。

④ 浓缩。将醚层液经过无水硫酸钠滤入锥形瓶中,再用约 25 mL 乙醚冲洗分液漏斗和硫酸钠两次,洗液并入锥形瓶内。用水浴蒸馏,回收乙醚。待瓶中剩约 5 mL 乙醚时取下。减压抽干,立即准确加入一定量的三氯甲烷(约 5 mL),使溶液中维生素 A 的含量在适宜浓度范围内(3~5 μg)。

(2) 研磨法。适用于每克样品中维生素 A 的含量高于 5 μg 的样品的测定,如猪肝的分析。步骤简单、省时,结果准确。

① 研磨。精确称取 2~5 g 样品,放入盛有 3~5 倍样品质量的无水硫酸钠研钵中,研磨至样品中水分完全被吸收,并均质化。

② 提取。小心地将全部均质化的样品移入带盖的锥形瓶内,准确加入 50~100 mL 乙醚。紧压盖子,用力振摇 2 min,使样品中的维生素 A 全部溶于乙醚中;使溶液自行澄清(需 1~2 h),或离心澄清(因乙醚易挥发,气温高时应在冷水浴中进行操作,装乙醇的试剂瓶也应事先放入冷水浴中)。

③ 浓缩。取澄清乙醚提取液 2~5 mL,放入比色管中,在 70~80 ℃水浴上抽气蒸干;然后立即加入 1 mL 三氯甲烷溶解残渣。

2. 标准曲线的绘制

准确吸取维生素 A 标准溶液 0 mL、0.1 mL、0.2 mL、0.3 mL、0.4 mL、0.5 mL,分别装入 6 个 10 mL 容量瓶中,用三氯甲烷定容,得标准系列使用液。再取 6 个 3 cm 比色皿,顺次移入标准系列使用液各 1 mL,每个比色皿中加乙酸酐 1 滴,制成标准比色液。在 620 nm 波长处,以 10 mL 三氯甲烷加 1 滴乙酸酐调节吸光度至零点;然后将标准比色液按顺序移入光路前,迅速加入 9 mL 三氯化锑-三氯甲烷溶液,在 6 s 内测定吸光度(每支比色皿都在临测前加入显色剂)。以维生素 A 含量为横坐标,以吸光度为纵坐标,绘制标准曲线。

3. 样品测定

取两个 3 cm 比色皿,分别加入 1 mL 三氯甲烷(样品空白液)和 1 mL 样品溶液,各加 1 滴乙酸酐。其余步骤同标准曲线的绘制。分别测定样品空白液和样品溶液的吸光度,从标准曲线中查出相应的维生素 A 的含量。

五、结果

$$X(\mu g/g \text{ 样品}) = (C - C_0)/m \times V$$

式中:X 为 1 g 样品中维生素 A 的含量;C 为由标准曲线上查得样品溶液中维生素 A 的含量,$\mu g/mL$;m 为样品质量,g;C_0 为由标准曲线上查得样品空白液中维生素 A 的含量,$\mu g/mL$;V 为样品提取后加入三氯甲烷定容的体积,mL。

如按国际单位,1 国际单位 = 0.3 μg 维生素 A。

六、注意事项

(1)维生素 A 极易被光破坏,实验操作时应在微弱光线下进行,或使用棕色玻璃仪器。

(2)在以乙醚为溶剂的萃取体系中,易发生乳化现象。在提取、洗涤操作中,不要用力过猛,若发生乳化,可加几滴乙醇破乳。

(3)所用氯仿中不应含有水分,因三氯化锑遇水会出现沉淀,干扰比色测定。在每毫升氯仿中应加入乙酸酐 1 滴,以保证脱水。另外,由于三氯化锑遇水会生成白色沉淀,因此用过的仪器要用稀盐酸浸泡后再清洗。

(4)由于三氯化锑与维生素 A 所产生的蓝色物质很不稳定,通常生成 6 s 后便开始比色,因此要求反应在比色管中进行,产生蓝色后立即读取吸光度。

(5)如果样品中含 β-胡萝卜素干扰测定(如奶粉、禽蛋等食品),可将浓缩蒸干的样品用正己烷溶解,以氧化铝为吸附剂,以丙酮、乙烷混合液为洗脱剂进行柱层析。

(6)比色法除用三氯化锑做显色剂外,还可用三氟乙酸、三氯乙酸做显色剂。其中三氟乙酸没有遇水发生沉淀而使溶液混浊的缺点。

第八章 核酸的分离与分析

实验 40 哺乳动物基因组 DNA 的提取

一、目的与要求

通过本实验了解并掌握提取基因组 DNA 的原理和步骤,以及相对分子质量较大的 DNA 的琼脂糖凝胶电泳技术。

二、原理

在 EDTA 和 SDS 等去污剂的存在下,用蛋白酶 K 消化细胞,随后用酚抽提,可以得到基因组 DNA,用此方法得到的 DNA 长度为 100~150 kb,适用于 λ 噬菌体构建基因组文库和 Southern 分析。

三、试剂与仪器

（一）材料与试剂

(1) 鼠肝。

(2) 酶解液:200 mmol/L Tris-HCl(pH 值为 8.0),50 mmol/L EDTA(pH 值为 8.0),200 μg/mL 蛋白酶 K,1%十二烷基硫酸钠(SDS)。

(3) SDS。

(4) 蛋白酶 K(10 mg/mL):配好后用一次性过滤器过滤,−20℃下保存。

(5) 平衡酚(pH 值为 8.0)-氯仿-异戊醇(体积比为 25∶24∶1)。

(6) 无 DNA 酶的 RNA 酶:将胰 RNA 酶溶于 10 mmol/L Tris-HCl(pH 值为 7.5),15 mmol/L NaCl 溶液中,浓度为 10 mg/mL,于 100℃水浴中处理 15 min 以降解 DNA 酶,缓慢冷却至室温,−20℃下保存。

(7) 5 mol/L NaCl 溶液。

(8) 0.5 mol/L Tris-HCl(pH 值为 8.0)。

(9) 0.5 mol/L EDTA 溶液(pH 值为 8.0)。

(10) 3 mol/L NaAc 溶液(pH 值为 5.2)。

(11) TE 缓冲液:10 mmol/L Tris-HCl(pH 值为 8.0),25 mmol/L EDTA(pH 值为 8.0)。

(7)～(11)5 种试剂均高压灭菌。

(12) 组织匀浆液：100 mmol/L NaCl，10 mmol/L Tris-HCl（pH 值为 8.0），25 mmol/L EDTA（pH 值为 8.0）。

(13) λDNA/*Eco*R Ⅰ＋*Hind*Ⅲ 相对分子质量标准物片段（bp）21 227、5 148、4 973、4 268、3 530、2 027、1 904、1 584、1 315、947、831、564。

(14) 6×上样缓冲液：0.25％溴酚蓝，40％（g/mL）蔗糖水溶液。

(15) 5×TBE：5.4 g Tris，2.75 g 硼酸，2 mL 0.5 mol/L EDTA（pH 值为 8.0），加水到 100 mL。

(16) 氯仿-异戊醇（体积比为 24∶1）。

（二）仪器

离心机、匀浆器、灭菌锅、水浴锅、1.5 mL 离心管、微量取样器、无菌过滤器、10 mL 注射器。

四、操作方法

本实验在无液氮的条件下制备鼠肝 DNA，与有液氮条件下相比，产量和质量都有所下降。整个操作过程中，应尽量避免 DNA 酶的污染，且动作应温和，以减少对 DNA 的机械损伤。

(1) 取 0.2 g 鼠肝，用冰冷的生理盐水洗 3 次，然后加入 2.0 mL 匀浆液中。用玻璃匀浆器匀浆至无明显的组织块存在（冰浴操作，切勿使细胞破碎，可镜检观察）。

(2) 将组织细胞移至 1.5 mL 离心管中，离心（5 000 r/min）30～60 s（尽可能在低温下操作），弃上清液，若沉淀中血细胞较多，可再加入 5 倍于细胞体积的匀浆液洗一次。

(3) 沉淀加 0.8 mL 无菌水迅速吹散，分两管，再加 0.4 mL 酶解液，翻转混匀（动作一定要轻），55℃下水浴处理 12～18 h。

(4) 沉淀加 RNase 至终浓度为 200 μg/mL，37℃下水浴 1 h。

(5) 加入等体积平衡酚-氯仿-异戊醇抽提一次（慢慢旋转混匀，倾斜使两相接触面积增大）。在 4℃下，离心（10 000 r/min）10 min。

(6) 有时由于 DNA 含量过高，水相在下层，实验时注意观察。用扩口吸头移出含 DNA 的水相（注意勿吸出界面中蛋白质沉淀），加等体积氯仿-异戊醇，在 4℃下离心（10 000 r/min）10 min（若界面或水相中蛋白含量多，可重复步骤(5)、(6)）。

(7) 用扩口吸头小心吸出上层含 DNA 的水相，加 1/10 体积的 NaAc 溶液，小心混匀（要充分），再向每管中加入 2.5 倍体积的无水乙醇，－20℃下过夜。

(8) 离心（12 000 r/min）15 min，弃上清液，用 75％冷乙醇洗涤一次，离心（12 000 r/min）15 min，室温下干燥（不要太干，否则 DNA 不易溶解），加入适量 TE 缓冲液，4℃下轻摇溶解过夜，即可得到实验动物基因 DNA。

(9) 电泳鉴定 DNA,由于基因组 DNA 相对分子质量较大,用 0.3% 的琼脂糖电泳鉴定。先在底部铺一层 1% 的支持胶,凝固后再铺上一层 0.3% 的凝胶,插上梳子(梳子不能碰到支持胶)。取 1.5 μL 溶解的 DNA、1 μL 上样缓冲液和 35 μL 无菌水混匀后小心上样(可在另一孔加入 DNA 相对分子质量标准物)观察基因组 DNA 的大小。用 Goldview 染色观察结果(小心,胶很容易破碎)。

五、结果

提取得到的 DNA 应为一条带,如 DNA 降解会出现弥散带型。根据紫外灯下的观察结果绘图(可参见图 8-1 所示结果)。

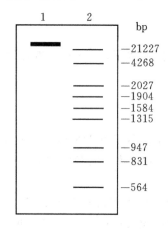

图 8-1　DNA 电泳结果

1—提取的基因组 DNA;2—DNA 相对分子质量标准物(λDNA/EcoRⅠ + HindⅢ)

实验 41　植物基因组 DNA 的提取

一、目的与要求

学习从植物组织中提取 DNA 的方法。

二、原理

脱氧核糖核酸(deoxyribonucleicacid,简称 DNA)是一切生物细胞的重要成分,主要存在于细胞核中,盐溶法是提取 DNA 的常规技术之一。从细胞中分离得到的 DNA 是与蛋白质结合的 DNA,其中还含有大量 RNA,即核糖核蛋白。如何有效地将这两种核蛋白分开是技术的关键。DNA 不溶于 0.14 mol/L NaCl 溶液中,而 RNA 则能溶于 0.14 mol/L NaCl 溶液中,利用这一性质就可以将两者从破碎细胞浆液中分开。制备过程中,细胞破碎的同时就有 DNase 释放到提取液中,使 DNA 降解而影响得率。在提取缓冲液中加入适量的柠檬酸盐和 EDTA,既可抑制酶的活性,又可使蛋白质变性而与核酸分离。再加入 0.15% 的含阴离子去垢剂的 SDS 或氯仿-异戊醇,通过离心使蛋白质沉淀而除去,得到含有核酸的上清液。然后可用 95% 的预冷乙醇把 DNA 从上清液中沉淀出来。

三、试剂与仪器

(一) 材料与试剂

(1) 研磨缓冲液:将 59.63 g NaCl、13.25 g 柠檬酸三钠、37.2 g EDTA 二钠盐分别溶解后混合,用 0.2 mol/L NaOH 溶液调 pH 值至 7.0,并定容至 1 000 mL。

(2) 10×SSC 溶液:将 87.66 g NaCl 和 44.12 g 柠檬酸三钠,分别溶解于蒸馏水中,混合后定容至 1 000 mL。

(3) 1×SSC 溶液:用 10×SSC 溶液稀释 10 倍。

(4) 0.1×SSC 溶液:用 1×SSC 溶液稀释 10 倍。

(5) RNase 溶液:用 0.14 mol/L NaCl 溶液配制 25 mg/mL 酶液,用 1 mol/L 盐酸调整 pH 值至 5.0。使用前在 80 ℃ 水浴中处理 5 min(以破坏可能存在的 DNase)。

(6) 氯仿-异戊醇:按 24 mL 氯仿和 1 mL 异戊醇的比例混合。

(7) 5 mol/L 高氯酸钠溶液:称取 $NaClO_4 \cdot H_2O$ 0.23 g,先加入少量蒸馏水溶解,再定容至 100 mL。

(8) SDS(十二烷基硫酸钠)化学试剂的重结晶:将 SDS 放入无水酒精中达到饱和为止,然后在 70~80 ℃ 的水浴中溶解,趁热过滤,冷却之后即将滤液放入冰箱,待结晶出现再在室温下晾干待用。

(9) 1 mol/L 盐酸。

(10) 0.2 mol/L NaOH 溶液、0.05 mol/L NaOH 溶液。

(11) 二苯胺乙醛试剂:将 1.5 g 二苯胺溶于 100 mL 冰乙酸中,加入 1.5 mL 浓硫酸,装入棕色瓶,暗处储存,使用时加 0.1 mL 2% 乙醛溶液。

(12) 1.0 mol/L 高氯酸($HClO_4$)溶液。

(13) DNA 标准液:将 25 mg 标准 DNA 样品溶于少量 0.05 mol/L NaOH 溶液中,再用 0.05 mol/L NaOH 溶液定容至 25 mL。取 5 mL 至 50 mL 容量瓶中,加 5.0 mL 1.0 mol/L 高氯酸溶液,混匀,冷却后用 0.5 mol/L 高氯酸溶液定容,配制成 100 μg/mL 的标准溶液。

(14) 去胚乳的小麦芽(或其他植物幼嫩组织)。

(二) 仪器

紫外分光光度计、磨口三角瓶、刻度试管、研钵。

四、操作方法

(1) 称取去胚乳的小麦芽 10 g(或其他植物幼嫩组织),剪碎后置研钵中,加 10 mL 预冷研磨缓冲液并加入 0.1 g 左右的 SDS,置冰浴上研磨成糊状。

(2) 将匀浆液转入 25 mL 刻度试管中,加入等体积的氯仿-异戊醇混合液,加上塞子,上下翻转混匀,将混合液转入离心管,静置片刻以脱除组织蛋白质。离心 (4 000 r/min)5 min。

(3) 吸取上清液至刻度试管中,弃去中间层的细胞碎片、变性蛋白质及下层的氯仿。

(4) 将试管置于 72 ℃水浴中保温 3 min(不超过 4 min),以灭活组织中的 DNA 酶。然后迅速取出试管置冰水浴中冷却到室温,加入 5 mol/L 高氯酸钠溶液(提取液与高氯酸钠溶液体积比为 4:1),使溶液中高氯酸钠的最终浓度为 1 mol/L。

(5) 再次加入等体积氯仿-异戊醇至大试管中,振荡 1 min,静置后在室温下离心 (4 000 r/min)5 min 后,取上清液置于小烧杯中。

(6) 用滴管吸取 95% 的预冷乙醇,慢慢地加入烧杯中上清液的表面上,直至乙醇的体积为上清液的两倍,用玻棒轻轻搅动。此时核酸迅速以纤维状沉淀缠绕在玻棒上。

(7) 将核酸沉淀物在烧杯内壁上轻轻挤压,以除去乙醇,先用 5 mL 0.1×SSC 溶液溶解,然后加入 0.5 mL 左右的 10×SSC,使最终浓度为 1×SSC。

(8) 重复步骤(6)和步骤(7),即得到 DNA 的粗制品。

(9) 加入已处理的 RNase 溶液,使其最后的作用浓度为 50~70 μg/mL,并在 37 ℃水浴中保温 30 min,以除去 RNA。

(10) 加入等体积的氯仿-异戊醇混合液,在磨口三角瓶中振荡 1 min,再除去残留蛋白质及所加 RNase 蛋白,在室温下离心(4 000 r/min)5 min,收集上层水溶液。

再按步骤(6)、(7)处理,即可得到纯化的 DNA 液(若没有步骤(8)~(10),则得到的是粗制品)。

五、结果

(1) 电泳检测(参见实验 48)。

(2) DNA 的紫外吸收法鉴定:测定样品在 260 nm 波长处的吸光度值(参见实验 45)。

六、思考题

如果要提取基因组大片段的 DNA 分子,操作中应注意什么?

实验 42　植物总 RNA 的提取与电泳

一、目的与要求

掌握 RNA 制备的技术与方法,以及常用鉴定方法的原理、操作步骤、注意事项和技术要点。

二、原理

胍盐法(Qiagen 试剂盒),即在含有强的异硫氰酸胍变性剂的提取液中裂解植物组织粉末,在提取缓冲液中含有 RNase 抑制剂,抑制 RNase 活性,保证 RNA 的完整性。通过第一个离心柱时细胞碎片被阻留在柱子上,溶液均质化,包括 RNA 在内的分子物质通过离心柱。加入乙醇后,再过第二个离心柱,RNA 就结合在柱子底部有硅胶的膜上,洗去其他杂质,最后用无 RNase 的水溶解 RNA。该柱子可结合100 μg 大于 200 bp 的 RNA,所以应控制起始材料的用量。

RNA 的检测主要用琼脂糖凝胶电泳,分为非变性电泳和变性电泳。一般变性电泳用得最多的是甲醛变性电泳(如在 Northern blot 实验过程中);由于 RNA 分子是单链核酸分子,它不同于 DNA 的双链分子结构,其自身可以回折形成发卡式二级结构及更复杂的分子状态,以至于通过一般传统的琼脂糖凝胶电泳难以得到依赖于相对分子质量的电泳分离条带,为此电泳上样前应将样品在 65℃下加热变性 5 min,使 RNA 分子的二级结构充分打开,并且在琼脂糖凝胶中加入适量的甲醛,可保证 RNA 分子在电泳过程中持续保持单链状态,因此,总 RNA 样品便在统一构象下得到了琼脂糖凝胶上的依赖于相对分子质量的逐级分离条带。

三、试剂与仪器

（一）材料与试剂

(1) 10×凝胶缓冲液:吗啉代丙磺酸(MOPS)(pH 值为 7.0)200 mmol/L;NaAc 50 mmol/L;EDTA(pH 值为 8.0)10 mmol/L(用 DEPC(焦碳酸二乙酯)水配制,用 NaOH 调节 pH 值至 7.0,过滤除菌后避光保存)。

(2) 10×电泳上样缓冲液:50%(体积分数)甘油(用 DEPC 处理的水稀释);10 mmol/L EDTA(pH 值为 8.0);0.25%(g/mL)溴酚蓝;0.25%(g/mL)二甲苯腈 FF。

(3) 新鲜植物组织(水稻)。

(4) Qiagen 试剂盒(RLT 缓冲液、RW1 缓冲液、RPE 缓冲液)。

(二) 仪器

离心机、EP 管、Qiagen RNeasy 植物试剂盒、甲醛与琼脂糖电泳系统、凝胶成像仪等。

四、操作方法

(一) 植物总 RNA 的提取

(1) 称取新鲜植物组织 100 mg,液氮速冻。

(2) 在预冷的研钵中并在液氮中研磨成细粉末,转移到 2 mL 或 1.5 mL 的离心管中。

(3) 待液氮挥发(但不能解冻)后,加入 450 μL 提取缓冲液 RLT,混匀后在 56℃下保温 1～3 min。

(4) 将裂解液加到离心柱(淡紫色)上,下接一个 2 mL 收集管,以最大转速离心 2 min。裂解液通过柱子时被均质化,小心吸取上清液,转移到另一新离心管。

(5) 加入 0.5 倍体积(225 μL)96%～100%乙醇,混匀。加入乙醇后,可能出现沉淀,无影响。

(6) 将混合液全部(包括沉淀 675 μL)转移到吸附离心柱(粉红色)内,下接 2 mL 收集管,10 000 r/min 离心 15 s。弃去管内液体。

(7) 加入 700 μL RW1 缓冲液,10 000 r/min 离心 25 s,弃去收集管。

(8) 将离心柱转移到一个新的 2 mL 收集管上,加入 500 μL RPE 缓冲液,10 000 r/min 离心 15 s,弃去管内液体重复使用收集管;加入 500 μL RPE 缓冲液到离心柱内,以最大转速离心 2 min,干燥离心柱,弃去收集管。

(9) 把离心柱接在一个新的 1.5 mL 离心管上,加入 30～50 μL 无 RNase 水(0.1%DEPC 处理),10 000 r/min 离心 1 min,洗出 RNA。若 RNA 产量在 20 μg 以上,用 30～50 μL 无 RNase 水再洗脱 1 次。将 RNA 样品保存于 −20℃下备用。

(二) 琼脂糖凝胶非变性电泳

(1) 胶(1.2%)制备:用 1×凝胶缓冲液配制 1.2%的凝胶,待其凝固至少 30 min 后进行上样。

(2) 样品制备:在离心管中,将 RNA 样品与 10×上样缓冲液以 9∶1 的比例混匀,马上冰浴 5 min,瞬时离心数秒。RNA 上样量为 2～30 μg,本次实验为 10 μg。

(3) 上样前凝胶须预电泳 5 min,随后将样品加入加样孔,以 5 V/cm 的电压电泳 1～1.5 h。

(4) 待溴酚蓝迁移至凝胶长度的 4/5 处结束电泳。将凝胶置于溴化乙锭溶液(0.5 μg/mL,用 0.1 mol/L 乙酸铵溶液配制)中染色约 30 min。

(5) 在紫外灯下观察结果(如果用于 Northern blot,在凝胶转膜前应做好移动距离的标记)。

(三)琼脂糖凝胶甲醛变性电泳

(1)制备凝胶(1.2%):称取 1.2 g 琼脂糖,加 72 mL DEPC 处理的水,加热使其溶解。冷却至 60℃,在通风橱内加入 10×凝胶缓冲液 10 mL,甲醛(37%)18 mL,混匀后倒入凝胶模具中。

(2)样品制备:在离心管里,将 RNA 样品与 10×上样缓冲液以 9:1 的比例混合。65 ℃水浴 5～10 min,马上冰浴 5 min,瞬时离心数秒。对于 Northern 杂交实验,总 RNA 上样量可达到 10～30 μg。

(3)上样前凝胶须预电泳 5 min,随后加入样品。以 5 V/cm 的电压电泳 1.5～2.0 h。

(4)待溴酚蓝迁移至凝胶长度 2/3～4/5 处结束电泳。将凝胶置于溴化乙锭溶液中染色 30 min。

(5)在紫外灯下观察结果。

注:上述每一步均要求无 RNase 污染。

五、结果

根据紫外灯下观察结果作图,报告实验结果。

实验 43 酵母 RNA 的分离与组分鉴定

一、目的与要求

(1)掌握用稀碱法分离酵母 RNA 的原理与操作过程,学习普通离心机的使用方法。

(2)了解 RNA 的化学组成,并掌握定性鉴定的基本原理与具体方法。

二、原理

由于 RNA 的来源和种类很多,因而提取制备方法也各异,一般有苯酚法、去污剂法、稀碱法、浓盐法和盐酸胍法。

其中苯酚法是实验室最为常用的。组织匀浆用苯酚处理并离心后,RNA 即溶于上层被苯酚饱和的水相中,DNA 和蛋白质则留在苯酚层中,向水层加入乙醇后,RNA 即以白色絮状沉淀析出。此法能较好地除 DNA 和蛋白质,提取的 RNA 具有生物活性。

酵母细胞富含核酸,且核酸主要是 RNA,含量为干菌体的 2.67%～10.0%,而 DNA 含量较少,仅为 0.03%～0.516%。为此,提取 RNA 多以酵母为原料。工业上制备 RNA 多选用成本低、适于大规模操作的稀碱法或浓盐法。这两种方法所提取的核酸均为变性的 RNA,主要用作制备单核苷酸的原料,其工艺比较简单。

　　稀碱法是用氢氧化钠使酵母细胞壁变性、裂解,然后用酸中和,离心除去蛋白质和菌体后,用乙醇沉淀上清液中的 RNA 或调 pH 值至 2.5 利用等电点沉淀,即可得到 RNA 的粗制品。提取的 RNA 有不同程度的降解。浓盐法是用高浓度盐溶液处理,同时加热,以改变细胞壁的通透性,使核酸从细胞内释放出来。

　　RNA 含有核糖、嘌呤碱/嘧啶碱和磷酸各组分。加硫酸煮可使 RNA 水解,在水解液中可用定糖、加钼酸铵沉淀(或用定磷法)和加银沉淀等方法测出上述组分的存在。①嘌呤碱与硝酸银作用产生白色的嘌呤银化合物沉淀。②地衣酚显色法:核糖核酸与浓盐酸共热时,即发生降解,形成的核糖继而转变为糠醛,后者与地衣酚(3,5-二羟基甲苯)反应呈鲜绿色,该反应需用三氯化铁或氯化铜做催化剂。③磷酸与钼酸铵试剂作用产生黄色的磷钼酸铵沉淀($(NH_4)_3PO_4 \cdot 12MoO_3$)。

三、试剂与仪器

(一)材料与试剂

(1) 0.2%氢氧化钠溶液。

(2) 95%乙醇。

(3) 乙酸、乙醚。

(4) 10%硫酸溶液。

(5) 0.1 mol/L 硝酸银溶液。

(6) 浓氨水。

(7) 酸性乙醇溶液:30 mL 乙醇加 0.3 mL 浓盐酸。

(8) 三氯化铁-浓盐酸溶液:将 2 mL 10%三氯化铁($FeCl_3 \cdot 6H_2O$)溶液加入 400 mL浓盐酸中。

(9) 地衣酚-乙醇溶液:称取 6 g 地衣酚,溶于 100 mL 95%乙醇。

(10) 钼酸铵试剂:将 2 g 钼酸铵溶解在 100 mL 10%硫酸溶液中。

(二)仪器

天平、烧杯(100 mL)、吸量管(0.2 mL、1 mL、2.0 mL)、量筒(10 mL、50 mL)、滴管、干燥箱、恒温水浴锅、离心机、布氏漏斗。

四、操作方法

1.酵母 RNA 的提取

称取 4 g 干酵母粉,置于 100 mL 烧杯中,加入 40 mL 0.2%氢氧化钠溶液,在沸水浴中加热 30 min,不断搅拌。冷却,然后加入数滴乙酸溶液使提取液呈酸性(用石

蕊试纸检测);以 4 000 r/min 离心 10～15 min 后,向上清液中慢慢加入 10 mL 95％
乙醇洗涤 2 次,边加边轻轻搅拌,待 RNA 完全沉淀,以 4 000 r/min 离心 10 min,弃
去上清液,保留沉淀。沉淀再用无水乙醚洗 2 次(每次 10 mL),洗涤时可用细玻棒小
心搅动沉淀,离心 10 min 后,保留沉淀,于 80 ℃干燥,称量所得 RNA 粗品的质量并
计算得率。

2. RNA 组分鉴定

水解 RNA:取 0.5～1 g 提取的核酸,加入 10％硫酸溶液 10 mL,沸水浴加热
10 min制成水解液,然后进行组分鉴定。

(1) 嘌呤碱的检测:取一支试管,加入 1 mL 水解液,加入过量浓氨水(约 2 mL)。
然后加入 1 mL 0.1 mol/L 硝酸银溶液,观察有无嘌呤碱银化合物沉淀。

(2) 核糖的检测:取一支试管,加入水解液 1 mL、三氯化铁-浓盐酸溶液 2 mL 和
地衣酚-乙醇溶液 0.2 mL。沸水浴 10～15 min。注意观察溶液是否变成绿色。

(3) 磷酸的检测:取一支试管,加入 2 mL 水解液,然后加入 5 滴硝酸银溶液和
1 mL 钼酸铵试剂后,摇匀后在沸水浴中加热,观察有无黄色磷钼酸铵沉淀。

五、结果

RNA 提取率的计算公式如下:

$$RNA\ 提取率 = \frac{RNA\ 质量(g)}{干酵母粉质量(g)} \times 100\%$$

六、注意事项

(1) 稀碱法提取的 RNA 为变性 RNA,可用于 RNA 组分鉴定及单核苷酸制备,
不能作为 RNA 生物活性实验材料。

(2) 利用等电点控制 RNA 析出时,应严格控制 pH 值。

(3) 地衣酚反应特异性较差,脱氧核糖及核糖均有此反应。因此,地衣酚实验不
能作为 RNA 与 DNA 鉴别的依据。

七、思考题

(1) 所得 RNA 是否是纯品? 如何进一步纯化?

(2) 在酵母 RNA 的提取实验中,95％乙醇有什么作用?

(3) 若要鉴定 DNA 水解液的组分,应如何进行实验?

(4) 现有三瓶未知溶液,已知它们分别为蛋白质、糖和 RNA,采用什么试剂和方
法鉴定?(自行设计简便的实验。)

实验 44　组织和细胞 RNA 的制备

一、目的与要求

学习、掌握组织和细胞 RNA 制备的基本原理与方法。

二、原理

真核细胞总 RNA 的制备方法有多种,包括异硫氰酸胍-氯化铯超速离心法、盐酸胍-有机溶剂法、氯化锂-尿素法、热酚法、异硫氰酸胍法-酚-氯仿一步法以及 TRIzol 试剂提取法等。目前实验室提取总 RNA 的常用方法为异硫氰酸胍法-酚-氯仿一步法和 TRIzol 试剂提取法。异硫氰酸胍法制备真核细胞总 RNA,是将已知最强的 RNase 酶抑制剂异硫氰酸胍、β-巯基乙醇和去污剂 N-月桂酰肌氨酸联合使用,抑制了 RNA 的降解,增强了核蛋白复合物的解离,使 RNA 和蛋白质分离并进入溶液,RNA 选择性地进入无 DNA 和蛋白质的水相,容易被异丙醇沉淀浓缩。

TRIzol 试剂是由苯酚和异硫氰酸胍配制而成的单相的快速抽提总 RNA 的试剂,在匀浆和裂解过程中,能在破碎细胞、降解细胞其他成分的同时保持 RNA 的完整性。在氯仿抽提、离心分离后,RNA 处于水相中,将水相转管后用异丙醇沉淀 RNA。用这种方法得到的总 RNA 中蛋白质和 DNA 污染很少,可以用来做 Northern、RT-PCR、分离 mRNA、体外翻译和分子克隆等。

三、试剂与仪器

(一) 试剂

(1) CSB 缓冲液:42 mmol/L 柠檬酸钠,0.83％ N-lauryl sarcosine(N-月桂酰肌氨酸),0.2 mmol/L β-巯基乙醇。

(2) 变性液:取异硫氰酸胍(终浓度 4 mol/L)25 g、CSB 缓冲液 33 mL,混合直至完全溶解,可在 65 ℃下助溶。在 4 ℃下保存备用。

(3) 2 mol/L 乙酸钠溶液(pH 值为 4.0)。

(4) 异丙醇。

(5) 无水乙醇、70％乙醇。

(6) 酚-氯仿-异戊醇混合液(酚、氯仿、异戊醇的体积比为 25∶24∶1)。

(7) DEPC 水:100 mL 双蒸水中加入 DEPC 0.1 mL,充分搅拌,37℃下过夜。高压灭菌,4 ℃下保存备用。

（二）仪器

匀浆器、离心机、离心管、灭菌锅、冰浴。

四、操作方法

1. 总 RNA 的提取

（1）样品处理。

① 培养细胞。收集细胞 $1 \times 10^7 \sim 2 \times 10^7$ 在 500 g 下离心 5 min。对于贴壁培养细胞，用 0.25％胰蛋白酶-EDTA 消化后，用 PBS（磷酸盐缓冲液）重悬细胞并转移至 10 mL 离心管中；悬浮培养细胞可直接转移离心管。以 500 g 离心 5 min 收集细胞。用 PBS 洗涤 2 次，离心弃上清液，置冰浴中。加预冷变性液 2 mL，充分摇动，使细胞裂解完全。以下操作均在冰浴中进行。

② 取 1~2 g 组织（新鲜或 −70℃ 及液氮中保存的组织均可），置于匀浆器中，加入预冷的变性液 12 mL，在冰浴中充分匀浆。

（2）加 2 mol/L 乙酸钠溶液（pH 值为 4.0）0.2 mL，混合后将溶液转移至 5 mL 离心管中。

（3）加酚-氯仿-异戊醇混合液 2.2 mL，颠倒混合用力振荡 10 s，冰上放置 10 min。在 4℃、12 000 g 下离心 20 min。

（4）小心吸取上层含有 RNA 的水相，并转移至全新的 5 mL 离心管中。避免吸取两相之间的蛋白质。

（5）加等体积的异丙醇，置于 −20℃ 下至少 30 min，沉淀 RNA。在 4℃、12 000 g 下离心 15 min。

（6）弃上清液，加变性液 2 mL 重悬 RNA 沉淀物，振荡直至 RNA 完全溶解（必要时可用 65℃ 水浴促溶）。

（7）加入等体积异丙醇，置于 −20 ℃ 下 30 min。取出后于 4 ℃、12 000 g 下离心 15 min。

（8）弃上清液，加入 70％乙醇 4 mL 洗涤 RNA 沉淀。在 4℃、8 000 g 下离心 5 min。弃上清液，将沉淀晾干。

（9）加入适量 DEPC 水溶解 RNA（65℃ 水浴促溶 10~15 min）。

2. 总 RNA 的测定

采用 1 cm 的石英比色皿用双蒸水稀释 RNA 样品 n 倍，并以双蒸水为空白对照，测定样品的 A_{260} 值和 A_{280} 值。

注意：所有实验过程均须避免 RNase 的污染。要避免沉淀完全干燥，否则 RNA 难以溶解。

五、结果

RNA 定量方法与 DNA 定量相似。RNA 在 260 nm 波长处有最大的吸收峰。

因此,可以测定样品在 260 nm 波长处的吸光度以测定 RNA 浓度。A 值为 1 大约相当于 40 μg/mL 的单链 RNA。如用 1 cm 光径,用双蒸水稀释 RNA 样品 n 倍,并以双蒸水为空白对照,根据此时读出的 A_{260} 值即可计算出样品稀释前的浓度:

$$RNA \ 浓度(mg/mL) = \frac{40 \times A_{260} \times n}{1\ 000}$$

RNA 纯品的 A_{260}/A_{280} 值为 2.0,故根据 A_{260}/A_{280} 值可以估计 RNA 的纯度。若比值较低,说明有残余蛋白质存在;若比值太高,则提示 RNA 有降解。

附:TRIzol 法

TRIzol RNA 提取试剂盒是由 GIBCO BRL 公司推出专供提取 RNA 的产品,操作方便、快捷。

1.试剂

TRIzol 试剂、氯仿、异丙醇、75%乙醇(DEPC 水配制)、DEPC 水。

2.操作步骤

(1) 样品处理。

① 培养细胞:收获细胞 $1 \times 10^7 \sim 5 \times 10^7$,移入 1.5 mL 离心管中,加入 1 mL TRIzol 试剂,混匀,室温下静置 5 min。

② 组织:取 50~100 mg 组织(新鲜的或在−70℃下及液氮中保存的组织均可),置于 1.5 mL 离心管中,加入 1 mL TRIzol 试剂充分匀浆,室温下静置 5 min。

(2) 加入 0.2 mL 氯仿,振荡 15 s,静置 2 min。于 4℃、12 000g 下离心 15 min,取上清液。

(3) 加入 0.5 mL 异丙醇,将管中液体轻轻混匀,室温下静置 10 min。于 4 ℃温度下,12 000g 下离心 10 min,弃上清液。

(4) 加入 1 mL 75%乙醇,轻轻洗涤沉淀。于 4℃、7 500g 下离心 5 min,弃上清液。

(5) 晾干,加入适量的 DEPC 水溶解(65 ℃水浴促溶 10~15 min)。

3.注意事项

(1) 样品量和 TRIzol 试剂的加入量一定要按操作步骤(1)中的规定,不能随意增加样品量或减少 TRIzol 试剂量,否则会使内源性 RNase 的抑制不完全,导致 RNA 降解。

(2) 实验过程必须严格防止 RNase 的污染。

实验 45　核苷酸的纸电泳

一、目的与要求

掌握纸电泳的操作技术,学会用纸电泳鉴别核苷酸。

二、原理

核苷酸为两性化合物。在一定的 pH 值条件下,各种核苷酸的基团解离不同,所带电荷不一样。在电场作用下,它们的移动速率不同,从而得以分离。在 pH 值为 3.5 的缓冲液中,各种核苷酸的第一磷酸基团全部解离,第二磷酸基团全部不解离。而各碱基的解离程度不同,所带电荷有明显差别。在纸电泳时,各核苷酸向阳极移动的速率按下列顺序排列:UMP>GMP>AMP>CMP。

三、试剂与仪器

（一）试剂

(1) 0.5% 核苷酸标准溶液:准确称取 CMP、AMP、UMP、GMP 等核苷酸各 50 mg,溶于少许 0.01 mol/L 盐酸中,转入 10 mL 容量瓶,用 0.01 mol/L 盐酸定容。

(2) 0.05 mol/L pH 值为 3.5 的柠檬酸-柠檬酸钠缓冲液:称取 8.10 g 柠檬酸 ($C_6H_8O_7 \cdot 2H_2O$)和 3.35 g 柠檬酸钠($Na_3C_6H_5O_7 \cdot 2H_2O$),用蒸馏水溶解,定容至 1 000 mL。

（二）仪器

电泳仪、新华滤纸 1 号、紫外灯(附 260 nm 滤光片)、微量注射器、喷雾器。

四、操作方法

1.滤纸准备

将新华滤纸 1 号裁成 30 cm 长、12 cm 宽的纸条,在距离纸端 6 cm 处画一基线。基线上每隔 2 cm 画一点(点样点),并在基线一端标上负号,在另一端标上正号。

2.点样

用微量注射器取样品液 10 μL(含核苷酸 10~100 μg)点样于滤纸上的点样点处,并在旁边的点样点分别点上 3 μL 核苷酸标准溶液。点的直径约为 2 mm,每点一次,吹干一次。

3.电泳

将适量 pH 值 3.5、浓度为 0.05 mol/L 的柠檬酸-柠檬酸钠缓冲液倒入两边的电极槽中,使两槽液面在同一平面上。

将点好样的滤纸用缓冲液均匀喷湿,用干滤纸吸去多余的液体。将滤纸平放于电泳仪的滤纸架上,两端下垂到缓冲液中。接通电源,注意点样端为负极,切勿接反。调节电压至 300 V,电泳 2~4 h。

电泳完毕,取出滤纸于 80 ℃下烘干。

4.鉴定

将滤纸置于紫外灯下(260 nm 处)观察,用铅笔标出紫色斑点位置,量出各斑点的迁移距离,并与标准核苷酸斑点迁移距离相比较,以确定样品中核苷酸的组成。

五、结果

分析样品液中核苷酸的组成及相对含量。

实验 46　紫外分光光度法测定核酸的含量

一、目的与要求

(1)掌握紫外分光光度法测定核酸含量的原理和操作方法。

(2)熟悉紫外分光光度计的基本原理和使用方法。

二、原理

核酸、核苷酸及其衍生物的分子结构中的嘌呤、嘧啶碱基具有共轭双键系统,对 $250\sim280$ nm 波长的紫外光具有强烈吸收能力。其最大紫外吸收值在 260 nm 波长处。根据朗伯-比尔定律,可以从紫外光吸收值的变化来测定核酸物质的含量。

在不同 pH 值溶液中嘌呤、嘧啶碱基互变异构的情况不同,紫外吸收光也随之表现出明显的差异,它们的吸收系数(摩尔消光系数)也随之不同。因此,在测定核酸物质时均应在固定 pH 值的溶液中进行。

核酸的吸收系数通常以 $\varepsilon(\rho)$ 来表示,即 1 mol/L 核酸溶液在 260 nm 波长处的消光值。核酸的吸收系数不是一个常数,而是根据材料的前处理、溶液的 pH 值和离子强度的不同而发生变化的,其经典数值(pH 值为 7.0)为

DNA 的 $\varepsilon(\rho) = 6\ 000\sim8\ 000$;　　RNA 的 $\varepsilon(\rho) = 7\ 000\sim10\ 000$

采用紫外分光光度法测定核酸含量时,通常规定:在 260 nm 波长下,浓度为 1 $\mu g/mL$ 的 DNA 溶液其吸光度为 0.020,而浓度为 1 $\mu g/mL$ 的 RNA 溶液其吸光度为 0.024。因此,测定未知浓度的 DNA(RNA)溶液的吸光度 A_{260},即可计算出其中核酸的含量。

三、试剂与仪器

(一)试剂

(1)5%～6%氨水:将 25%～30%的氨水稀释 5 倍。

(2)钼酸铵-过氯酸试剂:取 3.6 mL 70%过氯酸和 0.25 g 钼酸铵,溶于 96.4 mL 蒸馏水中。

（3）核酸样品（DNA 或 RNA）。

（4）TE 缓冲液（10 mmol/L pH 值为 8.0 的 Tris-HCl，1 mmol/L EDTA）：称取 0.12 g Tris，加适量蒸馏水溶解，用 1 mol/L 盐酸调 pH 值至 8.0 并定容至 100 mL；加入 0.037 g EDTA 二钠盐，临用前加入核糖核酸酶 A（RNaseA）（20 μg/mL）。为了使 RNase 制剂中混杂的 DNase 失活，临用前应在 80℃下处理 10 min。

（二）仪器

分析天平、紫外分光光度计、冰浴装置或冰箱、离心机、离心管（1 mL、10 mL）、烧杯（10 mL）、容量瓶（50 mL、100 mL）、刻度吸量管（0.5 mL、2 mL、5 mL）、移液器（20 μL、200 μL、1 000 μL）。

四、操作方法

（一）常量样品中核酸含量的测定

1.核酸样品纯度的测定

（1）准确称取待测的核酸样品 0.5 g，加少量蒸馏水（或无离子水）调成糊状，再加适量的水，用 5%～6% 氨水调整 pH 值至 7，定容至 50 mL。

（2）取 2 支离心管，A 管内加入 2 mL 样品溶液和 2 mL 蒸馏水，B 管内加入 2 mL 样品溶液和 2 mL 沉淀剂（沉淀除去大分子核酸，作为对照）。混匀，在冰浴（或冰箱）中放置 30 min，离心（3 000 r/min）10 min。从 A、B 两管中分别取 0.5 mL 上清液，用蒸馏水定容至 50 mL。用 1 cm 石英比色皿，在 260 nm 波长下测其吸光度。

（3）计算。

$$待测样品中 DNA（或 RNA）纯度 = \frac{\dfrac{A_{A260} - A_{B260}}{0.020（或 0.024）}（\mu g/mL）}{样品浓度（\mu g/mL）} \times 100\%$$

2.核酸溶液含量的测定

当待测的核酸样品中含有酸溶性核苷酸或可透析的低聚多核苷酸，在测定时需要加钼酸铵-过氯酸沉淀剂，沉淀中除去大分子核酸，测定上清液在 260 nm 波长处的吸光度作为对照。

（1）取 2 支离心管，每管各加入 2 mL 待测的核酸溶液，再向 A 管内加入 2 mL 蒸馏水，向 B 管内加入 2 mL 沉淀剂。混匀，在冰浴（或冰箱）中放置 10 min，离心（3 000 r/min）10 min。将 A、B 两管清液分别稀释至吸光度在 0.1～1.0。选用 1 cm 石英比色皿，在 260 nm 波长下测其吸光度 A_{260}。

（2）计算。

$$待测溶液中 DNA（或 RNA）含量（\mu g/mL） = \frac{A_{A260} - A_{B260}}{0.020（或 0.024）} \times 稀释倍数$$

(二) 微量样品中核酸含量的测定

(1) 取 2.5 μL 双链 DNA 样品或 2 μL RNA 样品,加入 500 μL TE 溶液混匀(DNA 稀释 200 倍,RNA 稀释 250 倍)。

(2) 使用 1 cm 微量石英比色皿,在紫外分光光度计上,用 TE 溶液作为空白液,分别测定 260 nm 和 280 nm 波长处的吸光度 A_{260} 和 A_{280}。

(3) 计算。

DNA 浓度:$A_{260} \times 50 \times 200 = A_{260} \times 10\,000(\mu g/mL) = A_{260} \times 10(\mu g/\mu L)$

DNA 的纯度:A_{260}/A_{280} 为 1.8,小于 1.8 表明可能有蛋白污染,大于 1.8 表明可能有 RNA 污染。

RNA 浓度:$A_{260} \times 40 \times 250 = A_{260} \times 10\,000(\mu g/mL) = A_{260} \times 10(\mu g/\mu L)$

RNA 的纯度:A_{260}/A_{280} 应该为 2 左右,如小于 2 表示可能有蛋白污染。

五、思考题

(1) 采用紫外分光光度法测定样品的核酸含量有何优点及缺点?

(2) 若样品中含有核苷酸类杂质,应如何校正?

实验 47　RNA 与 DNA 的测定

一、目的与要求

(1) 了解并掌握 RNA 的鉴定和测定方法。

(2) 了解并掌握 DNA 的鉴定和测定方法。

二、原理

由于核糖和脱氧核糖有特殊的颜色反应,经显色后所呈现的颜色深浅在一定范围内和样品中所含的核糖和脱氧核糖的量成正比,因此可用比色法来定性、定量测定核酸。

苔黑酚是测定核糖的常用试剂。当含有核糖的 RNA 与浓盐酸及 3,5-二羟甲苯在沸水浴中加热 10~20 min 后,有绿色物质产生,这是因为 RNA 脱嘌呤后的核酸与酸作用生成糠醛,后者再与 3,5-二羟甲苯作用产生绿色物质。

二苯胺试剂是常用于测定 DNA 中脱氧核糖的试剂。在强酸环境下加热,可以使 DNA 中的嘌呤碱与脱氧核糖间的糖苷键断裂,因而 DNA 酸解后生成嘌呤碱基、脱氧核糖和脱氧嘧啶核苷酸。脱氧核糖在酸性条件下脱水生成 ω-羟基-γ-酮基戊醛,后者与二苯胺作用后显蓝色。

本实验从菜花(花椰菜)中分离出核酸,并用苔黑酚试剂和二苯胺试剂进行测定。

三、试剂与仪器

（一）材料与试剂

（1）新鲜菜花。

（2）乙醇、丙酮。

（3）5％和 0.5 mol/L 的高氯酸溶液。

（4）DNA 标准溶液：取标准 DNA 钠盐，以 0.01 mol/L NaOH 溶液配成 100 μg/mL的标准溶液。

（5）RNA 标准溶液：取标准 RNA 钠盐，以 0.01 mol/L NaOH 溶液配成 100 μg/mL的标准溶液。

（6）10％氯化钠溶液。

（7）苔黑酚乙醇溶液：溶解 6 g 苔黑酚于 100 mL 95％乙醇中。

（8）三氯化铁浓盐酸溶液：将 2 mL 10％三氯化铁溶液加入 400 mL 浓盐酸中。

（9）二苯胺试剂：将 1 g 二苯胺溶于 100 mL 冰乙酸中，再加入 2.75 mL 浓硫酸。

（二）仪器

恒温水浴锅、电炉、离心机、布氏漏斗、分光光度计。

四、操作方法

1. RNA 和 DNA 的制备

用冰冷的稀三氯乙酸或稀高氯酸溶液在低温下抽提菜花匀浆，以除去酸溶性小分子物质，再用有机溶剂抽提，去掉脂溶性的磷脂等物质。最后用浓盐酸和 0.5 mol/L高氯酸溶液（70 ℃）分别提取 DNA 和 RNA。

2. RNA 和 DNA 的定性检测

（1）二苯胺反应。

	试 管 号				
	1	2	3	4	5
蒸馏水体积/mL	1	—	—	—	—
DNA 溶液体积/mL	—	1	—	—	—
RNA 溶液体积/mL	—	—	1	—	—
提取物一体积/mL	—	—	—	1	—
提取物二体积/mL	—	—	—	—	1
二苯胺试剂体积/mL	2	2	2	2	2
放沸水浴中 10 min 后的现象					

（2）苔黑酚反应。

	试　管　号				
	1	2	3	4	5
蒸馏水体积/mL	1	—	—	—	—
DNA 溶液体积/mL	—	1	—	—	—
RNA 溶液体积/mL	—	—	1	—	—
提取物一体积/mL	—	—	—	1	—
提取物二体积/mL	—	—	—	—	1
三氯化铁浓盐酸溶液体积/mL	2	2	2	2	2
苔黑酚乙醇溶液体积/mL	0.2	0.2	0.2	0.2	0.2
放沸水浴中 10~20 min 后的现象					

3. RNA 和 DNA 的含量测定

（1）RNA 标准曲线的绘制。

取 6 支试管，分别加入 0 mL、0.4 mL、0.8 mL、1.2 mL、1.6 mL、2.0 mL RNA 标准溶液，用蒸馏水补充至 2 mL，每管 RNA 的含量分别为 0 μg、40 μg、80 μg、120 μg、160 μg、200 μg。每管各加入 2 mL 苔黑酚试剂，混匀，于沸水浴中显色 15 min。冷却后于 640 nm 波长处测吸光度值。以 RNA 含量为横坐标，A_{640} 为纵坐标，绘制标准曲线。

（2）DNA 标准曲线的绘制。

取 6 支试管，分别加入 0 mL、0.4 mL、0.8 mL、1.2 mL、1.6 mL、2.0 mL DNA 标准溶液，用蒸馏水补充至 2 mL，每管 DNA 的含量分别为 0 μg、40 μg、80 μg、120 μg、160 μg、200 μg。每管各加入 2 mL 二苯胺试剂，混匀，于沸水浴中显色 15 min。冷却后于 600 nm 波长处测吸光度值。以 DNA 含量为横坐标，A_{600} 为纵坐标，绘制标准曲线。

（3）RNA 含量的测定。

取 2 支试管，一支加入样品液 2 mL 和苔黑酚试剂 2 mL，另一支加入蒸馏水 2 mL 和苔黑酚试剂 2 mL（作为对照管）。混匀后，置沸水浴中显色 15 min，测 640 nm 波长处的吸光度值。查标准曲线，计算 RNA 含量。

（4）DNA 含量的测定。

取 2 支试管，一支加入样品液 2 mL 和二苯胺试剂 2 mL，另一支加入蒸馏水 2 mL 和二苯胺试剂 2 mL（作为对照管）。混匀，置沸水浴中显色 15 min，测 640 nm 波长处的吸光度值。查标准曲线，计算 DNA 含量。

五、结果

$$RNA\ 质量分数 = \frac{样品中测得的 RNA\ 质量(\mu g)}{样品的质量(\mu g)} \times 100\%$$

$$DNA\ 质量分数 = \frac{样品中测得的\ DNA\ 质量(\mu g)}{样品的质量(\mu g)} \times 100\%$$

六、思考题

(1) 快速鉴定 RNA 和 DNA 的方法是什么？

(2) 用苔黑酚法测定 RNA 和用二苯胺法测定 DNA 的关键是什么？需要注意些什么？

实验 48　DNA 的琼脂糖凝胶电泳

一、目的与要求

掌握琼脂糖凝胶电泳的方法和原理。

二、原理

凝胶电泳是分离与测定生物大分子的一项重要技术，琼脂糖凝胶电泳或聚丙烯酰胺凝胶电泳是分离鉴定及纯化 DNA 片段的标准方法。该技术操作简单、快速，可以分辨出其他方法不能分辨的 DNA 片段。DNA 溶液在 pH 值为 8.0 时带负电，在电泳电场中向正极移动，用聚丙烯酰胺分离小片段 DNA(5～500 bp)效果最好，其分辨力极高，相差 1 bp 的 DNA 片段都能分开。琼脂糖凝胶的分辨能力虽低，但其分离的范围较广，可以分离长度为 200～50 000 bp 的 DNA。本实验采用的是琼脂糖凝胶电泳，它常用于按相对分子质量大小分离 DNA 片段的情况，小片段比大片段迁移快，在不同浓度的凝胶上，DNA 片段迁移的速率也不相同，凝胶浓度越大，凝胶的纤维网孔越密，就越能有效地分离不同相对分子质量的分子，尤其是分离小相对分子质量分子。利用溴酚蓝染色剂可以判断电泳迁移距离，电泳时间不能过长，否则迁移速率快的小相对分子质量的 DNA 片段会跑到缓冲液中去。观察琼脂糖凝胶中的 DNA 片段最简便的方法是利用荧光染料溴化乙锭(或其替代品 Goldview)进行染色，溴化乙锭可以嵌入 DNA 的堆积碱基之间的一个平面基团，从而与 DNA 结合，并呈现荧光，显示出不同相对分子质量的 DNA 带图谱，用已知大小的标准样品与未知片段的迁移距离相比较，就可以决定未知 DNA 相对分子质量的大小。

三、试剂与仪器

(一) 试剂

(1) 5×TBE 缓冲液(5 倍的 Tris-硼酸-EDTA 缓冲液)。称取 27 g Tris 和 13.75 g硼酸，置于盛有适量蒸馏水的烧杯中，再加入 10 mL 0.5 mol/L EDTA 缓冲

液(pH 值为 8.0),转移至 500 mL 容量瓶中,洗涤烧杯 2～3 次,也转移至容量瓶,加水定容,摇匀即可。使用时,要用蒸馏水稀释 10 倍,称为 TBE 稀释缓冲液(0.5×TBE,即稀释一倍的 TBE 缓冲液)。

(2) 琼脂糖。

(3) Goldview。

(二) 仪器

电泳仪、电泳槽、微量加样器(25 μL)、烧杯、电炉。

四、操作方法

(一) 琼脂糖凝胶板的制备

1. 琼脂糖凝胶的制备

称取 0.3 g 琼脂糖于 100 mL 烧杯中,加入 30 mL TBE 缓冲液,在电炉上加热溶解,待完全溶解后室温下放置冷却至 60 ℃左右。加入 3 μL Goldview,混匀。

2. 板的制备

将上述冷却至 60 ℃左右的琼脂糖凝胶液倒入水平放置的制胶模具中,放上梳齿。待胶凝固后取出梳齿,将胶板放入电泳槽中,胶面应浸没在 TBE 缓冲液液面以下 2～3 mm。

将冷却至 60 ℃的琼脂糖凝胶液小心地倒进有机玻璃内槽,使胶液缓慢地展开,直到在整个有机玻璃板表面形成均匀的胶层为止。在室温下静置 1 h,待凝固完全后,取下橡皮膏,将铺胶的有机玻璃内槽放在电泳槽中,倒入 TBE 稀释缓冲液,直至浸没过胶面 2～3 mm。双手轻轻地且用力均匀地拔出样品槽模板,在胶板上即形成相互隔开的样品槽。

(二) 加样

用微量加样器按下表配制样品:

	孔 1(泳道 1)	孔 2(泳道 2)
相对分子质量标准的(Marker)体积/μL	5	0
DNA 样品体积/μL	0	5
点样液体积/μL	1	1

(三) 电泳

加完样品后的凝胶板立即通电,在 150 V 电压下电泳 20～30 min。

在低电压条件下,线性 DNA 片段的迁移速率与电压成正比例关系,但是,在电场强度增加时,不同相对分子质量的 DNA 片段泳动速率的增加是有区别的,因此,随着电压的增加,琼脂糖凝胶的有效分离范围随之减小。为了获得电泳分离 DNA 片段的最大分辨率,电场强度不应高于 5 V/cm。

电泳温度视需要而定,对大分子的分离,以低温为好,也可在室温下进行。在琼脂糖凝胶浓度低于 0.5% 时,由于胶太稀,最好在 4℃ 下进行电泳,以增加凝胶硬度。

(四) 观察和拍照

在波长为 254 nm 的紫外灯下,观察染色后的电泳凝胶。存在 DNA 的地方显示出红色的荧光条带。用紫外光激发 30 s 左右,肉眼可观察到清晰的条带。在紫外灯下观察时,应戴上防护眼镜或有机玻璃防护面罩,避免眼睛遭受强紫外光的损伤。

拍照电泳图谱时,应采用透射紫外光,照相机镜头加近摄圈和红色滤光片 (580~600 nm),距离为 50~60 cm,采用全色胶卷,光圈为 5.6,曝光时间为 10~20 s,可根据荧光条带的深浅进行选择。将电泳图谱放大为 0.9 cm × 1.5 cm 的照片,用于相对分子质量的测定。以上步骤可以用凝胶自动成像仪处理代替。

五、结果

根据电泳结果,绘制 DNA 相对分子质量的标准曲线。

标准曲线的绘制是在放大的电泳照片上,用卡尺量出 λDNA 的 *EcoR* Ⅰ 或 *Hind* Ⅲ 酶解各片段的迁移距离,以 cm 为单位。以 λDNA 酶解各片段的相对分子质量的对数为纵坐标,以它们的迁移距离为横坐标,在坐标纸上绘制出连接各点的曲线,即为测定 DNA 相对分子质量的标准曲线。

六、注意事项

1. DNA 分子的大小与电泳迁移率的关系

DNA 分子通过琼脂糖凝胶的速率(电泳迁移率)与其相对分子质量的常用对数成反比。

2. 琼脂糖的浓度与电泳迁移率的关系

一定大小的 DNA 片段在不同浓度的琼脂糖凝胶中,电泳迁移率不相同。因此,要有效地分离大小不同的 DNA 片段,选用适当的琼脂糖凝胶浓度是非常重要的,可参看表 8-1。

表 8-1　琼脂糖凝胶浓度与 DNA 片段大小的关系

琼脂糖凝胶浓度/(%)	DNA 片段的大小/kb
0.3	5~60
0.6	1~21
0.7	0.8~10

琼脂糖凝胶浓度/(%)	DNA 片段的大小/kb
0.9	0.5~7
1.2	0.4~6
1.5	0.2~4
2.0	0.1~3

3. 琼脂糖浓度与电压的关系

研究琼脂糖凝胶电泳分离大分子 DNA 的条件时发现,低浓度和低电压时的分离效果较好。胶的浓度越低,适于分离的 DNA 分子越大,这是一个总的规律。如果浓度太低,则制胶有困难,且电泳结束后将胶取出时也有困难。在低电压情况下,线性 DNA 分子的电泳迁移率与所用电压成正比,但是如果电压增高,电泳分辨力反而下降。因为电压升高了,样品流动速率会增快,大分子在高速流动时,分子伸展开来会使摩擦力增加,这样相对分子质量与移动速率就不一定呈线性关系了。

4. 核酸构型与琼脂糖凝胶电泳分离的关系

在相对分子质量相当的情况下,DNA 的电泳速率次序如下:共价闭合环 DNA>直链 DNA>开环的双链环状 DNA。但当琼脂糖浓度太高时,环状 DNA(一般为球形)不能进入胶中,相对迁移率为 $0(m_R=0)$,而同样大小的直线双链 DNA(刚性棒状)可以按长轴方向前进($m_R>0$)。由此可见,构型不同,在凝胶中的电泳速率的差别就较大,RNA 也同样如此。

七、思考题

做好本实验的关键是什么?

实验 49　质粒 DNA 的微量制备(碱裂解法、煮沸法)

一、目的与要求

(1) 掌握质粒 DNA 分离、纯化的原理。

(2) 学习碱裂解法和煮沸法分离质粒 DNA 的方法。

二、原理

质粒(plasmid)是一种共价闭环状双链 DNA 分子,它是染色体外能够稳定遗传的因子。质粒能够在细胞质中独立自主地进行自身复制,并使子代细胞保持它们恒定的拷贝数。从细胞生存来看,没有质粒存在,基本上不妨碍细胞的存活,因此质粒是寄生性的自主复制子。目前,质粒已广泛用作基因工程的载体,同时它也是研究 DNA 结构与功能的较好模型。

质粒 DNA 分离纯化方法有多种,但其原理和步骤大同小异。碱裂解法和煮沸法是质粒制备的两种常用方法。

1. 碱裂解法

在 EDTA 的存在下,用溶菌酶破坏细菌细胞壁,同时经过 NaOH 和阴离子去污剂 SDS 处理,使细胞膜崩解,从而达到菌体充分的裂解。此时,细菌染色体 DNA 缠绕在细胞膜碎片上,离心时易被沉淀出来,而质粒 DNA 则留在上清液内,其中还含有可溶性蛋白质、核糖核蛋白和少量染色体 DNA,实验中加入蛋白质水解酶和核糖核酸酶,可以使它们分解,通过碱性酚(pH 值为 8.0)和氯仿-异戊醇混合液的抽提可以除去蛋白质等。异戊醇的作用是降低表面张力,可以减少抽提过程中产生的泡沫,并能使离心后水层、变性蛋白层和有机层维持稳定。含有质粒 DNA 的上清液用乙醇或异丙醇沉淀,获得质粒 DNA。

2. 煮沸法

细胞经溶菌酶破壁后,用含有 TritonX-100 的缓冲液处理,溶解细胞膜。在高温条件下,使蛋白质变性。变性蛋白质带着染色体 DNA 一起沉淀下来,质粒 DNA 仍留在上清液中。离心后的上清液再用异丙醇或乙醇处理,沉淀出质粒 DNA。

本实验制得的质粒 DNA 经鉴定后可直接用于限制性内切酶降解、细菌转化以及体外重组实验。

三、试剂与仪器

(一) 材料与试剂

(1) LB 液体培养液:胰蛋白胨 10 g/L,酵母浸膏 5 g/L,NaCl 10 g/L,用 NaOH 调节至 pH 值为 7.5。

(2) TEG 缓冲液(pH 值为 8.0, 25 mmol/L Tris-HCl,10 mmol/L EDTA,50 mmol/L 葡萄糖,4 mg/mL 溶菌酶):称取 0.3 g Tris,加入 0.1 mol/L 盐酸 14.6 mL,先配制成 pH 值为 8.0 的 Tris-HCl 缓冲液 100 mL,再加入 0.37 g EDTA 二钠盐和 0.99 g 葡萄糖,临用前加入 400 mg 溶菌酶。

(3) 碱裂解液(0.2 mol/L NaOH,1%SDS):称取 1.6 g NaOH,定容至 100 mL;称取 2 g SDS,定容至 100 mL。使用前按 1:1 体积比混合。

(4) 乙酸钾溶液(pH 值为 4.8,K^+ 的浓度为 3 mol/L,Ac^- 的浓度为 5 mol/L):取 60 mL 5 mol/L KAc 溶液(或称取 29.4 g KAc),加入 11.5 mL 冰乙酸和 28.5 mL 蒸馏水。

(5) 1 mol/L pH 值为 8.0 的 Tris-HCl 缓冲液:Tris 121.14 g/L,用浓盐酸调整 pH 值至 8.0。

(6) 酚-氯仿(1:1)溶液配制。

① 将苯酚(分析纯,白色结晶。若呈粉红色需要重蒸)置 65℃ 水浴上缓缓加热熔

化,取 200 mL 熔化酚加入等体积 pH 值为 8.0 的 1 mol/L Tris-HCl 缓冲液和 0.2 g (0.1％)8-羟基喹啉(抗氧化剂,保护苯酚不被氧化),于分液漏斗内剧烈振荡,避光静置使其分层。

② 弃去上层水相,再用 0.1 mol/L Tris-HCl 缓冲液(pH 值为 8.0)与有机相等体积混匀,充分振荡,静置分层,留取有机相。重复抽提过程,直至酚相的 pH 值大于 7.8。

③ 配制氯仿-异戊醇混合液(氯仿与异戊醇体积比为 24∶1)。将 24 份氯仿(分析纯)与 1 份异戊醇(分析纯)混合均匀。

④ 等体积的酚和氯仿-异戊醇溶液混合。放置后,上层若出现水相,可吸出弃去。有机相置棕色瓶内低温保存。

(7) TE 缓冲液(10 mmol/L pH 值为 8.0 的 Tris-HCl,1 mmol/L EDTA):称取 0.12 g Tris,加适量蒸馏水溶解,用 1 mol/L 盐酸调至 pH 值为 8.0 并定容至 100 mL。加入 0.037 g EDTA 二钠盐。临用前加入核糖核酸酶 A(RNaseA) (20 μg/mL)。为了使 RNase 制剂中混杂的 DNase 失活,临用前在 80 ℃ 下处理 10 min。

(8) 乙醇、异丙醇。

(9) 氨苄青霉素储备液(1 mg/mL)、四环素储备液(1 mg/mL,用 50％ 乙醇配制)。

(10) STET 溶液(0.1 mol/L NaCl,10 mmol/L pH 值为 8.0 的 Tris-HCl; 1 mmol/L pH 值为 8.0 的 EDTA;5％ Triton X-100):称取 0.121 g Tris、0.037 g EDTA 二钠盐,溶于 80 mL 蒸馏水中,用 1 mol/L 盐酸调整 pH 值至 8.0,加入 0.584 g NaCl 和 5 g Triton X-100,用上述溶液溶解后定容至 100 mL。

(11) 溶菌酶溶液(10 mg/mL):用 10 mmol/L Tris-HCl 缓冲液(pH 值为 8.0)配制。

(12) 5 mol/L 乙酸钠溶液(pH 值为 5.2):称取 64g NaAc·3H_2O,溶于 80 mL 蒸馏水中,用乙酸调整 pH 值至 5.2 并定容至 100 mL。

(13) 携带 pBR322 质粒的 E.coli HB101 菌株。

(14) 携带质粒的 DH5α 菌株。

(二) 仪器

试管(带棉塞或盖子)、EP 管(1.5 mL)、吸量管(1 mL)、微量注射器(100 μL)、微孔滤膜细菌滤器、电热恒温水浴锅、电热恒温培养箱、恒温振荡器、高速台式离心机、旋涡混合器。

四、操作方法

(一) 碱裂解法

1.培养细菌扩增质粒

(1) 根据质粒的抗性,在 3 mL LB 液体培养基内加入适当的抗生素(如 pBR322

质粒加入氨苄青霉素(50 μg/mL)培养基、四环素(12.5 μg/mL)培养基)。

(2) 用接种环挑取 1 个单菌落或吸取少量菌液接种于含上述双抗 LB 液体培养基,于 37℃下振荡培养 12 h 左右(或过夜)。

2. 收集菌体和裂解细菌

(1) 取 1.5 mL 培养液至 EP 管内,离心(5 000 r/min)5 min,弃去上清液,保留菌体沉淀。如菌量不足可再加入培养液,重复离心,收集菌体。

(2) 将菌体沉淀悬浮于预冷的 100 μL TEG 缓冲液内,剧烈振荡、混匀,室温放置10 min。

(3) 加入 200 μL 新鲜配制的碱裂解液,加盖,颠倒数次,轻轻混匀,冰上放置5 min。

3. 分离纯化质粒 DNA

(1) 加入 150 μL 用冰预冷的乙酸钾溶液,加盖后温和颠倒数次混匀,冰浴放置5 min。

(2) 4℃离心(12 000 r/min)5 min。乙酸钾能沉淀 SDS 与蛋白质的复合物,并使过量 SDS-Na$^+$ 转化为溶解度很低的 SDS-K$^+$ 一起沉淀下来。离心后,上清液若仍混浊,应混匀后再冷却至 0℃,重复离心。将上清液转移至另一干净的 EP 管内。

(3) 加入等体积的酚-氯仿饱和溶液,反复振荡,12 000 r/min 离心 2 min,小心吸取上层水相溶液,转移到另一 EP 管内。

(4) 加入 2 倍体积的预冷无水乙醇,混合摇匀,于冰浴上放置 10 min。4℃下离心(12 000 r/min)5 min,弃去上清液。将 EP 管倒置在干滤纸上,除尽管壁上黏附的溶液。

(5) 加入 70% 预冷乙醇 1 mL 洗涤沉淀物,离心,弃去上清液。在空气中使核酸沉淀干燥 10 min。

(6) 将 DNA 沉淀溶于 20 μL TE 缓冲液(临用前加入 20 μg/mL RNaseA),在−20℃下保存。

(二) 煮沸法

(1) 把带有质粒的大肠杆菌单菌落或少量培养液接种于 4 mL LB 液体培养基,并根据质粒的抗性加入抗生素,于 37℃下振荡培养过夜。

(2) 取 1.5 mL 培养液到 EP 管内,离心(8 000 r/min)5 min,弃上清液。将 EP 管倒扣在干滤纸上,使菌体干燥。

(3) 将菌体重新悬浮于 350 μL STET 缓冲液中,加入 25 μL 新配制的溶菌酶溶液。置旋涡混合器上旋转混匀 3 s。

(4) 将 EP 管放入沸水浴中煮 40 s(准确)。

(5) 室温下 12 000 r/min 离心 10 min。将上清液转至另一个 EP 管内(或用无菌牙签挑出菌体碎片)。

(6) 加入 40 μL 5 mol/L 乙酸钠溶液和 420 μL(1 倍体积)异丙醇溶液(或加入 2~2.5 倍体积的 95% 乙醇),用旋涡混合器振荡混匀,室温放置 5 min。

(7) 4℃下,12 000 r/min 离心 5 min。

(8) 弃去上清液,DNA 沉淀用 1 mL70%冷乙醇洗涤。在 4℃下,12 000 r/min 离心 2 min,吸去上清液。将离心管倒扣于干滤纸上,使核酸沉淀干燥。

(9) 将 DNA 沉淀溶解在 20~50 μL TE 缓冲液中(临用前加入 20 μg/mL RNaseA,以除去样品中可能存在的 RNA)。37℃下保温 10 min 后,置于−20℃下保存。

五、注意事项

(1) 实验菌种生长的好坏直接影响质粒 DNA 的提取,因此,对存放时间较长的菌种需要事先加以活化。

(2) 细菌培养过程要求无菌操作。抗生素等不能高温灭菌,应使用细菌过滤器过滤后使用。细菌培养液、配试剂用的蒸馏水、试管和 EP 管等有关用具和某些试剂须经高压灭菌处理。

(3) 制备质粒过程中,所有操作必须缓和,不要剧烈振荡,以避免机械剪切力对 DNA 的断裂作用。同时也应防止 DNase 引起 DNA 的降解。

(4) 加入乙酸钾溶液后,可用小玻棒轻轻搅开团状沉淀物,防止质粒 DNA 被包埋在沉淀物内,不易释放出来。

(5) 用酚-氯仿混合液除去蛋白的效果比单独使用酚或氯仿更好。为充分除去残余的蛋白质,可以进行多次抽提,直至两相间无絮状蛋白质沉淀。

(6) 提取的各步骤应尽量在低温条件下进行(冰浴上)。

(7) 为进一步除去残留蛋白质,可将 DNA 沉淀溶于适量 TE 缓冲液后,加入等体积酚-氯仿进行多次抽提,离心,吸取水相,再用乙醇沉淀 DNA。

(8) 沉淀 DNA 可用 1 倍体积异丙醇或 2 倍体积乙醇。

(9) 有文献报道,煮沸法不适用于表达核酸内切酶 A 的 *E. coli* 菌株(end A+ 菌株,如 HB101),因为煮沸法不能使核酸内切酶 A 完全失活,用限制性核酸内切酶进行酶切时,在 Mg^{2+} 存在的情况下,质粒 DNA 可被降解。为避免这一情况发生,在乙醇沉淀后,用少量 TE 缓冲液溶解 DNA,加入等体积的酚与氯仿抽提,取水相再用乙醇沉淀 DNA。

六、思考题

(1) 碱法提取质粒过程中,EDTA、溶菌酶、NaOH、SDS、乙酸钾、酚与氯仿等试剂的作用是什么?

(2) 煮沸法有什么优、缺点?

(3) 质粒提取过程中,应注意哪些操作? 为什么?

实验 50　质粒 DNA 的酶切鉴定及琼脂糖凝胶电泳

一、目的与要求

学习和掌握限制性核酸内切酶的特性、酶切和琼脂糖凝胶电泳的操作方法。

二、原理

限制性核酸内切酶是一类能识别双链 DNA 分子特异性核酸序列的 DNA 水解酶,是体外剪切基因片段的重要工具,所以常常与核酸聚合酶、连接酶以及末端修饰酶等一起称为工具酶。

琼脂糖凝胶电泳:琼脂糖熔化再凝固后能形成带有一定孔隙的固体基质,其孔隙度取决于琼脂糖的浓度。在电场的作用及中性的缓冲条件下,带负电的核酸分子会向阳极迁移。电泳结束后,用溴化乙锭(EB)染色。

EB 能够插入 DNA 分子的碱基对之间而与 DNA 结合。由于 EB 分子的插入,在紫外光的照射下,凝胶电泳中的 DNA 条带呈现出红色荧光,易于检测(实验中可用较为安全的 Goldview 代替 EB)。

三、试剂与仪器

（一）材料与试剂

(1) 质粒 pCMV-Myc-T10。

(2) NEB 标准相对分子质量片段(1 kb DNA Ladder)。

(3) *Eco*R I 和 *Xho* I 核酸内切酶。

(4) *Eco*R I 和 *Xho* I 酶解缓冲液(10×H buffer)。

(5) 琼脂糖。

(6) TBE(Tris-硼酸)或 TAE(Tris-乙酸)缓冲液(10 倍储存液)。

(7) 溴化乙锭染色液(10 mg/mL)。

(8) 上样液(6×):含 0.25% 溴酚蓝的 40%(g/mL)蔗糖水溶液或含 0.25% 溴酚蓝的 30%甘油水溶液。

（二）仪器

电泳仪、电泳槽、微波炉、紫外透射仪、凝胶成像仪、一次性塑料手套等。

四、操作方法

(1) 质粒 DNA 的酶切(自提质粒 pCMV-Myc-T10)。

	质粒量/ng	缓冲液*体积/μL	EcoR I 体积/μL	Xho I 体积/μL	水体积/μL	总体积/μL
Ⅰ	200	2	0	0	17～19	20
Ⅱ	200	2	0.5	0	15～17	20
Ⅲ	200	2	0.5	0.5	14～16	20

注:"*"表示缓冲液随不同的酶而不同,本实验用 H buffer。

置于 37℃水浴中酶切 0.5～1 h。酶切完成后,分别加入 10 μL 3 倍的上样缓冲液,然后各取 15 μL 进行电泳分析。

(2) 琼脂糖凝胶的制备。

称取 0.8 g 琼脂糖,置于锥形瓶中,加入 100 mL TBE 或 TAE 工作液,用微波炉加热,使琼脂糖溶解。

(3) 胶板的制备。

取出有机玻璃内槽,洗净、晾干。将有机玻璃内槽置于一水平位置模具上,放好配套的梳子。将冷却至 65℃左右的琼脂糖凝胶液,小心地倒在有机玻璃内槽上,控制灌胶的速度和量,使胶液缓慢地展开,直到在整个有机玻璃板表面形成均匀的胶层。室温下静置 30 min 左右,待凝固完全后,轻轻拔出梳子,在胶板上即形成相互隔开的上样孔。将铺有凝胶的有机玻璃内槽放在装有 1×TAE 或 0.5×TBE 的电泳槽中,待用。

(4) 加样。

用微量加样器将上述酶切样品分别加入琼脂糖胶板的样品孔内。每加完一个样品,换一个加样头。加样时应防止碰坏样品孔周围的凝胶面以及穿透凝胶底部。在第一个上样孔或最后一个上样孔内加入 6 μL 1 kb DNA ladder(50 ng/μL)。

(5) 电泳(戴上手套操作)。

在 80～100 V 的电压下,对加完样后的凝胶板进行电泳;当溴酚蓝移动到距离胶板下沿约 1 cm 处时停止电泳,将凝胶放入溴化乙锭工作液(0.5 μg/mL 左右)中染色约 20 min。

(6) 观察与拍照。

在紫外灯(310 nm 波长)下观察染色后的凝胶。DNA 存在处显示出红色的荧光条带。紫外光激发 30 s 左右,肉眼可观察到清晰的条带。在紫外灯下观察时,应戴上防护眼镜或有机玻璃防护面罩,避免眼睛遭受强紫外光损伤。采用凝胶成像系统,对电泳图谱进行拍照。

对于未进行酶切的质粒来说,常会出现两条电泳带,一条是(松弛的)螺旋状质粒 DNA 带,另一条是超螺旋状质粒 DNA 带,以超螺旋状质粒 DNA 居多,移动速率也最快。有时还会出现三条带,其中一条是因为有一些质粒 DNA 在提取过程中遭到损伤而线性化,其移动速率介于螺旋状和超螺旋状质粒 DNA 之间,所以该条电泳带也位于上述两种带之间(见图 8-2)。

五、结果

本实验所用质粒 pCMV-Myc-T10 经 *Eco*R Ⅰ单酶切后应为 5.7 kb；用 *Eco*R Ⅰ和 *Xho* Ⅰ双酶切后应产生两条 DNA 片段：一条是 3.8 kb；另一条是 1.9 kb(见图 8-3)。

图 8-2　质粒电泳图

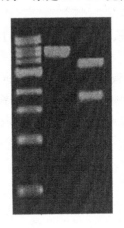

图 8-3　质粒酶切结果

实验 51　质粒 DNA 的大量制备与纯化

一、目的与要求

学习大量制备和纯化质粒的方法。

二、原理

将细菌悬浮于葡萄糖等渗溶液中，加入 SDS 一类去污剂使细胞裂解，碱处理可使氢键断裂，破坏碱基配对，使宿主的 DNA 变性，并断裂成线状。质粒 DNA 的碱基配对也被破坏，但 DNA 不会断裂，闭环的 DNA 链处于缠绕状态而不能彼此分开。加入乙酸钾缓冲液中和后，小分子的变性质粒 DNA 迅速复性为可溶性质粒 DNA，小分子 RNA 也呈可溶状态，而变性的染色体 DNA 因相对分子质量巨大而难以复性，随同高相对分子质量 RNA 以及 K^+、SDS、蛋白质、膜复合物在 0℃下孵育时形成沉淀，可经离心除去。取上清液经异丙醇沉淀后，即可得到质粒 DNA 的粗制品(仍含有大量的 RNA 和蛋白质等)。纯化质粒采用氯化锂(LiCl)沉淀和聚乙二醇(PEG)沉淀的方法。在 LiCl 存在下，大部分蛋白质和 RNA 可形成沉淀，需经离心除去，而质粒则不沉淀。进一步用 RNA 酶消化可除去残存的 RNA，随后质粒 DNA 在 PEG 的存在下形成沉淀，核苷酸则不沉淀，经离心回收质粒 DNA。重新溶解质粒 DNA 后，用酚-氯仿-异戊醇抽提可除去 PEG 和残存的蛋白质。再经乙醇沉淀和离心回收,即可得到高度纯化的质粒 DNA。

三、试剂与仪器

(一) 材料与试剂

(1) 溶液Ⅰ:50 mmol/L 葡萄糖,25 mmol/L Tris-HCl(pH 值为 8.0),10 mmol/L EDTA。

(2) 溶液Ⅱ:0.2 mol/L NaOH,1%SDS。

(3) 溶液Ⅲ:5 mol/L 乙酸钾溶液、冰乙酸、水按 6∶1.15∶2.85 体积比混合而成,所配溶液中钾浓度是 3 mol/L,乙酸浓度是 5 mol/L。

(4) STE 溶液:0.1 mol/L NaCl,10 mmol/L Tris-HCl (pH 值为 8.0),1 mmol/L EDTA。

(5) TE 缓冲液(pH 值为 8.0)。

(6) 3 mol/L 乙酸钠溶液(pH 值为 5.2)。

(7) 5 mol/L LiCl 溶液。

(8) 1.6 mol/L NaCl 溶液、13%PEG(聚乙二醇 6 000 或 8 000)。

(9) TE 缓冲液、饱和酚。

(10) 氯仿-异戊醇。

(11) RNase A 溶液(10 mg/mL)。

(12) 无水乙醇、异丙醇。

(13) LB 培养基(含 100 μg/mL 氨苄青霉素)。

(14) 大肠杆菌(携带质粒 pET-28a)。

(二) 仪器

恒温摇床、普通离心机、台式高速离心机、旋涡振荡器、-20℃冰箱、500 mL 锥形瓶、50 mL 烧杯、50 mL 量筒、刻度吸量管(5 mL、10 mL)、50 mL 塑料离心管、EP 管、Tip 头、微量加样器(0~20 μL、0~200 μL、200~1 000 μL)、试管架、EP 管架、纸巾或吸水纸(卫生纸)。

四、操作方法

(1) 将大肠杆菌的一个单菌落接种入盛有 200 mL LB 培养基(含 100 μg/mL 氨苄青霉素)的 500 mL 锥形瓶中,置 37℃下振荡培养过夜(置摇床中,150 r/min)。

(2) 将培养物转入 50 mL 塑料离心管中,50 mL/管,在室温下离心(2 500 r/min)20 min。

(3) 弃上清液,将离心管倒立,使上清液流净,用纸巾或吸水纸将液体吸干。

(4) 每管加入 4 mLSTE 溶液。悬浮细菌后转入 50 mL 离心管(1 管)。在室温下离心(2 500 r/min)10 min。

（5）弃上清液。加 2 mL 溶液Ⅰ,悬浮细菌。

（6）加入 4 mL 溶液Ⅱ,盖上盖子,将离心管颠倒 7 次,混匀管内液体,边颠倒边旋转离心管,不要用旋涡振荡器,将离心管冰浴 5 min。

（7）每管加入 3 mL 冰中预冷的溶液Ⅲ,振荡离心管数次,使溶液Ⅲ充分分散到黏稠的细菌裂解物中,将离心管置于冰浴 10 min。

（8）离心(2 500 r/min)10 min,将上清液转入另一支 50 mL 离心管,加入 $\frac{3}{5}$ 体积的异丙醇,混匀,室温放置 5～10 min。

（9）离心(2 500 r/min)10 min,弃上清液。加入 1 mLTE 缓冲液,将沉淀溶解。

（10）加入等体积的 5 mol/L LiCl 溶液,混匀。冰浴 10 min。

（11）离心(2 500 r/min)10 min,将上清液转入另一支 50 mL 离心管中,加入等体积的异丙醇。置于室温 10 min。

（12）离心(2 500 r/min)10 min,弃上清液,将沉淀溶于总体积为 200 μL 的 TE 缓冲液中,转入一个 EP 管。

（13）可选择重复步骤(10)～(12)一次。最终仍将沉淀溶于总体积为 200 μL 的 TE 缓冲液中。

（14）加入 5 μL RNase A 溶液(2 μg/μL,用 TE 缓冲液稀释 10 mg/mL 储备液而成),混匀,置于 37℃ 水浴中 30 min。然后,用 DNA 纯化试剂盒纯化 DNA(按试剂盒操作指南进行）,或按以下步骤纯化 DNA。

（15）加入等体积(200 μL)的 1.6 mol/L NaCl 溶液,13% PEG,混匀后冰浴 10～20 min。

（16）在室温下离心(12 000 r/min)5 min。

（17）吸弃上清液,将沉淀溶于 200 μL TE 缓冲液中,用酚-氯仿-异戊醇抽提两次,再用氯仿-异戊醇抽提一次。

（18）将水相转入一个新的 EP 管,加入 $\frac{1}{10}$ 体积的 3 mol/L 乙酸钠溶液(pH 值为 5.2)和 2 倍体积－20℃ 下预冷的无水乙醇。置－20℃ 下 10～20 min。

（19）在室温下离心(12 000 r/min)5 min。弃上清液。将 DNA 溶于 100 μLTE 缓冲液中,置 4℃ 或－20℃ 下储存。

五、注意事项

（1）用本方法制备和纯化的质粒可用于制备 DNA 探针、DNA 重组以及转染哺乳类细胞。室温低于30℃时,这一方法的效果很好。如果室温高于 30℃,会增加切口环状 DNA 的量。在这种情况下,转染的效率会有所降低,但对限制性酶酶切DNA 重组没有影响。

（2）有些菌株的细胞壁成分会散落到培养基中，这些成分可抑制限制性酶的活性，将细菌沉淀重悬于 5 mL STE 溶液，再进行离心，可避免上述问题，去掉 STE 后，将沉淀重悬于溶液 I 中。

（3）溶液 II 必须新鲜配制，最好只使用一次，将剩余溶液弃掉。

（4）高浓度 NaOH 和长时间碱处理会使超螺旋 DNA 产生不可逆变性，由此产生的环状卷曲型 DNA 不能被限制性酶切割，在琼脂糖凝胶电泳中的迁移率大约是超螺旋 DNA 的 2 倍，用溴化乙锭染色时着色很弱。

（5）加入溶液 III 时，要把液体充分混合并在冰上孵育足够的时间，使沉淀完全，如果未充分将细菌裂解物与溶液 III 混匀，将会影响质粒 DNA 的纯度。

（6）核酸的纯化甚为重要，其关键步骤是除去蛋白质，通常是用酚-氯仿和氯仿抽提核酸的水溶液。每当需要把克隆操作的某一步作用的酶灭活或去除以便进行下一步时，可进行这种抽提。

从核酸溶液中除去蛋白质的标准方法是先用酚-氯仿抽提，然后用氯仿抽提。这一流程的原理是使用两种不同的有机溶剂去除蛋白质比用单一有机溶剂效果更佳。此外，酚虽能有效地使蛋白质变性，却不能完全抑制 RNA 酶的活性，它还能溶解带有 polyA 段的 RNA 分子。使用酚-氯仿-异戊醇(25∶24∶1)混合液可以使这两个问题迎刃而解，继而用氯仿抽提则可以除去核酸制品中残留的痕量酚。

使用前必须对酚进行平衡使其 pH 值在 7.8 以上，如果酚未被充分平衡至 pH 值为 7.8～8.0，DNA 将趋于被分配到有机相。在抽提之后，必须完全将酚除去，残留在 DNA 样品中的酚可抑制酶的活性，除去酚的较好方法是将 DNA 真空抽干。

（7）应用最为广泛的核酸浓缩法是乙醇沉淀。在中等浓度的一价阳离子存在下得以形成的核酸沉淀物，可以通过离心方式进行回收并按所需浓度溶于适当的缓冲液中。

影响沉淀的因素包括以下两种。

① 在沉淀混合液中使用的一价阳离子的类型和浓度。常用的有下述三种。

（A）乙酸铵(终浓度为 2.0～2.5 mol/L)：乙酸铵常用于减少 dNTP 的共沉淀，在 2 mol/L 乙酸铵存在下连续沉淀两次，可从 DNA 制备中除去 99% 的 dNTP。但是，如果沉淀的核酸将要用于磷酸化则不能使用乙酸铵，因为铵离子抑制 T_4 噬菌体多核苷酸激酶。

（B）NaCl(终浓度为 0.2 mol/L)：含有 SDS 的 DNA 样品应使用 NaCl。这时该去污剂在 70% 乙醇中仍保持可溶。

（C）乙酸钠(终浓度为 0.3 mol/L，pH 值为 5.2)：DNA 和 RNA 的沉淀大多使用乙酸钠。

② 离心的时间与速度。

1 mL 核酸沉淀物通常在台式高速离心机中以 12 000 r/min 的速度离心 15 min 即可定量回收，对于浓度很低或片段很小(少于 100 个核苷酸)的核酸，则需增大离心速度和延长离心时间使核酸紧贴在离心管底部。

（8）所含磷酸盐高于 1 mmol/L 或所含 EDTA 高于 10 mmol/L 的缓冲液,不宜用于乙醇沉淀,因为这些物质可与核酸共沉淀,高浓度的磷酸盐离子和 EDTA 在乙醇沉淀前应通过常规柱层析加以除去。

沉淀核酸小片段(少于 100 个核苷酸)时加入终浓度为 0.01 mmol/L 的 $MgCl_2$ 可改善沉淀效果。

实验 52　大肠杆菌感受态细胞的制备与转化

一、目的与要求

（1）了解转化的概念及在分子生物学研究中的意义。

（2）学习氯化钙法制备大肠杆菌感受态细胞的方法。

（3）学习将外源质粒 DNA 转入受体菌细胞并筛选转化体的方法。

二、原理

转化(transformation)是将异源 DNA 分子引入另一细胞体系,使受体细胞获得新的遗传性状的一种手段,它是微生物遗传、分子遗传、基因工程等研究领域的基本实验技术之一。

转化过程所用的受体细胞一般是限制-修饰系统缺陷的变异株,即不含限制性内切酶和甲基化酶的突变株,常用 $R^- M^-$ 符号表示。受体细胞经过一些特殊方法(如电击法、$CaCl_2$、RuCl 等化学试剂法)的处理后,细胞膜的通透性会发生变化,成为容许外源 DNA 分子通过的感受态细胞(competence cell)。在一定条件下将外源 DNA 分子与感受态细胞混合保温,使外源 DNA 分子进入受体细胞。进入细胞的 DNA 分子通过复制、表达实现遗传信息的转移,使受体细胞出现新的遗传性状。将经过转化后的细胞在选择性培养基中培养即可筛选出转化体(即带有异源 DNA 分子的受体细胞,transformant)。

本实验以 E. coli DH5α 菌株为受体细胞,用 $CaCl_2$ 处理受体菌使其处于感受态,然后在一定条件下与 pBR322 质粒共同保温,实现转化。pBR322 质粒携带有抗氨苄青霉素和抗四环素的基因,因而使接受了该质粒的受体菌也具有抗氨苄青霉素和抗四环素的特性,常用 Amp^r、Tet^r 符号表示。将经过转化后的全部受体菌落经过适当稀释后,在含氨苄青霉素和四环素的平板培养基上培养,只有转化体才能成活,而未受转化的受体细胞则因无抵抗氨苄青霉素和四环素的能力而都被杀死,所以带有抗药基因的质粒 DNA 能使受体菌从对抗生素敏感(Amp^s、Tet^s)转变为具有抗药性(Amp^r、Tet^r),即表明了该质粒具有生物学活性。这种转化活性是检查质粒 DNA 生物活性的重要指标。

转化体经过进一步纯化扩增后,再将转入的质粒 DNA 分离提取出来,可进行重复转化、电泳、电镜观察及做限制性内切酶酶切图谱、分子杂交、DNA 测序等实验鉴定。

为提高转化率,实验中要注意以下几个重要因素:

(1) 细胞生长状态和密度。不要用已经过多次转接及储存在 4℃下或室温的培养菌液;细胞培养密度以每毫升培养液中的细胞数在 5×10^7 个左右为佳(可通过测定培养液的 A_{600} 控制),密度不足或过量均会使转化率下降。

(2) 转化的质粒 DNA 的质量和浓度。用于转化的质粒 DNA 应主要是共价闭环的 DNA(即 cccDNA,又称超螺旋 DNA),转化率与外源 DNA 的浓度在一定范围内成正比,但当加入的量过多或体积过大时则会使转化率下降。

(3) 试剂的质量。所用的试剂(如 $CaCl_2$ 等),应是高质量的,且最好分装保存在干燥的暗处。

(4) 防止杂菌和其他外源 DNA 的污染。所用器皿,如离心管、分装用的 EP 管等一定要干净,最好是新的。整个实验过程中要注意无菌操作,少量其他试剂(如痕量的去污剂等化学物质)或 DNA 的污染都会影响转化率,或是转化了其他 DNA。

$CaCl_2$ 转化法由 Cohen 等(1972)首创。其转化率一般能达到 1 μg 超螺旋质粒 DNA 产生 $5 \times 10^6 \sim 2 \times 10^7$ 个转化体,足以满足常规基因克隆实验的需要。该法因具有简单、快速、稳定、重复性好、菌株适用范围广等优点而被广泛采用。

三、试剂与仪器

(一) 试剂

(1) *E. coli* DH5α 受体菌:R^-M^-,Amp^s,Tet^s。

(2) pBR322 质粒 DNA:购买商品或实验室分离提纯所得样品。

(3) 含抗生素的 LB 平板培养基:将配好的 LB 固体培养基高温(120℃,1.03×10^5 Pa)灭菌 20 min 后,冷却至 60℃左右,加入氨苄青霉素和四环素储存液,使终浓度分别为 50 μg/mL 和 12.5 μg/mL,摇匀后铺板。

(4) 0.1 mol/L $CaCl_2$ 溶液:每 100 mL 溶液含 $CaCl_2$(无水)1.10 g,用无菌双蒸水配制,灭菌处理。

(5) LB 液体培养基:每升培养基在 950 mL 去离子水中加入 10 g 胰蛋白胨、5 g 酵母提取物、10 g NaCl,摇动容器直至溶质溶解,用 5 mol/L NaOH 溶液调 pH 值至 7.0,用去离子水定容至 1 L,分装后按常规培养基高压灭菌方法,在 0.1 MPa 压力下蒸汽灭菌 21 min。

(6) LB 固体培养基:在 LB 液体培养基基础上多加 10~15 g 琼脂粉,操作步骤相同。

(7) 氨苄青霉素储存液(100 mg/mL):溶解 1 g 氨苄青霉素钠盐于足量的双蒸

水中,最后定容至 10 mL。分装成小份于－20℃储存。常以 25～50 μg/mL 的终浓度添加于生长培养基。

(8) 四环素储存液(10 mg/mL):溶解 100 mg 四环素盐酸盐于足量的水中,或者将无碱的四环素溶于无水乙醇,用双蒸水定容至 10 mL。分装成小份并用铝箔包裹以免溶液见光,于－20℃储存。常以 10～50 μg/mL 的终浓度添加于生长培养基。

(二)仪器

恒温摇床、电热恒温培养箱、超净工作台、电热恒温水浴箱、分光光度计、台式离心机、带盖离心管、刻度吸量管或自动加样器、EP 管等。

四、操作方法

(一)感受态细胞的制备

(1) 从新活化的 $E.coli$ DH5α 菌平板上挑取一单菌落,接种于 3 mL LB 液体培养基中,37℃下振荡培养 12 h 左右至对数生长期。将该菌悬液以 1∶100 接种量转接于 100 mL LB 液体培养基中,37℃下振荡扩大培养,当培养液开始出现混浊后,每隔 20～30 min 测一次 A_{600},至 $A_{600} \leqslant 0.7$ 停止培养。

(2) 培养液转入离心管中,在冰上冷却片刻后,0～4℃离心(4 000 r/min)10 min。倒出上清液,并将离心管倒置在滤纸片上 1 min,使残留的培养液流尽。用 10 mL 冰冷的 0.1 mol/L $CaCl_2$ 溶液轻轻悬浮细胞,冰上放置 15～30 min。0～4℃离心(4 000 r/min)10 min。弃去上清液,加入 2 mL 冰冷的 0.1 mol/L $CaCl_2$ 溶液,小心悬浮细胞,冰上放置片刻后即成了感受态细胞悬液。

(3) 以上制备好的感受态细胞悬液可在冰上放置,24 h 内直接用于转化实验,也可加入等体积 30% 灭菌甘油,混匀后分装于 0.5 mL EP 管中,每管 100～200 μL 感受态细胞悬液,置于－70℃下可保存 1 年。

(二)转化

(1) 取 100 μL 摇匀后的感受态细胞悬液(如是冷冻保存液,则需化冻后马上进行下面的操作),加入 pBR322 质粒 DNA 溶液 2 μL(含量不超过 50 ng,体积不超过 10 μL),此管为转化实验组。同时,做两个对照管。

受体菌对照组:100 μL 感受态细胞悬液、2 μL 无菌双蒸水。

质粒 DNA 对照组:100 μL 0.1 mol/L $CaCl_2$ 溶液、2 μL pBR322 质粒溶液。

(2) 将以上各样品轻轻摇匀,冰上放置 30 min 后,在 42℃水浴中保温 1.5 min,然后迅速冰上冷却 3～5 min。

(3) 上述各管中分别加入 100 μL LB 液体培养基,则总体积为 0.2 mL,该溶液称为转化反应原液。混匀,在 37℃水浴中保温 45 min(欲获得更高的转化率,此步也可采用温和摇动培养的方法),使受体菌恢复到正常生长状态,并使转化体产生抗药性(Amp^r、Tet^r)。

(三) 稀释和平板培养

(1) 将上述经培养的转化反应原液摇匀后,进行梯度稀释,具体情况见下表:

	试 管 号									
	1	2	3	4	5	6	7	8	9	10
	原液	稀释液1	稀释液2	稀释液3	稀释液4	稀释液5	稀释液6	稀释液7	稀释液8	稀释液9
前液体积/mL	0.1	0.1	0.1	0.1	0.1	0.1	0.1	0.1	0.1	0.1
稀释液(LB液体培养基)体积/mL	0.9	0.9	0.9	0.9	0.9	0.9	0.9	0.9	0.9	0.9
稀释倍数	10^1	10^2	10^3	10^4	10^5	10^6	10^7	10^8	10^9	10^{10}

(2) 分别取适当稀释度的各样品培养液 0.1 mL,接种于两种(含抗生素和不含抗生素的)平板培养基上,涂匀。

以上各步操作均需在超净工作台上进行。

(3) 待菌液完全被培养基吸收后,倒置培养皿,于 37℃ 恒温培养箱内培养 24 h,待菌落生长良好而又未互相重叠时停止培养,每组平行做两份。

五、结果

统计每个培养皿中的菌落数,检出转化体和计算转化率。各实验组培养皿内菌落生长情况如下表所示:

	不含抗生素培养基	含抗生素培养基	结果说明
受体菌对照组	有大量菌落长出	无菌落长出	本实验中未产生抗药性突变体
质粒 DNA 对照组	无菌落长出	无菌落长出	pBR322 质粒 DNA 溶液不含杂菌
转化实验组	有大量菌落长出	有菌落长出	pBR322 质粒 DNA 进入受体细胞使其产生抗性

因此,转化实验组在含抗生素培养基培养皿中长出的菌落即为转化体,根据此培养皿中的菌落数可计算出转化体总数和转化频率,计算公式如下:

$$转化体总数 = \frac{菌落数 \times 稀释倍数 \times 转化反应原液总体积}{接种菌液体积}$$

$$转化频率 = \frac{转化体总数}{加入质粒 DNA 质量(\mu g)}$$

再根据受体菌对照组不含抗生素培养皿中检出的菌落数,则可求出转化反应液中受体菌的总数,进一步可计算出本实验条件下,由多少个受体菌可获得一个转化体。

六、注意事项

(1) 实验中凡涉及溶液的移取、分装等需敞开实验器皿的操作,均应在超净工作台上进行,以防污染。

(2) 衡量受体菌生长情况的 A_{600} 和细胞之间的关系随菌株的不同而不同,因此,不同菌株的合适的 A_{600} 是不同的。对于未明菌株应预先测定其生长曲线,选择处于对数生长期或对数生长前期的菌液(细胞浓度达到 $5×10^7$ 个/mL)作为受体菌。

(3) 本实验方法也适用于其他 *E. coli* 受体菌株和不同质粒 DNA 的转化,但其转化频率是不一样的。有的重组质粒转化频率很低,筛选转化体时不用稀释,甚至需要将加入的转化反应培养基(本实验为 LB 液体培养基)的体积减小,以增加转化体浓度,便于筛选和准确计算转化频率。

(4) 新制备的感受态细胞应用已知质粒 DNA 做转化实验,检查其质量。感受态细胞储存时间过长将导致转化率下降。

(5) 转化菌不宜培养时间过长,以免使其菌落过多而重叠,妨碍计数和单菌落的挑选。对于携带 *lacZ* 的重组质粒,还可能由于转化菌分泌 β-内酰胺酶,迅速灭活菌落周围区域中的抗生素,使对氨苄青霉素敏感的细菌生长形成卫星菌落,妨碍阳性转化体的挑选。

七、思考题

(1) 如果一次实验的转化频率偏低,应从哪些方面去分析原因？请你设计出实验方案以找出真正的原因。

(2) 制备感受态细胞的基本原理是什么？由此你可设计出哪些制备感受态细胞的方法？

(3) 如果在对照组不该长出菌落的培养皿中长出了一些菌落(可能很多,也可能只有很少的几个),你该怎样分析你的实验结果,并进行下面的实验？

(4) 有时参加转化反应的质粒 DNA 可能不止一种(如可以是连接反应的各种质粒,含原质粒和各种重组质粒),你将如何进行筛选、分离提纯出你所需要的质粒 DNA 的转化体？

(5) 写出由多少个受体菌可获得一个转化体的计算公式。

实验 53　　PCR 基因扩增

一、目的与要求

通过本实验学习聚合酶链式反应(polymerase chain reaction,简称 PCR)反应的基本原理与实验技术。

二、原理

PCR 的原理类似于 DNA 的天然复制过程。在待扩增的 DNA 片断两侧和与其两侧互补的两个寡核苷酸引物,经过变性—退火—延伸反复循环后,DNA 扩增 2^n 倍。① 变性:加热使模板 DNA 在高温(94 ℃)变性,双链间的氢键断裂而形成两条单链;② 退火:突然降温(温度降低到 50~60 ℃)后,模板 DNA 与引物按碱基配对原则互补结合,此时,也存在两条模板链之间的结合,但由于引物的高浓度及结构简单等特点,从而使主要的结合发生在模板与引物之间;③ 延伸:溶液反应温度升至 72 ℃,耐热 DNA 聚合酶以单链 DNA 为模板,在引物的引导及 Mg^{2+} 的存在下,利用反应混合物中的 4 种脱氧核苷三磷酸(dNTP)按 $5'→3'$ 方向复制出互补 DNA。

上述三步骤为一个循环,即高温变性、低温退火、中温延伸三个阶段。从理论上讲,每经过一个循环,样本中的 DNA 量应该增加一倍,新形成的链又可以成为新一轮循环的模板,经过 25~30 个循环后,DNA 可扩增 10^6~10^9 倍。

基本的 PCR 反应体系由以下组分组成:DNA 模板、反应缓冲液、dNTP、$MgCl_2$、两个合成的 DNA 引物、耐热 Taq 聚合酶。

三、试剂与仪器

(一) 试剂

(1) 10×反应缓冲液:500 mmol/L KCl,100 mmol/L Tris-HCl(pH 值为 8.3,室温),15 mmol/L $MgCl_2$,0.1%明胶。

(2) dNTP:2.5 mmol/L dATP,2.5 mmol/L dCTP,2.5 mmol/L dGTP,2.5 mmol/L dTTP。

(3) Taq 酶:1 U/μL。

(4) T7 启动子引物(19mer):5′-AATACGACTCACTATAGGG-3′,工作液浓度为 10 pmol/μL。

(5) T7 终止子引物(19mer):5′-CTAGTTATTGCTCAGCGGT-3′,工作液浓度为 10 pmol/μL。

(6) DNA 模板 pET-28a(+):1 ng/μL。

（7）矿物油或石蜡。

（二）仪器

PCR 仪、琼脂糖凝胶电泳系统、EP 管、移液器、凝胶成像仪。

四、操作方法

（1）在 0.5 mL EP 管内配制 25 μL 反应体系，按下表加入各溶液：

反应物	双蒸水	10×PCR 缓冲液	dNTP	25 mmol/LMgCl₂	引物 1	引物 2	模板 DNA	Taq 酶
体积/μL	11	2.5	2.0	1.5	1.0	1.0	5	1

混匀，加 25 μL 矿物油（有盖 PCR 仪可不加矿物油）。

（2）按下述程序进行扩增：

30次循环

94℃预变性5 min→94℃变性1 min→52℃退火1 min→72℃延伸1 min→72 ℃延伸 10 min→4 ℃。

五、结果

取 10 μL PCR 反应液于 2‰琼脂糖凝胶电泳，电泳结束后，用 EB 染色 15 min，紫外灯下观察结果（或用凝胶成像系统进行拍照），对照 DNA 标准确定扩增片段大小。

六、注意事项

（1）实验中各温度应严格控制。变性温度高于 97 ℃时 Taq 酶活性下降较多；变性温度低于 90 ℃时，模板 DNA 变性不完全，DNA 双链会很快复性而减少产量。

（2）多聚酶浓度一般为 0.5～5 个单位，酶量少合成产物量低，酶用量高，非特异性产物堆积。

（3）Mg^{2+} 浓度应保持在 0.5～2.5 mmol/L，Mg^{2+} 浓度可影响到引物退火、产物特异性、引物二聚体生成及酶活性等。

七、思考题

（1）决定 PCR 实验成功的因素有哪些？

（2）引物设计的原则是什么？你知道的引物设计软件有哪些？学会使用软件设计引物。

（3）查阅资料了解 PCR 有多少种类，讨论这些 PCR 方法的原理与应用范围。

第九章　综合性与设计性实验

实验 54　鸡卵类黏蛋白的分离纯化

一、目的与要求

掌握蛋白质的提取、分离及纯化的方法,并学习对提取的蛋白质进行含量与活性分析的方法。

二、原理

鸡卵类黏蛋白(chicken ovomucoid,简称 CHOM)是由鸡卵清制得的一种糖蛋白,它具有强烈的抑制胰蛋白酶的作用,常用于胰蛋白酶的酶学性质的研究。也可将其制成吸附亲和剂,通过亲和色谱技术有效地分离与纯化胰蛋白酶。

鸡卵类黏蛋白至今还未能获得单一组分的制品,在电泳行为上常呈不均一性。目前至少已获得 4 种不同组分,它们在抑制胰蛋白酶的性能上和氨基酸组成上没有多大区别,但是在糖蛋白的糖部分(主要为 D-甘露糖、D-半乳糖、葡萄糖胺和唾液酸)的含量上有差别。它们的等电点有一定的范围,大致的 pH 值为 3.9～4.5。相对分子质量为 28 000。鸡卵类黏蛋白抑制胰蛋白酶物质的量之比为 1:1,因此高纯度的鸡卵类黏蛋白 1 μg 能抑制相当于 0.86 μg 的胰蛋白酶(比活性为 12 000BAEE(苯甲酰-L-精氨酸乙酯)单位/mg 蛋白)。不同来源的鸡卵类黏蛋白末端基有很大差异,鸡卵类黏蛋白的 N 末端为丙氨酸,C 末端为苯丙氨酸。

鸡卵类黏蛋白在中性或酸性溶液中对热和高浓度的脲都是相当稳定的,而在碱性溶液中比较不稳定,尤其当温度较高时易迅速失活。鸡卵类黏蛋白除对牛和猪的胰蛋白酶有强烈的抑制作用外,对枯草杆菌蛋白酶也有一定程度的抑制作用,但对胰凝乳蛋白酶无抑制作用,另外对人的胰蛋白酶也无明显的抑制作用。

本实验主要参照 Kassell 的方法,先由鸡卵清经三氯乙酸(TCA)-丙酮溶液处理,除去沉淀物,然后经丙酮分级沉淀获得粗品,再经 DEAE-纤维素(二乙氨基乙基-纤维素)柱色谱纯化而得合格产品。

三、试剂与仪器

（一）材料与试剂

(1) 丙酮。

（2）10% pH 值为 1.15 的三氯乙酸溶液：配制时，将称取的三氯乙酸放置在烧杯内，加入 2/3 总体积的蒸馏水溶解，用 6 mol/L 氢氧化钠溶液调节溶液的 pH 值至约 1.15，静置约 1 h，然后在 pH 计上校正，调节 pH 值至 1.15，最后补充水到终体积。

（3）0.02 mol/L pH 值为 6.5 的磷酸盐缓冲液。

（4）0.5 mol/L 氯化钠-0.5 mol/L 氢氧化钠溶液。

（5）0.5 mol/L 盐酸。

（6）0.3 mol/L 氯化钠-0.02 mol/L pH 值为 6.5 的磷酸盐缓冲液。

（7）底物缓冲液：0.05 mol/L pH 值为 8.0 的 Tris-HCl 缓冲液，内含 2.22 mg/mL 的氯化钙。

（8）BAEE 底物缓冲液。

① 0.05 mol/L pH 值为 8.0 的 Tris-HCl 缓冲液：pH 值为 7.87 时，将 25 mL 0.2 mol/L（24.23 g/L）Tris-碱和 32.5 mL 0.1 mol/L 盐酸定容到 100 mL。

② 0.05 mol/L $CaCl_2$-0.05 mol/L pH 值为 8.0 的 Tris-HCl 缓冲液：将 5.55 g $CaCl_2$ 加入 1 000 mL 0.05 mol/L pH 值为 8.0 的 Tris-HCl 缓冲液中。

（9）2 mmol/L BAEE 底物溶液：称取 68 mg BAEE，用 BAEE 底物缓冲液定容到 100 mL，临用前配制；配 500 mL 左右的量，应用纯蒸馏水配制，注意不能用洗衣粉及其他洗涤剂。使用时，如果用蒸馏水做参比液时测得的吸光度变化很大，则将 BAEE 底物溶液的浓度稀释一倍；如果测定时吸收光的值有问题，可能是与所加的酶量有关系，此时可适当增减加入的酶量。

（10）1 mg/mL 胰蛋白酶溶液：用 0.001 mol/L 盐酸配制。

（11）DEAE-纤维素粉（DE-32）。

（12）Sephadex G-25。

（13）新鲜鸡卵。

（二）仪器

pH 计、紫外分光光度计、布氏漏斗及抽滤瓶、透析袋、离心机、真空干燥器、核酸蛋白质检测仪（紫外检测器）、色谱柱（ϕ35 mm×200 mm、ϕ35 mm×300 mm）。

四、操作方法

1. 鸡卵类黏蛋白的提取

取 50 mL 鸡卵清，加入等体积的 10% pH 值为 1.15 的三氯乙酸溶液（缓缓加入，以防止局部过酸出现块状物），这时出现大量的类似于酸奶状的白色沉淀，轻轻地搅拌均匀。在 pH 计上检查 pH 值，此时提取液的最终 pH 值大约是 3.5。若该溶液的 pH 值偏离 3.5 在 0.2 以上，则要用 5 mol/L 氢氧化钠溶液或 5 mol/L 盐酸将 pH 值调回到 3.5±0.2 的范围以内。由于提取液非常黏稠，在调节 pH 值时要防止局部过酸或过碱。pH 值调好稳定后,在室温下静置 4 h 以上。待鸡卵清蛋白完全沉淀后,以 3 000 r/min 的速度离心 10 min。弃去沉淀物,上清液用滤纸过滤,以除去上清液中的脂类物质及其他不溶物。收集滤液,转移到 500 mL 烧杯内。检查滤液的 pH 值是否为 3.5,否则要调回到 3.5。放置冰浴中或冰箱内冷却片刻,缓慢加入 3 倍体积预冷的丙酮。用玻棒轻轻搅匀,用塑料薄膜盖好封严,以防止丙酮挥发,在冰浴里放置 2~4 h,待鸡卵类黏蛋白完全沉淀后,小心虹吸出一部分上清液,剩余的部分全部转移到 50 mL 带盖的离心杯里,盖上盖经平衡后以 3 000 r/min 的速度离心 15 min,除去上清液,将离心管底部的沉淀物放在真空干燥器内,抽气除去残留丙酮。待沉淀物由白色转变为透明黏稠物后停止抽气。加入 20 mL 蒸馏水溶解,若溶解液混浊,则用滤纸滤去不溶物。滤液经 Sephadex G-25 柱色谱法脱盐或者经透析除盐。本实验采用 Sephadex G-25 柱色谱法脱盐,操作步骤如下。

称取 30 g Sephadex G-25,用 500 mL 0.02 mol/L pH 值为 6.5 的磷酸盐缓冲液在 100℃ 下热溶胀 2 h 或者在室温下溶胀 24 h。脱气后装柱(ϕ35 mm×300 mm),柱床体积约 150 mL。用约 2 倍体积的 0.02 mol/L pH 值为 6.5 的磷酸盐缓冲液平衡。流出液在核酸蛋白质检测仪上绘出稳定的基线或经紫外分光光度计测定吸光度,其 A_{280} 小于 0.02 即可使用。

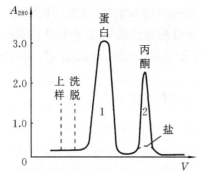

图 9-1 鸡卵类黏蛋白的 Sephadex G-25 柱色谱洗脱曲线

取 20 mL 鸡卵类黏蛋白提取液上柱(上样量不超过柱床体积的 1/6)。用同样的缓冲液洗脱,收集第一峰,在蛋白峰完全流出后盐才开始流出,盐通常在 280 nm 波长处无明显光吸收,若绘出第二峰则是残留丙酮峰。丙酮和盐同时流出。洗脱曲线如图 9-1 所示。

2.鸡卵类黏蛋白的纯化

通过上述方法获得的鸡卵类黏蛋白仍含有少量的卵清蛋白。由于鸡卵类黏蛋白与卵清蛋白的等电点不同,当它们处在同一 pH 值的缓冲液中时,其解离有所不同。因此,采用 DEAE-纤维素离子交换色谱可以将两者分开,从而达到分离纯化的目的。

称取 10 g DEAE-纤维素粉(DE-32),以 150 mL 0.5 mol/L 氢氧化钠-0.5 mol/L 氯化钠溶液浸泡 20 min。转移到布氏漏斗内(内垫有 200 目的尼龙网)抽滤。用蒸馏水洗至 pH 值为 8.0 左右,抽干。然后移至 500 mL 烧杯内,用 150 mL 0.5 mol/L 盐酸浸泡 20 min,再转移到布氏漏斗内,抽滤,用蒸馏水洗至 pH 值为 6.0 左右,最后转移到烧杯内,用 150 mL 0.2 mol/L pH 值为 6.5 的磷酸盐缓冲液浸泡约 15 min,经真空干燥器脱气后装柱。

取一支色谱柱(ϕ35 mm×200 mm)装入约 1/4 体积的 0.02 mol/L pH 值为 6.5 的磷酸盐缓冲液,将处理过的 DEAE-纤维素装入柱内。以同一缓冲液平衡,流出液在核酸蛋白质检测仪上绘出稳定的基线或经紫外分光光度计测定吸光度,待 A_{280} 值小于 0.02 即可。

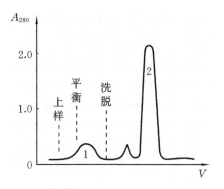

图 9-2 鸡卵类黏蛋白的 DEAE-纤维素离子交换柱色谱洗脱曲线

将经 Sephadex G-25 脱盐后的鸡卵类黏蛋白溶液上柱吸附。以 0.02 mol/L pH 值为 6.5 的磷酸盐缓冲液平衡,待流出液在核酸蛋白质检测仪上绘出稳定的基线后,改用 0.3 mol/L 氯化钠-0.02 mol/L pH 值为 6.5 的磷酸盐缓冲液洗脱,收集第二洗脱峰。柱色谱洗脱曲线如图 9-2 所示。若在鸡卵类黏蛋白液中所含的鸡卵清蛋白的量很少,在洗脱时可能出现一个小峰或出现不明显的峰形。在这种情况下可根据峰形大小,测定活性来确定鸡卵类黏蛋白洗脱峰的位置。

3. 鸡卵类黏蛋白纯品的制备

将经 DEAE-纤维素离子交换柱色谱制得的鸡卵类黏蛋白溶液装入透析袋内,用蒸馏水进行透析,间隔一段时间更换一次蒸馏水,直至经 1% 硝酸银溶液检查无 Cl^- 为止。

将透析过的鸡卵类黏蛋白溶液转移到烧杯,小心地用 1 mol/L 盐酸调节 pH 值至 4.0。取出 1 mL 鸡卵类黏蛋白溶液并稀释 5~10 倍,测定鸡卵类黏蛋白的含量及活性。然后加入 3 倍体积的预冷丙酮,用塑料薄膜封严烧杯口,在冰浴中静置 4 h 左右。待鸡卵类黏蛋白完全析出后,倾出上清液,将沉淀转移到一个带盖的 50 mL 离心管内,以 3 000 r/min 的速度离心 15 min,弃去上清液,将沉淀物放入真空干燥器内真空干燥,即可得到透明胶状物——鸡卵类黏蛋白(约 250 mg)。

4. 鸡卵类黏蛋白的活性测定

鸡卵类黏蛋白是胰蛋白酶的天然抑制剂。因此,测定它的活性可以用抑制胰蛋白酶的活性单位来表示。即抑制 1 个胰蛋白酶活性单位(BAEE 单位)所需鸡卵类黏蛋白量定为抑制剂的 1 个活性单位。将鸡卵类黏蛋白和结晶胰蛋白酶按一定比例相互混合(鸡卵类黏蛋白量不能超过胰蛋白酶量,一般以 1∶2 较合适,具体视鸡卵类黏蛋白的纯度而异),加入适量的 0.05 mol/L pH 值为 8.0 Tris-HCl 缓冲液在 25℃ 下保温 10 min 左右,使酶与抑制剂充分结合。然后取适量混合液(相当于原胰蛋白酶 10 μg 左右),按所述胰蛋白酶活性测定方法测出剩余酶活性。同时,取相同量的胰蛋白酶(未加抑制剂),按常规方法测出胰蛋白酶活性,由它减去剩余酶活性,即为被抑制的胰蛋白酶活性,也就是鸡卵类黏蛋白的抑制活性。

取 2 个石英比色皿(带盖,光程为 1 cm),向一个比色皿内加入 1.5 mL 0.05 mol/L pH 值为 8.0 的 Tris-HCl 缓冲液和 1.5 mL 2.0 mmol/L BAEE 底物溶液,混匀,在 253 nm 波长处调节仪器零点。向另一个比色皿内加 1.5 mL 0.05 mol/L pH

值为 8.0 的 Tris-HCl 缓冲液、10 μL 胰蛋白酶(约 10 μg 胰蛋白酶)、10 μL 鸡卵类黏蛋白(约 7.5 μg 鸡卵类黏蛋白),轻轻摇匀,在室温下(最好是在 25℃恒温箱内)放置 2 min,使胰蛋白酶与鸡卵类黏蛋白充分结合。然后加入 1.5 mL 2 mmol/L BAEE 底物溶液,立即混匀并计时。在 253 nm 波长处测定其吸光度递增值,每隔30 s读数一次,使每分钟吸光度变化值在 0.05 左右为宜,否则要根据每分钟吸光度变化值的大小适当减少或增加鸡卵类黏蛋白的量。

以反应时间 t 为横坐标,A_{253} 为纵坐标作图,取直线部分的任一时间间隔与相应的吸光度变化值为每分钟吸光度变化值,用 A_2 表示。与此同时,以同样的方法(不加鸡卵类黏蛋白)测胰蛋白酶的活性,通过作图得到每分钟吸光度变化值,用 A_1 表示。

五、结果

(1) 鸡卵类黏蛋白的抑制活性及抑制比活性的计算公式如下:

$$\text{鸡卵类黏蛋白的抑制活性(BAEE 单位)} = \frac{A_1 - A_2}{0.001}$$

$$\frac{\text{鸡卵类黏蛋白的抑制比活性单位}}{\text{(BAEE 单位/mg 胰蛋白酶)}} = \frac{(A_1 - A_2) \times 1\,000}{I \times 0.001}$$

式中:A_1 为未加入抑制剂的胰蛋白酶每分钟吸光度变化值;A_2 为加入抑制剂后胰蛋白酶每分钟吸光度变化值;I 为测定时所用鸡卵类黏蛋白的质量,μg;数值 1 000 为将抑制剂的质量单位由 μg 转换成 mg 的转换系数;数值 0.001 为吸光度值每增加 0.001 定义为 1 个 BAEE 单位。

(2) 鸡卵类黏蛋白的含量测定。

配成一定浓度的鸡卵类黏蛋白溶液,在 280 nm 波长处测定其吸光度值。鸡卵类黏蛋白的消光系数是:$A_{1\text{cm}}^{1\%} = 4.13$。式中的 1% 为蛋白浓度(每 100 mL 溶液 1 g),当蛋白浓度为 1 mg/mL 时,其消光系数为 0.413。

$$\text{鸡卵类黏蛋白的含量(mg/mL)} = \frac{A_{280} \times \text{稀释倍数}}{0.413}$$

六、注意事项

(1) 提取鸡卵类黏蛋白时,提取液的最终 pH 值是 3.5,若该溶液的 pH 值偏离 3.5 在 0.2 以上,则要用氢氧化钠溶液或盐酸将 pH 值调回到 3.5±0.2 的范围以内,由于提取液非常黏稠,在调节 pH 值时要防止局部过酸或过碱。

(2) 纯化鸡卵类黏蛋白使用过后的 DEAE-纤维素离子交换柱色谱,要用 0.02 mol/L pH 值为 6.5 的磷酸盐缓冲液重新平衡,待流出液在核酸蛋白质检测仪上绘出稳定的基线后停止,以便下次使用。

(3) 测定鸡卵类黏蛋白的活性时,最好选用双光束紫外分光光度计。一束光路上放置空白参比样品,另一束光路则放置加有待测鸡卵类黏蛋白活性的样品,这样就可以很容易地测得每分钟吸光度的变化值。

实验 55 纤维素酶活性测定及 pH 值对其活性的影响

一、实验目的

(1) 提出实验设计,绘制还原糖-吸光度的标准曲线。
(2) 测定 pH 值对纤维素酶活性的影响曲线及该酶的最适 pH 值。
(3) 测定不同底物时的纤维素酶活性。

二、实验要求

1. 根据相关资料,提出实验方案

实验前,根据有关资料,了解该酶的基本特性、酶活性测定的基本原则与要求,拟定初步实验方案,包括实验原理、实验步骤及目的等。

2. 修订实验方案

提出实验方案,经过老师修改后,确定最终的实验方案,并开始进行实验。具体任务是绘制还原糖-吸光度的标准曲线,测定 pH 值对纤维素酶活性的影响曲线及该酶的最适 pH 值,测定样品中的纤维素酶活性。

3. 数据处理与实验报告

根据实验测定的结果,采用计算机分析处理有关实验数据,并利用计算机绘制标准曲线,计算相关系数(r),利用回归方程计算获得实验结果,最后将整个实验过程(包括实验设计、实验操作、结果分析等)以实验报告的形式呈交。

三、参考资料——纤维素酶活性检测方法介绍

(一) 原理

纤维素被纤维素酶水解最终降解生成 β-葡萄糖。鉴于纤维素结构的复杂性,没有任何一种酶能将纤维素彻底水解。1950 年 Reese 提出了 C1-Cx 概念。C1 是一水解因子,作用于纤维素的结晶区(如棉花纤维即为高度结晶性纤维),使氢键破裂,呈无定形可溶态,成为长链纤维素分子,再由 Cx 最终催化形成还原性单糖。而 Cx 通常包括以下三类:① 内切葡萄糖苷酶(endo-1,4-β-D-glucanase,EC3.2.1.4,简称 EG),这类酶随机水解 β-1,4-糖苷键,将长链纤维素分子(即羧甲基纤维素钠(CMC),为人工合成的一种线形纤维素钠盐)截短;② 外切葡萄糖苷酶(exo-1,4-β-D-glucanase,EC3.2.1.91),又称为纤维二糖水解酶(cellobiohydrolase,简称 CBH),这类酶作用于 β-1,4-糖苷键,每次切下一个纤维二糖分子;③ β-葡萄糖苷酶(βglucosidase,EC3.2.1.21,简称 BG),这类酶将纤维二糖(即水杨素为葡萄糖苷键连接的纤维二糖)水解成葡萄糖分子。

据上述理论,分别设计以滤纸、棉球、CMC、水杨素为底物,衡量纤维素的总体酶活性(FPA)、C1、Cx、Cb 酶活性。将底物水解后释放还原性糖(以葡萄糖计),与 3,5-二硝基水杨酸(DNS)反应产生颜色变化,这种颜色变化与葡萄糖的量成正比,即与酶样品中的酶活性成正比。通过在 550 nm 波长处的吸光度值查对标准曲线(以葡萄糖为标准物)可以确定还原糖产生的量,从而确定出酶的活性。

(二) 纤维素酶类活性的定义

(1) 1 g 酶粉(1 mL 酶液)于 50 ℃、pH 值为 4.8 的条件下,每分钟水解 1 cm×6 cm 的滤纸产生 1 μg 还原糖(以葡萄糖计)的酶量定义为 1 个 FPA 酶活性单位。

(2) 1 g 酶粉(1 mL 酶液)于 50 ℃、pH 值为 4.8 的条件下,每分钟水解 50 mg 的脱脂棉球产生 1 μg 还原糖(以葡萄糖计)的酶量定义为 1 个 C1 酶活性单位。

(3) 1 g 酶粉(1 mL 酶液)于 50 ℃、pH 值为 4.8 的条件下,每分钟水解 1%CMC 溶液产生 1 μg 还原糖(以葡萄糖计)的酶量定义为 1 个 Cx 酶活性单位。

(4) 1 g 酶粉(1 mL 酶液)于 50 ℃、pH 值为 4.8 的条件下,每分钟水解 1%水杨素溶液产生 1 μg 还原糖(以葡萄糖计)的酶量定义为 1 个 Cb 酶活性单位。

(三) 试剂与仪器

1.试剂(本实验所使用的试剂若无任何说明,均为分析纯)

(1) 定性滤纸、脱脂棉球。

(2) 0.1 mol/L 乙酸-乙酸钠缓冲液(pH 值为 4.8)。

溶液 A:量取冰乙酸 6 mL,定容至 1 000 mL,制成 0.1 mol/L 乙酸溶液。

溶液 B:称取 8.2 g 乙酸钠,溶解后定容至 1 000 mL,制成 0.1 mol/L 乙酸钠溶液。

使用时以 4∶6 的体积比将溶液 A 和溶液 B 混合,低温储藏备用。

(3) DNS 显色剂。

溶液 A:称取分析纯 NaOH 104 g,溶于 1 300 mL 水中,加入 30 g 分析纯 3,5-二硝基水杨酸。

溶液 B:称取分析纯酒石酸钾钠 910 g,溶于 2 500 mL 水中,再称取 25 g 重蒸苯酚和 25 g 无水亚硫酸钠加入酒石酸钾钠溶液。

将溶液 A、B 混合,加入 1 200 mL 水,储存于棕色瓶中,暗处放置一周后过滤使用。

(4) CMC 溶液(1%):准确称取 1.000 g 羧甲基纤维素钠,用 pH 值为 4.8 的乙酸缓冲液溶解,定容至 100 mL。

(5) 水杨素溶液(1%):准确称取 0.25 g 水杨素,用 pH 值为 4.8 的乙酸缓冲液溶解,定容至 25 mL。

(6) 葡萄糖标准溶液:将无水葡萄糖在 80 ℃下烘干至恒重,准确称取 100 mg 溶于 100 mL 水中,加 1 mg 叠氮化钠防腐。4 ℃下储藏备用。

(7) 酶样的制备。准确称取 1.000 g 固体酶或移取 1 mL 液体酶样,用 pH 值为 4.8 的乙酸缓冲液溶解并定容至 100 mL(即该酶已经稀释 100 倍)。

2.仪器

水浴锅、722 型分光光度计、一级玻璃器皿、冰箱、干燥箱(80 ℃±1 ℃)、分析天平(感量为 0.1 mg)。

(四) 操作方法

1.标准曲线的绘制

(1) 取 7 支带有 15 mL 刻度的试管,按下表量取试剂:

	试　管　号						
	0	1	2	3	4	5	6
葡萄糖标准溶液体积/mL	0	0.2	0.4	0.6	0.8	1.0	1.2
蒸馏水体积/mL	2	1.8	1.6	1.4	1.2	1.0	0.8
葡萄糖的实际含量/(mg/mL)	0	0.1	0.2	0.3	0.4	0.5	0.6
DNS 显色剂体积/mL	2	2	2	2	2	2	2
沸水浴 10 min,定容至 15 mL							
A_{550}							

(2) 上述过程同时进行三次平行测试,将测得的吸光度值(y)与葡萄糖含量(x)在计算机上或人工拟合曲线,求得 $y=ax+b$ 一元线性方程中的 a 和 b 值。要求所绘曲线相关系数 $r \geqslant 0.999$。

2.酶活性测定

(1) FPA 酶活性的测定。

① 取 4 支有 15 mL 刻度的试管,各加 0.2 mL 酶液,再加 pH 值为 4.8 的乙酸缓冲液 1.8 mL。

② 取其中 3 支作为测定管,各加 1 cm×6 cm 滤纸条,充分浸泡于 50 ℃±0.5 ℃的恒温水浴中 60 min,另 1 支作为空白管,置于 50 ℃±0.5 ℃的恒温水浴中 60 min。

③ 然后分别加入 DNS 显色液 2 mL,空白管同时加 1 cm×6 cm 滤纸条。

④ 沸水浴反应 10 min,冷却后加水至 15 mL,以空白管调零点,在 550 nm 波长处用分光光度计测吸光度值。

(2) C1 酶活性的测定。

① 取 4 支有 15 mL 刻度的试管,各加 0.2 mL 酶液,再加 pH 值为 4.8 的乙酸缓冲液 1.8 mL。

② 取其中 3 支作为测定管,各加 50 mg 脱脂棉球,充分浸泡于 50 ℃±0.5 ℃的恒温水浴中 60 min,另 1 支作为空白管,同时置于 50 ℃±0.5 ℃的恒温水浴中 60 min。

③ 分别加入 DNS 显色液 2 mL,空白管同时加 50 mg 脱脂棉球。

④ 沸水浴反应 10 min,冷却后加水至 15 mL,以空白管调零点,在 550 nm 波长处用分光光度计测吸光度值。

(3) Cx 酶活性的测定。

① 取 4 支有 15 mL 刻度的试管,各加 0.2 mL 酶液。

② 取其中 3 支作为测定管,各管再加 0.5 mL CMC 溶液(1%),加 pH 值为 4.8 的乙酸-乙酸钠缓冲液 1 mL,另 1 支作为空白管,同时加 pH 值为 4.8 的乙酸-乙酸钠缓冲液1.8 mL,置于 50℃±0.5℃的恒温水浴中 60 min。

③ 分别加入 DNS 显色液 2 mL。

④ 沸水浴反应 10 min,冷却后加水至 15 mL,以空白管调零点,在 550 nm 波长处用分光光度计测吸光度值。

(4) Cb 酶活性的测定。

① 取 4 支有 15 mL 刻度的试管,各加 0.2 mL 酶液。

② 取其中 3 支作为测定管,各管再加 1.8 mL 水杨酸(1%),加 pH 值为 4.8 的乙酸-乙酸钠缓冲液 1 mL,另 1 支作为空白管,同时加 pH 值为 4.8 的乙酸缓冲液 1.8 mL,置于 50 ℃±0.5 ℃的恒温水浴中 60 min。

③ 分别加入 DNS 显色液 2 mL。

④ 沸水浴反应 10 min,冷却后加水至 15 mL,以空白管调零点,在550 nm波长处用分光光度计测吸光度值。

3. 酶活性的计算

(1) 求各平行样吸光度值的均值。

(2) 依据以下公式计算纤维素酶类的活性:

$$纤维素酶活性 = \frac{[(\bar{y}-b)/a] \times n \times 1\,000}{0.2t} \quad (U/g \text{ 或 } U/mL)$$

式中:$\bar{y}$ 为样品吸光度值的平均值;a、b 为由葡萄糖浓度和相应的吸光度值通过回归方程求得;n 为酶粉(液)的稀释倍数;t 为酶促反应的时间,min;数值 0.2 为所加酶液的量,g 或 mL。

实验 56　酪氨酸酶的提取及其催化活性研究

一、目的与要求

掌握酶的提取方法,学会使用仪器分析手段研究催化反应,特别是生物化学体系中催化过程的基本思想和方法。

二、原理

在实验室里，复杂的有机物合成与分解往往要求在高温、强酸、强碱、减压等剧烈条件下才能进行。而在生物体内，虽然条件温和（常温、常压和接近中性的溶液等），许多复杂的化学反应却进行得十分顺利和迅速，而且没有副产物，其根本原因就是生物催化剂——酶的存在。

酶是具有催化作用的蛋白质。酶与辅助因子结合形成的复合物称为全酶。酪氨酸酶是以 Cu^+ 或 Cu^{2+} 为辅助因子的全酶。辅助因子虽然本身无催化作用，但参与氧化还原或起运载酚基载体的作用。若将全酶中的辅助因子除去，则酶的活性就失去了。

本实验从土豆中提取酪氨酸酶并测定其活性。当土豆、苹果、香蕉、蘑菇受损伤时，其创口会显棕色，这是由于土豆、苹果等含有酪氨酸和酪氨酸酶，在空气中氧气的参与下，发生了多巴转换反应，生成了黑色素。

由于多巴转变成多巴红的速率很快，再转到下一步产物的速率会慢得多，故可在酶的存在下，通过测定多巴转变为多巴红的速率而测定酶的活性。可用吸光度对时间作图，从所得的直线斜率求酶活性。

按照定义,在最适宜条件下(pH 值、离子强度等),25℃时在 1 min 转化 1 μmol 底物所需要的酶量为酶的活性单位。通过下式可计算出所用的酶的活性:

$$\alpha = \frac{\Delta A}{\varepsilon t V} \times 10^6$$

式中:α 为所用溶液的酶的活性;ΔA 为最大吸收处吸光度的变化值;t 为时间,min;ε 为多巴红的摩尔吸光系数;V 为加入的酶体积,mL。

进而计算出所用原料中的酶的活性:

$$A = \frac{\alpha V_0}{m}$$

式中:A 为所用原料中酶的活性;V_0 为原料所得的酶溶液的总体积,mL;m 为原料总质量,g。

三、试剂与仪器

(一)材料与试剂

(1) 二羟基苯丙氨酸(多巴)、盐酸、Sephadex 柱。

(2) 土豆(或苹果)。

(3) 0.10 mol/L 磷酸盐缓冲液(pH 值为 7.2):68.4 mL 1 mol/L 磷酸氢二钠溶液、31.6 mL 1 mol/L 磷酸二氢钠溶液混合后稀释至 100 mL。

(4) 0.10 mol/L 磷酸盐缓冲液(pH 值为 6.0):12.0 mL 1 mol/L 磷酸氢二钠溶液、88.0 mL 1 mol/L 磷酸二氢钠溶液混合后稀释至 100 mL。

(5) 0.10 mol/L 多巴溶液:称取 0.195 g 多巴,用 pH 值为 6.0 的磷酸盐缓冲液溶解并稀释到 100 mL。

(二)仪器

分光光度计、离心机、研钵、水浴锅、秒表。

四、操作方法

1.酶的提取

在研钵中放入 10 g 切碎了的土豆,加入 7.5 mL pH 值为 7.2 的磷酸盐缓冲液,用力挤压。用两层纱布滤出提取液,立即离心分离(约 3 000 r/min,5 min)。倾出上清液保存于冰浴或冰箱中。提取液为棕色,在放置过程中不断变黑。有条件的话,可以经 Sephadex 柱进一步纯化。

2.多巴红溶液的吸收光谱

取 0.4 mL 已稀释过的土豆提取液,加 2.6 mL pH 值为 6.0 的磷酸盐缓冲液。加 2 mL 多巴溶液,摇匀。反应 10 min 后,使用 1 cm 比色皿于扫描分光光度计上进行重复扫描,即可获得多巴红的吸收光谱。若使用自动扫描分光光度计,可从混合开始以 1 min 为时间间隔进行连续扫描,可以观察到吸光度随时间增大的现象。

　　3. 酶的活性测量

　　取 2.5 mL 上述提取液,用 pH 值为 7.2 的磷酸盐缓冲液稀释于 10 mL 比色管中,摇匀。取 0.1 mL 稀释过的提取液于 10 mL 比色管中,加入 2.9 mL pH 值为 6.0 的磷酸盐缓冲液,再加入 2 mL 多巴溶液,同时开始计时,用分光光度计在 480 nm 波长处测定吸光度。开始 6 min 内每分钟读一次数,以后每隔 2 min 读一次数,直至吸光度变化不大为止。

　　取 0.2 mL、0.3 mL、0.4 mL 已稀释过的提取液重复上述实验,注意总体积为 5 mL,每次换溶液清洗比色皿时只能倒很少量的溶液洗一次。

　　以吸光度对时间作图,由直线斜率求出酶的活性。

五、结果

　　(1) 不同酶加入量的动力学曲线。以吸光度值为纵坐标,时间为横坐标,可得出在加入酶的作用下,多巴的转换动力学过程,再由直线部分得出转换速率,即为酶的活性。

　　依次得出不同提取液的活性,比较不同体积的提取液加入后相同量的多巴转换速率。

　　(2) 酶的活性计算。将不同体积提取液的实验结果填入下表,计算出原料中酶的活性。

已稀释的提取液体积/mL	活性($\frac{\Delta A}{\Delta t}$)	每毫升原提取液活性	每克原料活性
0.10			
0.20			
0.30			
0.40			

　　(3) 影响酶的活性的因素研究。

　　① 取 0.40 mL 稀释过的提取液,在沸水浴中加热 5 min,冷却后配成测定溶液,观察现象。

　　② 取 0.40 mL 稀释过的提取液,加少量固体 $Na_2S_2O_3$ 配成测定溶液,观察现象。

　　③ 取 0.40 mL 稀释过的提取液,加少量固体 EDTA 二钠盐,振动混合,反应一段时间后,配成测定溶液,观察现象。

六、思考题

(1) 酶的活性受何种条件影响?

(2) 提取物在放置过程中为何会变黑?

(3) 经热处理后酶的活性为何显著降低?

实验 57　酵母蔗糖酶的纯化及性质研究

I　酵母蔗糖酶的提取与纯化

一、目的与要求

(1) 学习酵母蔗糖酶的提取与纯化原理和方法。

(2) 掌握测定蔗糖酶活性的原理和方法。

二、原理

　　蔗糖酶(EC.3.2.1.26)能催化蔗糖水解释放出等量的果糖和葡萄糖。啤酒酵母中含有丰富的蔗糖酶,本实验以啤酒酵母为原料,通过破碎细胞、热处理、乙醇沉淀、柱层析等步骤提取蔗糖酶,并对其性质进行测定。除非特别说明,所有的纯化步骤均在 0~4 ℃下进行。

三、试剂与仪器

(一) 材料与试剂

(1) 啤酒酵母(或干酵母)。

(2) 细沙。

(3) 甲苯(使用前预冷到 0 ℃以下)。

(4) 95%乙醇。

(5) DEAE-纤维素。

(6) 0.05 mol/LTris-HCl 缓冲液(pH 值为 7.3):称取 121.1 g Tris,溶于 1 500 mL 蒸馏水中,用 4 mol/L 盐酸调节 pH 值至 7.3,用蒸馏水稀释至 2 L。

(7) 含 0.100 mol/LNaCl 的 0.08 mol/L Tris-HCl 缓冲液(pH 值为 7.3)。

(8) 去离子水。

(9) 冰块。

(10) 食盐。

(11) 1 mol/L 乙酸溶液。

（二）仪器

研钵、离心管、高速冷冻离心机、滴管、50 mL 量筒、恒温水浴锅、100 mL 烧杯、pH 试纸、玻棒、色谱柱。

四、操作方法

（1）取 20 g 市售鲜啤酒酵母或干酵母，以 2 000 r/min 离心 10 min，将所得的 20 g 沉淀，加 5～10 g 细沙，加 20 mL 预冷的甲苯，在研钵内磨成糊状。然后每次加 10 mL 预冷的去离子水，研磨 10 min 左右，共 3 次，使其呈糊状。

（2）将混合物转移到 50 mL 离心管中，平衡后，用高速冷冻离心机离心，在 4 ℃ 下 12 000 r/min 离心 15 min。

（3）用滴管小心将离心后的中间水层转移到干净离心管中，平衡后离心（4 ℃，12 000 r/min）15 min。弃沉淀及脂层，得上清液，即为酵母蔗糖酶的粗级分Ⅰ。

（4）向粗级分Ⅰ中逐滴加入 1 mol/L 乙酸溶液，调粗级分Ⅰ的 pH 值至 5.0。

（5）将上述抽提液迅速进行 50 ℃ 水浴，保温 30 min，保温过程中经常缓慢搅拌抽提液。

（6）水浴后迅速冷却，离心（4 ℃，15 000 r/min）15 min，弃沉淀，得上清液，即为蔗糖酶的热级分Ⅱ。

（7）在热级分Ⅱ中加入等体积的 95% 冷乙醇，保持低温（－20 ℃，不少于 30 min）并温和搅拌，继续搅拌 20 min。离心（4 ℃，15 000 r/min）20 min，小心弃去上清液，沉淀沥干并用 parafilm 封口，即得醇级分Ⅲ，保存于冰箱中供下一个实验使用。

（8）将醇级分Ⅲ沉淀溶解在 6 mL pH 值为 7.3 的 0.05 mol/LTris-HCl 中，搅拌使其完全溶解（5 min 以上）。离心（4 ℃、15 000 r/min）20 min，弃沉淀。

（9）装 DEAE-纤维素层析柱（$\phi 2$ cm×20 cm），用 0.05 mol/LTris-HCl 缓冲液（pH 值为 7.3）平衡，约 100 mL 流出液即可，以流出液 pH 值与缓冲液 pH 值一致为准。再将醇级分Ⅲ液体上柱，上样后用 0.05 mol/LTris-HCl 缓冲液（pH 值为 7.3）进行 NaCl 梯度（NaCl 为 0～100 mmol/L）洗脱，层析柱连上线性梯度混合器，混合器中分别装 50 mL 0.05 mol/L Tris-HCl 缓冲液（pH 值为 7.3）和 50 mL 含 0.100 mol/L NaCl 的 0.08 mol/L Tris-HCl 缓冲液（pH 值为 7.3）。洗脱至混合器中液体流完为止，测定各接受管在 280 nm 波长处的吸光度值，将最高 A_{280} 的 2～3 管酶液集中，即为柱级分Ⅳ。分装后低温保存，用于性质测定。

Ⅱ　蔗糖酶 K_m 值测定及脲的抑制作用

一、目的与要求

（1）学习米氏常数 K_m 和最大反应速率 v_{max} 的测定方法。

（2）掌握确定抑制类型的方法。

二、原理

　　酶促动力学研究酶促反应的速率及影响速率的各种因素,而米氏常数 K_m 值等于酶促反应速率为最大速率的一半时所对应的底物浓度,其数值大小与酶的浓度无关,是酶促反应的特性常数。K_m 反映了酶和底物的亲和能力。大多数酶的 K_m 值为 $0.01 \sim 100$ mmol/L。

　　酶的活性可以被某些物质激活或抑制,凡能降低酶的活性甚至使酶失活的物质,称为酶的抑制剂,酶的活性抑制有可逆抑制和不可逆抑制两种。而可逆抑制又包括竞争性抑制、非竞争性抑制等类型,在有抑制剂存在的条件下,酶的一些动力学性质发生改变,如 K_m,纵轴交点为 $1/v_{max}$,横轴交点为 $-1/K_m$,如图 9-3 所示。

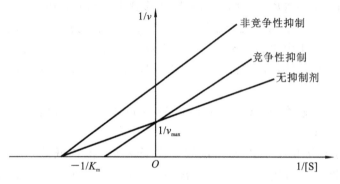

图 9-3　酶的活性抑制

　　本实验根据米氏方程
$$v = \frac{v_{max} \times [S]}{K_m + [S]}$$
利用双倒数法作图($1/v$ 对 $1/[S]$),推导得出 K_m,并得出抑制类型。

三、试剂与仪器

（一）材料与试剂

　　（1）0.2 mol/L 乙酸盐缓冲液:称取 2.461 g 无水乙酸钠,溶于 150 mL 蒸馏水中,加 $40 \sim 50$ mL 0.2 mol/L 乙酸溶液,调节 pH 值至 4.9,瓶口用薄膜封口,于 4 ℃下保存。

　　（2）0.5 mol/L 蔗糖溶液:称取 8.5575 g 蔗糖,加蒸馏水溶解,定容至 50 mL,分装在小试管中冰冻保存。

　　（3）8 mol/L 脲溶液:称取 24.02 g 脲,加蒸馏水溶解,定容至 50 mL。

　　（4）Nelson's 试剂。

　　Nelson's A:称取 25.0 g Na_2CO_3、25.0 g 酒石酸钾钠、20.0 g $NaHCO_3$、200.0 g

Na_2SO_4，溶于蒸馏水中，稀释至 1 000 mL。

Nelson's B：称取 15.0 g $CuSO_4 \cdot 5H_2O$，溶于蒸馏水中，加 2 滴浓硫酸，用蒸馏水稀释至 100 mL。

使用时，取 50 mL Nelson's A，加入 2 mL Nelson's B。此溶液易析出晶体，可保存在 20 ℃以上。若出晶体，可用温水浴溶解。

（5）砷钼酸试剂：称取 50.0 g 钼酸铵，溶于 900 mL 蒸馏水中，边搅拌边缓慢加入 42 mL 浓硫酸；再称取 6.0 g 砷酸钠或砷酸氢二钠，溶于 50 mL 蒸馏水中。混合这两种溶液，加蒸馏水定容至 1 000 mL，37 ℃保温 24～48 h，置于棕色塑料瓶中于室温暗处保存。

（6）蔗糖酶液。

（7）2 mol/L 葡萄糖溶液：用 90 mL 去离子水溶解 36 g 葡萄糖，用去离子水定容至 100 mL。

（二）仪器

分光光度计、分析天平、恒温水浴箱、量筒、容量瓶、移液器、试管。

四、操作方法

1. K_m 值的测定

（1）时间作用曲线。

取 12 支试管，按下表加样操作。以时间为横坐标，以产物量为纵坐标，制作时间作用曲线。（酶液的稀释倍数以测定酶活性时得出的稀释倍数为准。）

	试　管　号											
	1	2	3	4	5	6	7	8	9	10	11	12
乙酸盐缓冲液体积/mL	0.2	0.2	0.2	0.2	0.2	0.2	0.2	0.2	0.2	0.2	—	—
0.5 mol/L 蔗糖溶液体积/mL	0.1	0.1	0.1	0.1	0.1	0.1	0.1	0.1	0.1	0.1	—	—
蒸馏水体积/mL	0.6	0.6	0.6	0.6	0.6	0.6	0.6	0.6	0.6	0.7	1.0	0.8
2 mol/L 葡萄糖溶液体积/mL	—	—	—	—	—	—	—	—	—	—	—	0.2
蔗糖酶液体积/mL	0.1	0.1	0.1	0.1	0.1	0.1	0.1	0.1	0.1	—	—	—
保温时间/min	0	1	3	5	8	10	15	20	30	可无限延长		
Nelson's 试剂体积/mL	1.0	1.0	1.0	1.0	1.0	1.0	1.0	1.0	1.0	1.0	1.0	1.0
	沸水浴 20 min											
砷钼酸试剂体积/mL	1.0	1.0	1.0	1.0	1.0	1.0	1.0	1.0	1.0	1.0	1.0	1.0
	保温 5 min											

续表

	试　管　号											
	1	2	3	4	5	6	7	8	9	10	11	12
蒸馏水体积/mL	7	7	7	7	7	7	7	7	7	7	7	7
A_{510}												
生成还原糖的量/μmol												

以 1 号管为空白对照，测定 2～9 号管的 A_{510}，10 号管用以校正蔗糖的酸水解。用 11 号管做对照，测定 12 号管葡萄糖标准液的 A_{510}，用于计算 2～9 号管所生成的还原糖的量（μmol）。

以还原糖的量为纵坐标，以反应时间为横坐标，作反应时间进程曲线，求出反应的初速率。

（2）底物浓度的影响。

取 12 支试管，编号，按下表加样操作：

	试　管　号											
	1	2	3	4	5	6	7	8	9	10	11	12
乙酸盐缓冲液体积/mL	0.2	0.2	0.2	0.2	0.2	0.2	0.2	0.2	0.2	0.2	—	—
0.5 mol/L 蔗糖溶液体积/mL	—	0.02	0.04	0.06	0.08	0.1	0.2	0.3	0.2	0.3	—	—
蒸馏水体积/mL	0.6	0.58	0.56	0.54	0.52	0.5	0.4	0.3	0.4	0.3	1.0	0.8
Nelson's 试剂体积/mL									1.0	1.0		
蔗糖酶液体积/mL	0.2	0.2	0.2	0.2	0.2	0.2	0.2	0.2	0.2	0.2		
4 mmol/L 葡萄糖溶液体积/mL												0.2
	室温放置 10 min											
Nelson's 试剂体积/mL	1.0	1.0	1.0	1.0	1.0	1.0	1.0	1.0	—	—	1.0	1.0
	沸水浴 20 min，冷却											
砷钼酸试剂体积/mL	1.0	1.0	1.0	1.0	1.0	1.0	1.0	1.0	1.0	1.0	1.0	1.0
	保温 5 min											
蒸馏水体积/mL	7	7	7	7	7	7	7	7	7	7	7	7
A_{510}												
校正值												
A'_{510}												
$1/[S]$												
$1/v$												

9 号、10 号两管用于校正蔗糖试剂本身的水解和酸水解。用 9 号、10 号两管的数据画一直线，求出其他各管的校正值，对所测各管的 A_{510} 进行校正，得出 A'_{510}。然

后计算各管的 $1/[S]$、$1/v$。

$$v = \frac{A'_{510} \times 0.2 \times 4}{A''_{510} \times 10 \times 2}$$

式中：v 为每毫升反应液每分钟消耗掉的蔗糖底物量，μmol；A''_{510} 为 12 号管的吸光度值，以 11 号管为参比；0.2×4 为取 4 mmol/L 葡萄糖溶液 0.2 mL；10 为反应时间（10 min）；2 为 1 μmol 蔗糖水解成 2 μmol 还原糖。

画出 $1/v$-$1/[S]$关系图，计算 K_m 和 v_{max}，并与文献值进行比较。

2. 脲的抑制

取 12 支试管，按下表加样操作：

	试 管 号											
	1	2	3	4	5	6	7	8	9	10	11	12
乙酸盐缓冲液体积/mL	0.2	0.2	0.2	0.2	0.2	0.2	0.2	0.2	0.2	0.2	—	—
0.5 mol/L 蔗糖溶液体积/mL	—	0.02	0.04	0.06	0.08	0.1	0.2	0.3	0.2	0.3		
8 mol/L 脲溶液体积/mL	0.15	0.15	0.15	0.15	0.15	0.15	0.15	0.15	0.15	0.15		
去离子水体积/mL	0.45	0.43	0.41	0.39	0.37	0.35	0.25	0.15	0.25	0.15	1.0	0.8
Nelson's 试剂体积/mL	—	—	—	—	—	—	—	—	1.0	1.0		
蔗糖酶液体积/mL	0.2	0.2	0.2	0.2	0.2	0.2	0.2	0.2	0.2	0.2		
4 mmol/L 葡萄糖溶液体积/mL	—	—	—	—	—	—	—	—	—	—	—	0.2
室温放置 10 min												
Nelson's 试剂体积/mL	1.0	1.0	1.0	1.0	1.0	1.0	1.0	1.0	1.0	1.0	1.0	1.0
沸水浴 20 min，冷却												
砷钼酸试剂体积/mL	1.0	1.0	1.0	1.0	1.0	1.0	1.0	1.0	1.0	1.0	1.0	1.0
保温 5 min												
蒸馏水体积/mL	7	7	7	7	7	7	7	7	7	7	7	7
A_{510}												
校正值												
A'_{510}												
$1/[S]$												
$1/v$												

画出 $1/v$-$1/[S]$关系图，计算 K_m' 和 v'_{max}，并与 K_m 和 v_{max} 进行比较，得出抑制类型。

Ⅲ pH 值对酶活性的影响和最适 pH 值的测定

一、目的与要求

（1）了解 pH 值对蔗糖酶活性的影响。

（2）掌握最适 pH 值的测定方法。

二、原理

pH 值对酶反应的速率有显著影响。因为酶是两性电解质，其上具有许多可解离基团，不同的 pH 值环境中这些基团的解离状态不同，而它们的解离状态对保持酶的结构、底物与酶的结合能力以及催化能力都有重要作用。同时，许多底物或辅酶也具有解离特性，pH 值的变化也影响它们的解离状态，同样也影响酶活性。因此，溶液的 pH 值对酶活性影响很大。表现酶最大活性的 pH 值即为该酶的最适 pH 值。同一种酶因来源不同，其最适 pH 值也可能不同。

本实验是在其他条件(如底物浓度、酶浓度和反应温度等)恒定的最适情况下，于一系列变化的 pH 缓冲液中进行初速率测定。实验中应注意缓冲液成分不应对分析有干扰。

三、试剂与仪器

（一）材料与试剂

（1）0.2 mol/L 磷酸氢二钠溶液：称取 3.120 g 磷酸氢二钠，溶于 100 mL 蒸馏水中。

（2）0.2 mol/L 乙酸钠溶液：称取 1.641 g 无水乙酸钠，溶于 100 mL 蒸馏水中。

（3）0.2 mol/L 柠檬酸溶液：称取 4.203 g 柠檬酸，溶于 100 mL 蒸馏水中。

（4）0.2 mol/L 乙酸溶液：取 1.18 mL 冰乙酸，溶于 100 mL 蒸馏水中。

（5）0.2 mol/L 磷酸二氢钠溶液：称取 7.163 g 磷酸二氢钠，溶于 100 mL 蒸馏水中。

（6）0.5 mol/L 蔗糖溶液：称取 8.5575 g 蔗糖，加蒸馏水溶解，定容至 50 mL，分装在小试管中，冰冻保存。

（7）Nelson's 试剂(同前)。

（8）砷钼酸试剂(同前)。

（9）蔗糖酶液。

（二）仪器

分光光度计、分析天平、恒温水浴箱、量筒、容量瓶、移液器、试管。

四、操作方法

1. 配制 12 种缓冲液

将两种缓冲试剂混合后总体积均为 10 mL，其溶液 pH 值以 pH 计测量值为准。

溶液 pH 值	缓冲试剂 1	缓冲试剂 1 体积/mL	缓冲试剂 2	缓冲试剂 2 体积/mL
2.5	0.2 mol/L 磷酸氢二钠	2.00	0.2 mol/L 柠檬酸	8.00
3.0	0.2 mol/L 磷酸氢二钠	3.65	0.2 mol/L 柠檬酸	6.35
3.5	0.2 mol/L 磷酸氢二钠	4.85	0.2 mol/L 柠檬酸	5.15
3.5	0.2 mol/L 乙酸钠	0.60	0.2 mol/L 乙酸	9.40
4.0	0.2 mol/L 乙酸钠	1.80	0.2 mol/L 乙酸	8.20
4.5	0.2 mol/L 乙酸钠	4.30	0.2 mol/L 乙酸	5.70
5.0	0.2 mol/L 乙酸钠	7.00	0.2 mol/L 乙酸	3.00
5.5	0.2 mol/L 乙酸钠	8.80	0.2 mol/L 乙酸	1.20
6.0	0.2 mol/L 乙酸钠	9.50	0.2 mol/L 乙酸	0.50
6.0	0.2 mol/L 磷酸氢二钠	1.23	0.2 mol/L 磷酸二氢钠	8.77
6.5	0.2 mol/L 磷酸氢二钠	3.15	0.2 mol/L 磷酸二氢钠	6.85
7.0	0.2 mol/L 磷酸氢二钠	6.10	0.2 mol/L 磷酸二氢钠	3.90

　　12 种缓冲液每一种均需一对照管,只是用水代替稀释的酶液,其他操作一样。其中 1 号管为葡萄糖标准管,2 号管为其空白对照。

	试　管　号													
	1	2	3	4	5	6	7	8	9	10	11	12	13	14
pH 值	—	—	2.5	2.5	3.0	3.0	3.5	3.5	3.5	3.5	4.0	4.0	4.5	4.5
缓冲液/mL	—	—	0.2	0.2	0.2	0.2	0.2	0.2	0.2	0.2	0.2	0.2	0.2	0.2
蔗糖酶液体积/mL	—	—	—	0.2	—	0.2	—	0.2	—	0.2	—	0.2	—	0.2
去离子水体积/mL	1.0	0.8	0.6	0.4	0.6	0.4	0.6	0.4	0.6	0.4	0.6	0.4	0.6	0.4
2 mol/L 葡萄糖溶液体积/mL	—	0.2	—	—	—	—	—	—	—	—	—	—	—	—
0.5 mol/L 蔗糖溶液体积/mL	—	—	0.2	0.2	0.2	0.2	0.2	0.2	0.2	0.2	0.2	0.2	0.2	0.2
室温反应 10 min														
Nelson's 试剂体积/mL	1.0	1.0	1.0	1.0	1.0	1.0	1.0	1.0	1.0	1.0	1.0	1.0	1.0	1.0
沸水浴 20 min,冷却														
砷钼酸试剂体积/mL	1.0	1.0	1.0	1.0	1.0	1.0	1.0	1.0	1.0	1.0	1.0	1.0	1.0	1.0
蒸馏水体积/mL	7	7	7	7	7	7	7	7	7	7	7	7	7	7
A_{510}														
v														

续表

	试　管　号											
	15	16	17	18	19	20	21	22	23	24	25	26
pH 值	5.0	5.0	5.5	5.5	6.0	6.0	6.0	6.0	6.5	6.5	7.0	7.0
缓冲液体积/mL	0.2	0.2	0.2	0.2	0.2	0.2	0.2	0.2	0.2	0.2	0.2	0.2
蔗糖酶液体积/mL	—	0.2	—	0.2	—	0.2	—	0.2	—	0.2	—	0.2
去离子水体积/mL	0.6	0.4	0.6	0.4	0.6	0.4	0.6	0.4	0.6	0.4	0.6	0.4
0.5 mol/L 蔗糖溶液体积/mL	0.2	0.2	0.2	0.2	0.2	0.2	0.2	0.2	0.2	0.2	0.2	0.2
室温反应 10 min												
Nelson's 试剂体积/mL	1.0	1.0	1.0	1.0	1.0	1.0	1.0	1.0	1.0	1.0	1.0	1.0
沸水浴 20 min,冷却												
砷钼酸试剂体积/mL	1.0	1.0	1.0	1.0	1.0	1.0	1.0	1.0	1.0	1.0	1.0	1.0
蒸馏水体积/mL	7	7	7	7	7	7	7	7	7	7	7	7
A_{510}												
v												

列出不同 pH 值下酶活性数据,以 pH 值对酶活性作图,找出最适 pH 值。注意画出 pH 值相同而离子不同的两点,观察不同离子对酶活性的影响。

Ⅳ　温度对酶活性的影响和反应活化能的测定

一、目的与要求

了解温度对酶促反应的影响。

二、原理

酶促反应与一般化学反应一样,受温度的影响,反应速率随温度的升高而加快。但因为酶是蛋白质,在温度较高时蛋白质的变性速率也在加快,从而又使反应速率减慢,直至使酶完全失活。因此,温度对酶促反应速率的影响是这两种对抗效应的综合效果。只有在某一温度时,酶促反应速率最大,此时的温度称为酶作用的最适温度。

温度与酶活性的关系测定与 pH-酶活性关系测定方法类似,把其他条件(如酶浓度、底物浓度和 pH 值等)固定在最适状态,然后测定不同温度下的初速率。通过绘制温度-初速率坐标图,可以得到温度-酶活性曲线。

需要注意的是,体外实验中酶作用的最适温度不是恒定不变的常数,与反应时间有关,因此酶的最适温度只有在一定条件下才有意义。

三、试剂与仪器

（一）试剂

（1）乙酸盐缓冲液（同前）。

（2）0.5 mol/L 蔗糖溶液（同前）。

（3）Nelson's 试剂（同前）。

（4）砷钼酸试剂（同前）。

（5）蔗糖酶液。

（二）仪器

分光光度计、电子天平、恒温水浴箱、量筒、容量瓶、移液器、试管。

四、操作方法

（1）本实验在 0～100 ℃设定 16 个不同温度，分别是 0 ℃、10 ℃、室温（约 20 ℃）、30 ℃、40 ℃、50 ℃、55 ℃、60 ℃、65 ℃、70 ℃、75 ℃、80 ℃、85 ℃、90 ℃、95 ℃、100 ℃。研究这些温度下蔗糖酶和酸催化的反应速率。每个温度下准备 2 支试管：1 支加酶，测酶催化；另 1 支不加酶，测酸催化。

（2）确定酶的稀释倍数：试管中加 0.2 mL 0.2 mol/L pH 值为 4.9 的乙酸盐缓冲液、0.2 mL 稀释的酶，加水至 0.8 mL，加入 0.2 mL 蔗糖溶液，开始计时，室温反应 10 min 后，再加 Nelson's 试剂 1.0 mL，沸水浴 20 min，冷却，加 1.0 mL 砷钼酸试剂保温 5 min，加入 7.0 mL 水，摇匀，比色，需得到 0.2～0.3 的吸光度值。准备 1 支空白对照，用于测定时校准。

（3）测定上述温度下的酶活性时，每次用 2 支试管，先均加入 0.2 mL 乙酸盐缓冲液，然后 1 支加 0.2 mL 蔗糖酶液，另 1 支不加，再均用水调至 0.8 mL，放入相应温度下使反应物平衡 30 s，加入 0.2 mL 蔗糖溶液，准确反应 10 min，再加入 Nelson's 试剂 1.0 mL，沸水浴 20 min，冷却，加砷钼酸试剂 1 mL，保温 5 min 后，加入 7.0 mL 水，摇匀，测各管吸光度值（A_{510}）。

（4）酶催化的各管 A_{510} 均进行酸催化的校正。列出不同温度下酶活性的实验数据，并画出温度曲线，找出最适温度。

五、思考题

（1）酶分离纯化的方法有哪些？

（2）研究酶的性质一般包括哪些方面？

实验 58　固定化酵母细胞及蔗糖酶活性的检测

一、目的与要求

(1) 了解酶与细胞固定化方法,并掌握一种酵母细胞固定化技术。

(2) 了解蔗糖酶活性的测定原理及还原糖的定性检测方法。

二、原理

固定化酶和固定化细胞是利用物理及化学的处理方法,将水溶性酶或细胞与固体的水不溶性支持物(或称载体)相结合,使其既不溶于水,又能保持酶和微生物细胞的活性。它们在固相状态下增加了机械强度,稳定性提高,可反复回收使用,并在储存较长时间后依然保持较高的酶和微生物细胞活性不变。

常用的固定化方法有物理吸附法、共价偶联法、交联法和包埋法。

相对于固定化酶,微生物细胞固定化技术的优点是可避免复杂的酶提取和纯化过程,降低了成本,同时也解决了酶的不稳定性问题,操作稳定性较好。

微生物细胞固定化常用的载体包括:①天然高分子凝胶载体(纤维素、琼脂糖、葡聚糖凝胶、海藻酸钙、角叉菜胶、明胶等);②有机合成高分子凝胶载体(聚丙烯酰胺凝胶、聚乙烯醇凝胶);③无机载体(氧化铝、活性炭、多孔陶瓷、多孔玻璃、硅藻土、二氧化硅等)。

蔗糖酶活性的检测原理是利用了蔗糖酶可以催化蔗糖水解生成果糖和葡萄糖,而单糖含有游离羰基,具有弱还原性。某些弱氧化剂(如硫酸铜的碱性溶液,即费林试剂)与单糖在煮沸的条件下,会有溶液的显色变化过程:浅蓝色→棕色→砖红色(生成氧化亚铜沉淀),并且还原糖溶液浓度越高,颜色越深。而蔗糖是非还原糖,不能与费林试剂发生颜色反应。

三、试剂与仪器

(一) 试剂

(1) 海藻酸钠。

(2) 卡氏酵母液。

(3) 4%$CaCl_2$溶液。

(4) 10%蔗糖溶液:称取 10 g 蔗糖,用水溶解并定容至 100 mL。

(5) 费林试剂甲、乙液:使用时甲、乙溶液等体积混合使用。

甲液:将 34.6 g$CuSO_4 \cdot 5H_2O$溶于 200 mL 水中,用 0.5 mL 浓硫酸酸化,再用水稀释到 500 mL。

乙液：取 173 g 酒石酸钾钠（$KNaC_4H_4O_6 \cdot 4H_2O$）、50 g NaOH 固体，溶于 400 mL 水中，再稀释到 500 mL，用精制石棉过滤。

（二）仪器

玻璃柱、漏斗、水浴锅、试管、1 mL 吸量管。

四、操作方法

1.酵母细胞固定化

称取海藻酸钠 1 g 并加入 100 mL 水中，微火加热溶解后冷却到 30 ℃左右，将预先准备好的卡氏酵母液 10～15 mL（若浓度低，可提高加入量）加入混匀。然后倒入下边装有胶管与止水夹的漏斗中，让其慢慢滴入 150～200 mL 4% $CaCl_2$ 溶液中，制成直径为 2～3 mm 的球形固定化酵母。刚形成的凝胶珠应在 $CaCl_2$ 溶液中浸泡一段时间，以便形成稳定的结构。

检验凝胶珠的质量是否合格，可以使用下列方法：一是用镊子夹起一个凝胶珠放在实验桌上用手挤压，如果凝胶珠不容易破裂，没有液体流出，就表明凝胶珠的制作是成功的；二是在实验桌上用力摔打凝胶珠，如果凝胶珠很容易弹起，也能表明凝胶珠的制作是成功的。

2.蔗糖酶活性的检测

将固定化酵母细胞装入玻璃柱中（柱下端口塞上适量棉花），从柱上端加入 10～20 mL 10%蔗糖溶液，静置反应 10 min。控制一定的流速使水解糖液滴入烧杯中。

吸取上述水解液 1 mL 于干净试管中，加入费林试剂甲、乙液各 1 mL，浸入沸水浴中加热 1～2 min，观察颜色变化。如有氧化亚铜沉淀，说明蔗糖已被水解，管中有蔗糖酶存在。以 10%蔗糖溶液作为空白对照。

五、注意事项

（1）酵母细胞的活化：在缺水的状态下，微生物会处于休眠状态。酵母细胞所需要的活化时间较短，一般为 0.5～1 h，需提前做好准备。此外，酵母细胞活化时体积会变大，因此活化前应该选择体积足够大的容器，以避免酵母细胞的活化液溢至容器外。

（2）加热使海藻酸钠溶解是操作中最重要的一环，关系到实验的成败，海藻酸钠的浓度涉及固定化细胞的质量。如果海藻酸钠浓度过高，将很难形成凝胶珠；如果浓度过低，形成的凝胶珠所包埋的酵母细胞的数目少，影响实验效果。可以通过观察凝胶珠的颜色和形状来判断：如果制作的凝胶珠颜色过浅、呈白色，说明海藻酸钠的浓度偏低，固定的酵母细胞数目较少；如果形成的凝胶珠不呈圆形或椭圆形，则说明海藻酸钠的浓度偏高，制作失败，需要再做尝试。

六、思考题

(1) 什么是固定化技术？常用的方法包括哪些？有何意义？

(2) 实验中海藻酸钠和 $CaCl_2$ 的作用是什么？

(3) 实验中所用的费林试剂含有什么化学成分？它们的作用是什么？如何使用？

实验 59　温度、pH 值、激活剂和抑制剂对唾液淀粉酶活性的影响

一、目的与要求

加深对酶性质的认识,了解影响酶活性的因素。

二、原理

酶的活性通常用测定酶作用的底物在酶作用前后的变化来研究。本实验以唾液淀粉酶作用于底物淀粉,通过不同环境条件下(温度、pH 值、激活剂和抑制剂等)该酶分解淀粉生成各种糊精和麦芽糖等水解产物的变化来观察淀粉酶的活性。唾液淀粉酶对淀粉的水解过程如下:

淀粉→蓝色糊精→红色糊精→无色糊精→麦芽糖

与碘反应：　蓝色　　蓝紫色　　红色　　　无色　　　无色

三、试剂与仪器

(一) 材料与试剂

(1) 唾液淀粉酶:每人用自来水漱口 3 次,然后取 20 mL 蒸馏水含于口中,1 min 后吐入烧杯中,用纱布过滤,取滤液 10 mL,稀释至 20 mL 即为稀释唾液,供实验用。

(2) 0.5%淀粉溶液:取淀粉 0.5 g,加蒸馏水少许搅拌成糊状,然后用煮沸的 1%氯化钠溶液稀释至 100 mL。

(3) 碘溶液:取碘化钾 2 g 及碘 1.27 g,溶解于 200 mL 水中,使用前用水稀释 5 倍。

(4) 磷酸氢二钠-柠檬酸缓冲液(pH 值为 5.0、6.6、8.0)。

(5) 0.5% NaCl 溶液。

(6) 1% $CuSO_4$ 溶液。

(二) 仪器

电热恒温水浴锅、电炉、比色盘、吸管等。

四、操作方法

1. 温度对酶活性的影响

（1）取 3 支试管，编号后按下表操作：

	试　管　号		
	1	2	3
0.5％淀粉溶液体积/mL	2	2	2
稀释唾液体积/mL	1	1	1
	0 ℃水浴	37 ℃水浴	沸水浴

（2）各管摇匀，反应 20～25 min；向各试管中加入 2～3 滴碘液，充分混匀，观察并记录各管颜色，解释温度对酶活性的影响。

2. pH 值对酶活性的影响

（1）取 3 支试管，编号后按下表操作：

	试　管　号		
	1	2	3
0.5％淀粉溶液体积/mL	2	2	2
pH 值为 5.0 的缓冲液体积/mL	2	—	—
pH 值为 6.6 的缓冲液体积/mL	—	2	—
pH 值为 8.0 的缓冲液体积/mL	—	—	2
稀释唾液体积/mL	1	1	1

（2）将以上各试管摇匀后，放入 37 ℃水浴中保温 20～25 min 后，向各试管内加入 2～3 滴碘液，充分混匀，观察并记录各管颜色，解释 pH 值对酶活性的影响。

3. 激活剂和抑制剂对酶活性的影响

（1）取 3 支试管，编号后按下表操作：

	试　管　号		
	1	2	3
0.5％淀粉溶液体积/mL	2	2	2
0.5％ NaCl 溶液体积/mL	1	—	—
1％ CuSO₄ 溶液体积/mL	—	1	—
稀释唾液体积/mL	1	1	1
蒸馏水体积/mL	—	—	1

（2）将 3 支试管摇匀后放入 37 ℃水浴中，1 号试管反应 7～10 min，2 号试管和 3 号试管反应 20～25 min 后，向各试管内加入碘液 2～3 滴，充分混匀，观察并记录各管颜色，解释结果。

五、思考题

（1）何为酶作用的最适温度？它有何应用意义？

（2）何为酶反应的最适 pH 值？它对酶活性有什么影响？

（3）何为酶的活化剂及抑制剂？酶的抑制剂与变性剂有何区别？

实验60　溶菌酶结晶的制备及活性测定

一、目的与要求

（1）了解溶菌酶制备的方法和原理。

（2）了解和掌握溶菌酶活性测定的方法。

二、原理

亲和层析（affinity chromatography）是在一种特制的具有专一吸附能力的吸附剂上进行层析，又称为功能层析、选择层析和生物专一吸附。生物大分子具有与其相应的专一分子可逆结合的特性，如酶与底物、酶与竞争性抑制剂、酶与辅酶、抗原与抗体、RNA 与其互补的 DNA、激素与受体等，并且结合后可在不丧失生物活性的情况下由物理或化学的方法解离，这种生物大分子和配基之间形成专一的可解离的配合物的能力称为亲和力。亲和层析的方法就是根据这种具有亲和力的生物分子间可逆的结合及解离的原理而建立和发展起来的。首先是层析柱的准备，如将酶的底物或抑制剂（称为配体）与固体支撑物（称为载体）通过化学方法连接起来，制成专一吸附剂，然后将其装入柱中，再将含酶的样品溶液通过层析柱，在合适的条件下该酶被吸附在层析柱上，而其他蛋白质则不被吸附，随层析液流出。然后，用适当的缓冲液洗脱，该酶又被解离而淋洗下来，收集流出液便可得到欲分离酶的纯品。

制备亲和层析的吸附剂时应注意以下几个问题：

（1）选择合适的配基，这是实验成败的关键；

（2）选择合适的载体，目前有琼脂糖凝胶、交联琼脂糖凝胶、聚丙烯酰胺凝胶、葡聚糖凝胶、聚丙烯酰胺-琼脂糖凝胶（GCA）、纤维素和多孔玻璃等多种，其中较为理想和广泛使用的是珠状琼脂糖凝胶；

（3）将载体活化；

（4）配基和活化载体进行偶联形成共价键，从而将配基连接到载体上。

由于载体性质不同，活化和偶联的方式也不同。多糖类载体亲和吸附剂的制备方法有溴化氢活化剂偶联法、双环氧活化剂偶联法和高碘酸盐活化及偶联法。聚丙烯酰胺载体的酰胺键活化的方式，包括先形成羧基衍生物、酰肼衍生物和氨乙基衍生物，然后连接配体。

亲和层析的主要影响因素有样品的体积、柱流速和温度。亲和层析应用的范围很广，如酶和抑制剂的纯化、抗原和抗体的纯化、结合蛋白的纯化、激素受体的纯化以及分离纯化细胞等。

溶菌酶（EC 3.2.1.17）又称胞壁质酶（muramidase）或 N-乙酰胞壁质聚糖水解酶（N-acetylmuramide glycanohydrlase），是糖苷水解酶，广泛存在于鸟类和家禽的卵清、哺乳动物的唾液、泪液、血浆、乳汁、白细胞及其他组织、体液的分泌液中，微生物中也含此酶。其中以卵清含量最为丰富，鸡卵清溶菌酶由 129 个氨基酸残基组成，从一个鸡卵的鸡卵清中可获得 20 mg 左右的冻干酶，是其商品酶的主要来源。鸡卵清除溶菌酶外还有许多其他蛋白质，溶菌酶有两个显著特点：一是具有很高的等电点，pI＝11.0；二是其相对分子质量低，$M_r = 14.6 \times 10^3$。溶菌酶能溶解革兰氏阳性菌，但对革兰氏阴性菌不起作用。溶菌酶之所以溶菌，是因为它能催化革兰氏阳性菌的细胞壁肽聚糖水解，溶菌酶催化水解细菌细胞壁的 N-乙酰胞壁酸和 N-乙酰葡萄糖胺之间的 β-1,4-糖苷键，溶菌酶也能水解甲壳素的 N-乙酰葡萄糖胺之间的 β-1,4-糖苷键，因此，可以利用溶菌酶与甲壳素的亲和性来提纯溶菌酶。

溶菌酶活性测定方法很多，本实验采用比色测定法，以活性染料艳红 K-2BP 所标记的溶壁微球菌（*Micrococcus lysodeikticus*）为底物，由于活性染料的标记部位并不是酶的作用点，因此，当溶菌酶将这种底物水解后即产生染料标记的水溶性碎片，除去未经酶作用的多余底物，溶液颜色的深浅就能代表酶活性的相对大小，在 540 nm 波长处可直接进行比色测定。

三、试剂与仪器

（一）材料与试剂

（1）新鲜鸡卵。

（2）壳聚糖。

（3）6％乙酸溶液：取 60 mL 冰乙酸，加入 940 mL 水中。

（4）甲醇、丙酮、乙醚、乙酸酐。

（5）1.25 mol/L NaOH 溶液：取 5 g NaOH，溶于 80 mL 水中，定容至 100 mL。

（6）10％ NaOH 溶液：取 10 g NaOH，溶于 80 mL 水中，定容至 100 mL。

（7）2％ NaOH 溶液：取 1 g NaOH 溶于 40 mL 水中，定容至 50 mL。

（8）5 mmol/L NaHCO₃ 溶液（含 0.2 mol/L NaCl）：取 0.4 gNaHCO₃、11.69 g NaCl，溶于 900 mL 水中，定容至 1000 mL。

（9）溶壁微球菌（*Micrococcus lysodeikticus*）。

（10）0.1 mol/L 磷酸盐缓冲液（pH 值为 6.2）：取 13.6 g KH₂PO₄，溶于 800 mL 中，加入 0.1 mol/LNaOH 溶液 162 mL，定容至 1000 mL。

（11）溶菌酶标准品。

(12) 溶菌酶底物:取 1 g 艳红 K-2BP 标记溶壁微球菌,悬于 100 mL 0.5 mol/L pH 值为 6.5 的磷酸盐缓冲液内,冰箱中保存备用。

(13) 乳化剂:2 g Brij-35(聚氧乙烯脂肪醇醚)加 50 mL 蒸馏水,微热使溶解,冷却后定容至 100 mL,吸取此液 10 mL,用 0.6 mol/L 盐酸定容至 200 mL。

(14) 考马斯亮蓝测定蛋白质试剂。

(二) 仪器

捣碎机、层析柱(ϕ10 mm×150 mm)、蠕动泵、核酸蛋白质检测仪、自动部分收集器、记录仪、722 型可见光分光光度计、恒温水浴锅、真空泵。

四、操作方法

1. 卵清准备

取 2~3 个新鲜鸡卵,洗净擦干,在小头用镊子轻轻捣一直径为 4 mm 的小孔,下用烧杯或量筒接好,再在大头扎一细小针孔进气,此时卵清自动缓缓流出。取卵清的操作应很细致,避免卵黄破裂混入卵清而影响实验结果。将所得 80 mL 左右的卵清用电磁搅拌器充分混匀(约 15 min)。然后用纱布滤去杂质,测量体积,记录 pH 值,冰箱中冷藏。

2. 艳红 K-2BP 标记溶壁微球菌

取微球菌干粉 2 g、活性艳红 K-2BP 1 g,加 1.25 mol/L NaOH 溶液 20 mL,混匀,置 25℃ 水浴锅中染色 24 h,离心收集菌体。用 10 倍体积的蒸馏水洗涤,离心后弃去上清液,如此多次洗涤,直到上清液无色。洗涤好的菌体用 5 倍体积的丙酮脱水 3 次,用乙醚浸洗 1~2 次,离心使乙醚挥发,置干燥器内过夜,制成干燥染色微球菌粉备用。

3. 亲和层析柱的制备

(1) 称取壳聚糖(乙酰甲壳素)5 g,用 300 mL 6% 乙酸溶液溶解,不断搅拌后呈胶状。

(2) 加入甲醇稀释后,搅拌均匀,边搅拌边加入乙酸酐,形成透明胶状甲壳素。

(3) 将胶状甲壳素用捣碎机打碎,称细颗粒,倒入烧杯内,加入少量 10% NaOH 溶液,于 60℃ 水浴中保温 3 h,用真空泵抽滤,水洗至中性,倒入烧杯中。

(4) 向甲壳素中加入 6% 乙酸溶液,搅拌均匀,边搅拌边加入 2% NaOH 溶液进行脱氨反应,再用乙酸溶液调 pH 值至 7,用真空泵抽滤,反复洗涤,脱去甲壳素分子上的游离氨基,即得甲壳素凝胶。

4. 鸡卵清溶菌酶的亲和层析

(1) 平衡:将上述凝胶倒入 5 mmol/L NaHCO₃ 溶液(含 0.2 mol/L NaCl)中,搅拌 10 min,抽滤,重复操作,进行平衡。

(2) 上柱:取新鲜鸡卵清 20 mL,用 5 mmol/L NaHCO₃ 溶液(含 0.2 mol/L

NaCl)稀释至 200 mL,作为粗酶液,测定其蛋白质含量和酶活性。取 1 mL 原酶液,加入上述平衡过的甲壳素凝胶中,充分搅拌 1 h,装入层析柱。

（3）将层析柱入口与蠕动泵出口连接,层析柱出口连接到核酸蛋白质检测仪与自动部分收集器。

（4）洗脱:用 5 mmol/L NaHCO₃ 溶液（含 0.2 mol/L NaCl）洗脱,当洗出液的 A_{280} 小于 0.1 时,改用 6％乙酸溶液洗脱,控制流速为 1 mL/min,每管收集 4 mL。

（5）检测:测定蛋白吸收峰管的酶活性,收集、合并活性较高的管内溶液,此液即为纯化酶液,量其体积。

5. 溶菌酶活性的测定

酶活性单位定义:在 pH 值为 6.5,温度为 37℃的条件下作用 15 min,水解 0.1 mg 艳红 K-2BP 标记溶壁微球菌的酶量为一个活性单位。

（1）标准曲线的绘制。

取试管 6 支,按下表操作:

	试　管　号					
	1	2	3	4	5	6
底物溶液体积/mL	0.0	0.1	0.2	0.3	0.4	0.5
0.5 mol/L pH 值为 6.5 的磷酸盐缓冲液体积/mL	0.5	0.4	0.3	0.2	0.1	—
37℃保温 3 min						
溶菌酶标准品溶液体积/mL	0.5	0.5	0.5	0.5	0.5	0.5
在 37℃精确反应 10 min						
乳化剂体积/mL	2.0	2.0	2.0	2.0	2.0	2.0
3000 r/min 离心 10 min 后取上清液						
A_{540}						

以吸光度为纵坐标,溶菌酶标准品溶液浓度为横坐标,绘制标准曲线。

（2）样品测定。

取 3 支试管,编号,其中 1 号管为对照管,2 号、3 号管为样品管,按下表操作:

	试　管　号		
	1	2	3
底物溶液体积/mL	0.0	0.5	0.5
0.5 mol/L pH 值为 6.5 的磷酸盐缓冲液体积/mL	0.5	—	—
37℃保温 3 min			
溶菌酶标准品溶液体积/mL	0.5	0.5	0.5
在 37℃精确反应 10 min			
乳化剂体积/mL	2.0	2.0	2.0
3000 r/min 离心 10 min 后取上清液			
A_{540}			

五、结果

取样品平均吸光度值,由标准曲线查得酶活性,再由稀释倍数及溶菌酶蛋白含量计算出酶的比活性。

六、思考题

亲和层析与凝胶过滤层析、离子交换层析有何异同?

实验 61　转基因农产品的 PCR 检测

一、目的与要求

(1) 通过 PCR 扩增方法检测市场上常见的大豆、玉米产品是否含有转基因成分。

(2) 培养实验设计能力和创新能力。

二、原理

CTAB(hexadecyltrimethylammonium bromide,十六烷基三甲基溴化铵)是一种阳离子去污剂,具有从低离子强度溶液中沉淀核酸与酸性多聚糖的特性。在高离子强度的溶液中(>0.7 mol/L NaCl),CTAB 与蛋白质和多聚糖形成复合物,只是不能沉淀核酸。通过有机溶剂抽提,去除蛋白质、多糖、酚类等杂质后,加入乙醇沉淀即可使核酸分离出来。

以大豆特异性内源基因大豆凝集素(Lectin)基因或者玉米特异性内源基因 IVR(a maize souble invertase gene)为内参,花椰菜花叶病毒 35S 启动子(CaMV35S 启动子)、农杆菌胭脂碱合成酶终止子(NOS 终止子)及外源基因 5-烯醇丙酮-莽草酸-3-磷酸合酶(CP4-EPSPS)基因为靶基因,检测大豆和玉米中的转基因成分。

三、试剂与仪器

(一) 材料与试剂

(1) 转基因大豆、玉米种子或者幼苗。

(2) 琼脂糖、氯仿、异戊醇、异丙醇、75%乙醇、DNA Marker DL 2000、RNaseA。

(3) CTAB 提取液:称取 CTAB 2 g,加入蒸馏水 40 mL,加入 1 mol/L Tris-HCl(pH 值为 8.0)10 mL、0.5 mol/L EDTA 溶液(pH 值为 8.0)4 mL 和 5 mol/L NaCl 溶液 28 mL,搅拌,待 CTAB 溶解后用蒸馏水定容到 100 mL,高压蒸汽灭菌之后加入 0.2 mL 巯基乙醇。

（4）酚-氯仿（体积比为 1∶1）：苯酚为 pH 值为 8.0 的 Tris 平衡酚。

（5）氯仿-异戊醇（体积比为 24∶1）。

（6）6×聚蔗糖凝胶上样液：1.5 mL 1%溴酚蓝、1.5 mL 1%二甲苯腈 FF、100 μL 0.5 mol/L EDTA 溶液（pH 值为 8.0）、15%聚蔗糖（400）1.5 g，加水补足到 10 mL。以上成分为配制 10 mL 溶液各成分的用量，室温下储存。

（7）10×TAE：称取 Tris 48.4 g，Na₂EDTA·2H₂O 7.44 g 于 1 L 烧杯中，向烧杯中加入约 800 mL 去离子水，充分搅拌溶解，加入 11.4 mL 的冰乙酸，充分搅拌，用去离子水定容至 1 L 后，室温下保存，待用。

（8）Taq DNA polymerase、10 mmol/L dNTP、10×PCR 缓冲液、双蒸水。

（9）引物，用时浓度配成 10 μmol/L。

检测基因	引物序列	扩增片段长度	基因性质
大豆 Lectin	p1:5'-GCC CTC TAC TCC ACC CCC ATC C-3' p2:5'-GCC CAT CTG CAA GCC TTT TTG TG-3'（54 ℃）	118 bp	内源基因
玉米 IVR	p3:5'-CCG CTG TAT CAC AAG GGC TGG TAC C-3' p4:5'-GGA GCC CGT GTA GAG CAT GAC GAT C-3'（56 ℃）	226 bp	内源基因
CaMV 35S	p5:5'-GAT AGT GGG ATT GTG CGT CA-3' p6:5'-GCT CCT ACA AAT GCC ATC A-3'（54 ℃）	195 bp	外源基因
NOS	p7:5'-GAA TCC TGT TGC CGG TCT TG-3' p8:5'-TTA TCC TAG TTT GCG CGG TA-3'（54 ℃）	180 bp	外源基因
CP4-EPSPS	p9:5'-CTT CTG TGC TGT AGC CAC TGA TGC-3' p10:5'-CCA CTA TCC TTC GCA AGA CCC TTC C-3'（58 ℃）	320 bp	外源基因

（二）仪器

离心机、研钵、分析天平、烧杯、PCR 仪、移液器、加样吸头（10 μL）、0.2 mL PCR 微量管、恒温水浴、微波炉、锥形瓶、分光光度计（UV-Vis Spectrophotometer 8500）、石英比色皿、微波炉、电泳仪。

四、操作方法

1. 样品中 DNA 制备

（1）取材料，称取 0.1 g 大豆或者玉米样品，在研钵中加少量液氮研磨，充分研磨成粉末状。

（2）加入 1 000 μL CTAB 提取缓冲液，继续研磨充分后加入 1.5 mL EP 管中，向 EP 管中加入 4 μL RNaseA，65 ℃水浴，每 5 min 轻轻振荡几次，30 min 后 12 000 r/min 离心 15 min。

（3）小心吸取上清液，加入 1 mL 酚-氯仿，混匀，4 ℃，12 000 r/min，离心 10 min。

（4）小心吸取上清液，加入等体积的氯仿-异戊醇，混匀，4 ℃ 12000 r/min 离心 10 min。

（5）重复步骤（4）1～2 次，以蛋白层不再出现为止。

（6）取上清液，加入 800 μL－20 ℃预冷的异丙醇，－20 ℃静置 1 h，4 ℃ 12 000 r/min离心 10 min。

（7）弃去上清液，用 70％乙醇洗涤沉淀 2 次。

（8）室温下干燥后（一般干燥 5～15 min），溶于 30～50 μL 去离子水中，于－20 ℃或者－70 ℃下保存备用。

2.DNA 样品浓度和纯度测定

方法一：分光光度法

组成 DNA 分子的碱基含有共轭双键，具有吸收紫外线的特性，最大波长范围为 250～270 nm。这些碱基与戊糖、磷酸形成核苷酸后，DNA 的最大吸收波长是 260 nm。核酸浓度与其吸光度成正比。通过测定 DNA 样品在 260 nm 波长处的吸光度值，可以计算出 DNA 样品的浓度。

核酸的纯度可通过测定 A_{260}/A_{280} 的值来判断，纯 DNA 的经验值：$A_{260}/A_{280} \approx 1.8$。如果比值＞1.9，表明有 RNA 污染；如果比值＜1.6，表明有蛋白质、酚等污染。

取 5 μL 样品，溶于 95 μL 三重蒸馏水中，用分光光度计（UV-Vis Spectrophotometer 8500）分析 DNA 的浓度，通过它对提取大豆 DNA 测吸光度值，并记录数据。由 A_{260}/A_{280} 值判定基因组 DNA 的浓度，其值在 1.7～2.0 范围内较好，符合 PCR 检测要求。

方法二：凝胶电泳法（相对定量）

DNA 片断可以与溴化乙锭（EB）分子嵌合，这种结合物在紫外灯下显橘红色荧光，其荧光强度与 DNA 含量成正比，通过比较样品与系列标准品的荧光强度，可对样品中的 DNA 进行定量。

3.调制 PCR 反应体系

（1）在 0.2 mL PCR 微量离心管中配制 50 μL 反应体系。实际操作时，先根据所需进行的反应数，配制反应混合物（按下列配方，不含模板），根据不同情况建立对照组。阴性对照中，以灭菌双蒸水代替模板。

反应物	浓度	体积/μL	终浓度或者量
Taq buffer	10×	5 μL	1×
MgCl$_2$	25 mmol/L	3 μL	1.5 mmol/L
dNTP Mixture	各 2.5 mmol/L	4 μL	各 200 μmol/L
上游引物	10 μmol/L	1 μL	0.2 μmol/L
下游引物	10 μmol/L	1 μL	0.2 μmol/L

续表

反应物	浓度	体积/μL	终浓度或者量
模板	按具体浓度定	1～10 μL	10 ng
酶	—	0.2 μL	2 U
无菌双蒸水	—	补水至 50 μL	—

（2）充分混匀，离心片刻，使液体沉至管底。

设置好下列程序：

① 94 ℃ 预变性 5 min；

② 94 ℃ 变性 1 min；

③ 54 ℃（或者 56 ℃）退火 1 min；

④ 72 ℃ 保温 1 min；

⑤ 重复②～④29 次；

⑥ 72 ℃ 保温 10 min。

将 PCR 管放入 PCR 仪。

4. PCR 产物的电泳检测

（1）凝胶制备。

① 用 10×TAE 缓冲液配制琼脂糖凝胶：准确称取琼脂糖 0.25 g，倒入 100 mL 锥形瓶，加入 2.5 mL 10×TAE 缓冲液，再补充 22.5 mL 蒸馏水，振荡混匀。

② 微波炉上加热 60 s。

③ 待冷却至 60 ℃ 左右时，加入 1 μL 溴化乙锭（或者加入 2～3 μL Goldview），摇匀。

④ 灌制凝胶：将梳子安插在制胶模具上，将温度降至 60 ℃ 左右的琼脂糖溶液倒入模具中，室温下凝固 35～40 min。轻轻拔去梳子。将模具置于电泳槽中，向电泳槽中加入 10×TAE 电泳缓冲液，液面超过凝胶约 1 mm。

（2）加样电泳。

① 将 DNA 样品与 6×聚蔗糖凝胶上样液（也可以用内切酶包装中附带的 6× loading buffer）按 5∶1 体积比混合后，取 5 μL 加入凝胶加样槽中。

② 按 5 V/cm 的电压进行电泳，根据指示剂泳动的位置判定电泳的距离。

（3）染色显谱。

将凝胶小心剥离模具，在紫外灯下观察。

五、注意事项

1. 操作要领

（1）切记：冰上操作，戴口罩，不讲话，勤换加样吸头，避免交叉污染。

普通 PCR 均要求实验操作在三个不同的区域内进行，PCR 的前处理和后处理要在不同的隔离区内进行。

① 标本处理区,完成扩增板板的制备;

② PCR 扩增区,用于反应液的配制和 PCR 扩增;

③ 产物分析区,用于凝胶电泳分析、产物拍照及重组克隆的制备。

各工作区要有一定的隔离措施,操作器材专用,要有一定的方向性。如:标本制备→PCR 扩增→产物分析→产物处理。产物分析区的产物及器材不要拿到其他两个工作区;操作中使用的 PCR 管、离心管、加样吸头等,只能一次性使用,严禁与 PCR 产物分析室的吸头混用,吸头不要长时间暴露于空气中,避免被气溶胶污染。

(2) 避免反应液飞溅,为避免此种情况,反应管开盖前稍离心收集液体于管底。若不小心溅到手套或桌面上,应立刻更换手套并用稀酸擦拭桌面。

(3) 所有与 PCR 有关的试剂,只作 PCR 实验专用,不得挪作他用。所有试剂,包括引物,应从母液中取一部分稀释成工作液后使用,避免污染母液。操作多份样品时,制备反应混合液,先将 dNTP、缓冲液、引物和模板混合好,然后分装,这样既可以减少操作,避免污染,又可以增加反应的精确度。

(4) 操作时设立阴、阳性对照,既可验证 PCR 反应的可靠性,又可以协助判断扩增系统的可信性。阴性对照包括 PCR 反应所需的全部成分,以灭菌双蒸水代替模板,这对监测试剂中 PCR 产物残留污染是非常有益的。如果扩增结果中试剂对照为阳性结果,就说明某一种或数种试剂被污染了,要全部更换一批新试剂进行扩增。

2. PCR 假阳性结果

(1) 引物设计不当,应调换引物;

(2) 循环参数不合适,导致非特异性扩增;

(3) 靶序列的交叉污染。

3. PCR 假阴性结果

(1) 模板问题;

(2) 试剂浓度不够;

(3) 标本中有 Taq 酶的抑制剂;

(4) PCR 产物检测系统灵敏度不够。

六、结果

(1) 计算抽提的基因组 DNA 的含量。

(2) 绘出电泳结果图。

(3) 分析 PCR 扩增不出来或者出现非特异性的原因。

七、思考题

(1) 为什么检测转基因大豆或者玉米时,以大豆凝集素(Lectin)基因、玉米特异性内源基因(IVR)为内参?

（2）PCR 体系由哪些成分组成？在做 PCR 过程中，若没有得到预期的 PCR 扩增产物应如何解决？有非特异性扩增产物出现时如何解决？

（3）影响 PCR 反应效率的因素有哪些？

实验 62　橘皮果胶的提取及果冻的制备

一、目的与要求

（1）掌握果胶提取的方法。

（2）了解制备果胶时形成凝胶的条件和成胶机理。

二、原理

果胶是高分子糖类化合物，广泛存在于水果和蔬菜中，如苹果中含量（以湿品计）为 0.7％～1.5％，在蔬菜中以南瓜含量最多，为 7％～17％，干橘皮中含量达 20％～30％。果胶的基本结构是以 α-1,4-糖苷键连接的聚半乳糖醛酸，其中部分羧基被甲酯化，其余的羧基与钾、钠、钙离子结合成盐。

果胶为白色或淡黄色粉末，溶于水可形成黏稠状液体。果胶与糖和有机酸加热时可形成弹性胶冻。在食品工业中常利用果胶来制作果酱、果冻和糖果，在汁液类食品中用作增稠剂、乳化剂等。如果胶在果酱中的主要作用是使酱体稳定的胶凝化，使无水果的果酱有一定的组织感，使含水果的果酱能将果肉均匀分布在酱体中一起胶凝。

在果蔬中，尤其是未成熟的水果和皮中，果胶多数以原果胶形式存在，原果胶是以金属离子（特别是钙离子）桥与多聚半乳糖醛酸中的游离羧基相结合。原果胶不溶于水，故一般先用酸水解，加热至 90 ℃，将不溶性的果胶转化为可溶性果胶，再进行脱色、沉淀、干燥，即为商品果胶。也可根据果胶不溶于乙醇的原理将其沉淀，以除去可溶性糖类、脂肪、色素等物质，得到较为纯净的果胶物质。本实验采取酸水解乙醇沉淀法来提取果胶。由于果胶溶液具有很高的黏度，故在一定温度下，当果胶、糖、酸的比例适宜时，就会形成凝胶。

三、试剂与仪器

（一）材料与试剂

新鲜橘皮、0.2 mol/L 盐酸、5％酒石酸-乙醇溶液、蔗糖、柠檬酸、活性炭、硅藻土。

（二）仪器

恒温水浴锅、电炉、循环水真空泵、漏斗、量筒、pH 试纸、烧杯、玻棒。

四、操作方法

1. 果胶的提取

（1）将橘皮浸水、漂洗、晾干、绞碎，称取 10 g 碎橘皮，100 ℃ 水浴 5 min。

（2）加入 50 mL 蒸馏水，搅匀，用 0.2 mol/L 盐酸调节 pH 值至 2～2.5。

（3）水浴加热至 100 ℃ 并恒温 30 min，趁热过滤。

（4）在滤液中加入 0.5％～1.0％ 的活性炭，于 80 ℃ 加热 20 min 进行脱色和除异味，趁热抽滤。如果橘皮漂洗干净，则不用脱色。如抽滤困难，可加入 2％～4％ 的硅藻土做助滤剂。

（5）在电炉上加热并浓缩至原体积的 1/3。

（6）浓缩液冷却至 20～30 ℃ 后，沿烧杯壁缓慢加入 2 倍浓缩液体积的 5％ 酒石酸-乙醇溶液，静置 3 min 后，慢慢沿着烧杯壁搅匀。若果胶呈海绵状则沉淀完全。

2. 果冻的制备

（1）用尼龙布过滤，得到果胶沉淀，置于烧杯中。

（2）加入 3～5 mL 水，在搅拌下慢慢加热至果胶全部软化、熔化。

（3）加入 0.1 g 柠檬酸、20 g 蔗糖，在搅拌下加热至沸，继续熬煮 5 min，冷却后静置 2～3 h 即成果冻。

五、结果

观察果胶水溶液的颜色和状态，以及加入酒精后果胶的状态是否发生变化，说明状态变化的原因。

六、思考题

本实验中酒石酸-乙醇溶液的作用是什么？

实验 63　发酵过程中无机磷的利用和 ATP 的生成

一、目的与要求

（1）掌握无机磷的生物利用和 ATP 的生物合成原理。

（2）掌握薄层分析相关技术。

（3）理解无机磷、AMP 的减少量与 ATP 增加量之间的关系。

二、原理

在适当条件下,啤酒酵母分解发酵液中的葡萄糖,释放出能量。还利用无机磷,使 AMP 转变成 ATP,此时,将一部分能量储存于 ATP 分子中。因此,在发酵过程中,可测得发酵液中无机磷含量降低和 ATP 含量上升。

三、试剂与仪器

(一)试剂

(1) 2%三氯乙酸溶液:将 2 g 三氯乙酸溶于 100 mL 蒸馏水中。

(2) 过氯酸溶液:0.8 mL 过氯酸加 8.4 mL 蒸馏水。

(3) 阿米酚试剂:阿米酚$((NH_2)_2C_6H_3OH \cdot 2HCl$,二氢氯化-2,4-二氨基苯酚) 2 g 与亚硫酸氢钠 40 g 共同研磨,加蒸馏水 200 mL,过滤,滤液储存于棕色瓶内备用。

(4) 钼酸铵溶液:将 20.8 g$(NH_4)_2MoO_4 \cdot 4H_2O$溶于蒸馏水并稀释至 200 mL。

(5) 1 mol/L KOH 溶液、1 mol/L 盐酸、1 mol/L NaOH 溶液。

(6) AMP 粗制品:用电泳法测得 AMP 含量。

(7) ATP 溶液:称取 ATP 晶体(或粉末)50 mg,溶于 5.0 mL 蒸馏水。用时现配。

(8) 0.05 mol/L pH 值为 3.5 的柠檬酸-柠檬酸钠缓冲液:称取柠檬酸 16.20 g、柠檬酸钠 6.70 g,溶于蒸馏水,稀释至 2 000 mL。

(9) DEAE-纤维素薄板。

① DEAE-纤维素的处理:水洗抽干后用 4 倍体积的 1 mol/L NaOH 溶液浸泡 4 h 或搅拌 2 h,抽干,用蒸馏水洗至中性。再用 4 倍体积的 1 mol/L 盐酸浸泡 2 h 或搅拌 1 h,抽干,用蒸馏水洗至 pH 值为 4 时备用。如长期不用,需在 60℃以下烘干保存。

② 铺板:处理过的 DEAE-纤维素放在烧杯里,加水调成稀糊状,搅匀后立即倒在干净玻璃板上(4 cm×15 cm),涂成均匀的薄层,放在水平板上,自然干燥或在 60℃下烘干备用。

(10) 啤酒酵母:将新鲜啤酒酵母悬浮于蒸馏水中,离心,弃去上清液。如此用蒸馏水洗涤酵母数次,最后将洗净的酵母沉淀冷冻保存。

(二)仪器

玻璃板、烧杯、试管及试管架、恒温发酵装置、离心机、分光光度计、260 nm 紫外仪。

四、操作方法

1.发酵

将 1 g KH_2PO_4 及 5.8 g K_2HPO_4 溶于 30 mL 蒸馏水。另将 1 gAMP(按实际含量折算)溶于少量蒸馏水中,倾于上述溶液内,用 6 mol/L KOH 溶液调节 pH 值至6.5,加热至 37℃。

取酵母 50 g,用 90 mL 蒸馏水稀释,加热至 37℃,倒入上述溶液中,加入 0.16 g$MgCl_2$ 及 5 g 葡萄糖,再加蒸馏水至 160 mL,混匀后立即取样 1.0 mL,分别测无机磷和 ATP 含量。此时所测得的磷称为初磷,而薄板层析图谱上应该只有 AMP 斑点,无 ATP 斑点。

每隔 30 min 取样测定一次,直至明显看出无机磷和 AMP 含量下降、ATP 含量上升为止。

2.发酵液样品处理

将所取的 1.0 mL 样液置于离心管中,立即加入 2% 三氯乙酸溶液 4.6 mL,摇匀,离心(3 000 r/min)10 min。上清液用以测定无机磷和 ATP 含量。

五、结果

(1) 无机磷测定:吸取上清液 0.3 mL,置于干试管中,加过氯酸溶液 8.2 mL、阿米酚试剂 0.8 mL、钼酸铵溶液 0.4 mL,混匀,10 min 后比色测定 A_{650}。该实验无须求出无机磷的绝对量,所以不必作标准曲线。A_{650} 数值下降即表示无机磷下降。通常情况下,当 A_{650} 下降到比初磷的小 0.2 个单位时,发酵液中即有较多的 ATP 生成。

(2) DEAE-纤维素薄板层析法测定 ATP 的形成。① 点样:在已烘干的薄板一端 2 cm 处用铅笔轻画一基线,用微量点样器取样液 10 μL,点在基线上,冷风吹干,同时用 ATP 溶液做对照。② 展层:烧杯内置 pH 值为 3.5 的柠檬酸-柠檬酸钠缓冲液,液体厚度约 1 cm 处,把点过样的薄板倾斜插入该烧杯内,点样端在下,溶剂由下向上移动,当溶剂前沿到达距薄板上端约 1 cm 处时,取出薄板,热风吹干,用 260 nm的紫外线照射 DEAE-纤维素层观看斑点。DEAE-纤维素薄板经处理后可反复使用。

六、思考题

(1) 该实验中,无机磷降低量、AMP 降低量和 ATP 生成量之间的比例如何?

(2) DEAE-纤维素如何处理?

(3) 铺板时应该注意什么事项?

附录　实验室中常用参数

附表 1　常用酸碱的相对密度和浓度

名称	分子式	相对分子质量	相对密度	质量分数/(%)	物质的量浓度（粗略）/(mol/L)	配 1 L 1 mol/L 溶液所需体积/mL
盐酸	HCl	36.47	1.19	37.2	12.0	84
			1.18	35.4	11.8	
硫酸	H_2SO_4	98.09	1.84	95.6	18.0	28
			1.18	24.8	3.0	
硝酸	HNO_3	63.2	1.40	65.3	14.5	63
冰乙酸	CH_3COOH	60.5	1.05	99.5	17.4	59
乙酸	CH_3COOH		1.075	80.0	14.3	
磷酸	H_3PO_4	98.06	1.71	85.0	15,30,45（依反应而定）	67
氨水	$NH_3 \cdot H_2O$	35.05	0.90	27.0	15	67
			0.904	25.0	14.3	70
			0.91	10.0	13.4	
氢氧化钠溶液	NaOH	40.0	1.5	50.0	19	53

附表 2　部分核苷酸的物理常数

核苷酸	相对分子质量	异构体	pH值	紫外吸收光谱性质							
				吸收系数 $A_{280} \times 10^{-2}$		A_{250}/A_{260}		A_{280}/A_{260}		A_{290}/A_{260}	
				2	7	2	7	2	7	2	7
腺嘌呤核苷-2′-、-3′-或-5′-磷酸	347.2	2′		14.5	15.3	0.35	0.8	0.23	0.15	0.038	0.009
		3′		14.5	15.3	0.35	0.8	0.23	0.15	0.038	0.009
		5′		14.5	15.3	0.35	0.8	0.23	0.15	0.03	0.009
鸟嘌呤核苷-2′-、-3′-或-5′-磷酸	363.2	2′		12.3	12.0	0.90	1.15	0.68	0.68	0.48	0.285
		3′		12.3	12.0	0.90	1.15	0.68	0.68	0.48	0.285
		5′		11.6	11.7	1.22	1.15	0.68	0.68	0.40	0.28
胞嘧啶核苷-2′-、-3′-或-5′-磷酸	323.2	2′		6.9	7.75	0.46	0.86	1.83	0.86	1.22	0.26
		3′		6.6	7.6	0.46	0.84	2.00	0.93	1.45	0.30
		5′		6.3	7.4	0.46	0.84	2.10	0.99	1.55	0.30
尿嘧啶核苷-2′-、-3′-或-5′-磷酸	324.2	2′		9.9	9.9	0.79	0.35	0.30	0.25	0.03	0.02
		3′		9.9	9.9	0.74	0.83	0.25	0.25	0.03	0.02
		5′		9.9	9.9	0.74	0.73	0.38	0.40	0.03	0.03

参 考 文 献

[1] 张龙翔,张庭芳,李令媛.生物化学实验方法和技术[M].2版.北京:高等教育出版社,1997.

[2] 北京大学生物系遗传教研室.遗传学实验方法和技术[M].北京:高等教育出版社,1983.

[3] 王尔中.分子遗传学[M].北京:科学出版社,1982.

[4] 卢圣栋.现代分子实验学实验技术[M].北京:高等教育出版社,1993.

[5] 北京大学生物系生物化学教研室.生物化学实验指导[M].北京:人民教育出版社,1979.

[6] 张龙翔,吴国利.高级生物化学实验选编[M].北京:高等教育出版社,1989.

[7] 薛华.分析化学[M].北京:清华大学出版社,1986.

[8] 高小霞.分析化学中的数理统计方法[M].分析化学丛书,第一卷第七册.北京:科学出版社,1988.

[9] 杜荣骞.生物统计学[M].北京:高等教育出版社,1985.

[10] PLUMMER D T. An introduction to practical biochemistry[M]. 3rd ed. London:McGraw-Hill Book Co. Limited,1987.

[11] BOYER R F. Modern experimental biochemistry[M]. 3rd ed. California, Redwood City:The Benjamin/Cummings Publishing Company,Inc. ,2000.

[12] KENLLNER R,MERMET J M,OTTO M,et al. 分析化学[M].北京大学,吉林大学合译.北京:北京大学出版社,2000.

[13] 沈同,王镜岩.生物化学(上册)[M].北京:高等教育出版社,1990.

[14] STRYER L B. 生物化学[M].唐有棋,等译.北京:北京大学出版社,1990.

[15] SAMBROOK J , RUSSELL D W. Molecular cloning, A laboratory manual[M]. 3rd ed. New York :Cold Spring Harbor Laboratory Press,2001.

[16] 郭勇.现代生化技术[M].广州:华南理工大学出版社,1996.

[17] 刘志国.新编生物化学[M].北京:中国轻工业出版社,2003.

[18] 布伦达 D 斯潘格勒.分子生物学与蛋白质化学实验方法[M].茹炳根,韩铁钢,茹强,译.北京:化学工业出版社,2005.

[19] 白玲,霍群.基础生物化学实验[M].2版.上海:复旦大学出版社,2008.

[20] 侯新东,盛桂莲,葛台明,等.生物化学实验指导书[M].武汉:中国地质大学出版社,2011.